과학혁명과 세계관의 전환 Ⅱ

SEKAI NO MIKATA NO TENKAN 2
－CHIDOSETSU NO TEISHO TO UCHURON NO SOKOKU

written by Yoshitaka Yamamoto

Copyright ⓒ Yoshitaka Yamamoto, 2014

All rights reserved.

Original Japanese edition published in Japan by Misuzu Shobo, Limited.

This Korean edition is published by arrangement with Misuzu Shobo Limited, Tokyo
in care of Tuttle-Mori Agency, Inc., Tokyo through Eric Yang Agency, Seoul.

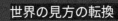

世界の見方の転換

과학혁명과 세계관의 전환

II

지동설의 제창과 상극적인 우주론들

山本義隆
야마모토 요시타카 지음
박철은 옮김

거장 야마모토 요시타카의
근대과학 탄생사 완결편

동아시아

일러두기

1. 본문 중 각주는 지은이의 주이고, 옮긴이의 주는 괄호와 '옮긴이'로 표시한다.

2. 이 책의 다른 장과 절을 지칭할 때는 [Ch.〈장 번호〉.〈절 번호〉]로 표시했다.

3. 인용문 중의 강조는 특별한 언급이 없는 이상 지은이에 의한 것이다. 인용문의 대괄호 [ ]는 지은이의 주이다.

4. 빈번히 참조·인용되는 문헌에 대한 주해에서 사용한 약칭은 책 뒷부분의 '주'를 참조하라.

5. 현대의 문헌에 대한 주해에서는 그 문헌이 몇 년에 공표됐는지가 중요하기 때문에, 참조 또는 인용한 것이 뒤에 출판된 번역본 등이라 할지라도 최초로 공표된 연대를 기록했다. 예를 들어 에른스트 지너Ernst Zinner의 『레기오몬타누스 평전』은 1968년에 독일어로 먼저 나왔고 1990년에 영문판이 출판되었는데, 이 책에서는 1990년도 영역판을 참조했다. 인용한 부분이 영문판의 80쪽일 때 주에서는 Zinner(1968), 영역 *Regiomontanus: His Life and Work*, tr. E. Brown(North-Holland, 1990)과 같이 명기했다.

6. 원서에서는 19세기 전반까지의 역사상의 인물은 일본어로 표기하고 19세기 후반 이후의 역사가와 연구자는 알파벳으로 표기했으나, 국내 번역서에서는 모두 한글과 영문 병기로 표기했다.

7. 이 책은 『과학의 탄생』, 『16세기 문화혁명』과 함께 3부작을 이루고, 그 3부작의 제3부에 해당한다. 하지만 서유럽과 이슬람권의 인명과 지명 표기는 앞의 두 저서와 다소 다르다.

8. 『과학혁명과 세계관의 전환』은 총 세 권으로 이루어져 있다. 원서의 방식에 따라 참고문헌 등은 마지막 권인 제3권에 싣는다.

16세기 중부 유럽

차례

제 5 장

니콜라우스 코페르니쿠스

태양계의 체계화와

세계의 일원화

1. 천문학자 코페르니쿠스의 생애와 배경

니콜라우스 코페르니쿠스의 평전은 여러 권 나와 있으므로 간단히 접하는 데 그치기로 하고, 그의 천문학상의 행적에 초점을 맞출 것이다.

코페르니쿠스(그림5.1)는 1473년 프러시아 공국령의 상업도시 토룬의 상가에서 태어나 열 살에 아버지를 여의었는데, 외삼촌인 루카스 바첸로데가 그를 키웠다.*1 코페르니쿠스는 1491년에 크라쿠프대학에 학생 등록을 했고, 그 뒤 1496년부터 1503년까지 이탈리아에서 수학했다.

크라쿠프는 14세기 초부터 폴란드 왕국의 수도로, 크라쿠프대학은 프라하대학에 이어 1364년에 크라쿠프 아카데미로 창설되었다. 14세기 말에 교황 보니파키우스 9세가 신학부 창설 교서를 내려 대학으로 본격적인 활동을 개시했고, 15세기 초에는 그때까지 프라하에서 많이 공부했던 폴란드의 교수와 학생이 프라하 후스파(15세기 보헤미아의 종교개혁가 얀 후스의 가르침을 따르던 기독교 교파 _옮긴이)의 활동이 활발해졌기 때문에 크라쿠프에 모이게 되었다는 사정도 맞물려,¹ 곧 동유럽에서 가장 중요한 대학으로 발전했다.

1435년 바젤 공의회는 이미 결함이 있다고 밝혀져 있던 율리우

그림 5.1 니콜라우스 코페르니쿠스(1473~1543) 탄생 500년을 기념하여 독일민주
공화국에서 1973년에 발행한 우표.
배경은 1543년 『천구의 회전에 관하여』(『회전론』) 속표지와 1페이지.

스력을 대신할 새로운 역법을 제정하기 위해, 다른 수 명의 천문
학자와 함께 크라쿠프대학 학장 토마시 스치셈피니스키를 지명
했다. 이것은 크라쿠프대학의 천문학 연구가 이 시점에서 높은
수준에 있었음을 뒷받침한다. 실제로 15세기 후반 크라쿠프대학
은 유럽 과학에 크게 공헌했다. 1448년부터 1480년까지 볼로냐대
학은 크라쿠프 학자들 중에서 일곱 명을 밑돌지 않는 수의 천문
학 교수를 모집했다고 알려져 있다.[2] 1459년에 태어난 콘라트 셀
티스Konrad Celtes는 32세 때 그 명성에 이끌려 수학과 천문학을 배
우기 위해 크라쿠프로 향했다.[3]

레기오몬타누스Regiomontanus가 1470년대에 저술한 『크레모나
인의 망상에 대한 반론Disputationes contra Cremonensia deliramenta』은,
레기오몬타누스의 분신인 빈 출신의 학자Viennesis와 그를 잘 이
해하고 있는 크라쿠프에서 온 친구Cracoviensis[*2]가 대화하는 스타
일로 쓰여 있다. 이 설정에서도 당시 크라쿠프가 천문학 세계에

서 어떠한 위치에 있었는지 선명하게 알 수 있다. 중세 유럽 대학의 역사서에는 "독일인이 크라쿠프에 끌린 주된 이유는 수학과 천문학이 번성했기 때문이었다. 알프스 이북 대학에서는 1500년까지 그런 종류의 강좌가 없었는데도, 크라쿠프에는 두 강좌가 있었다"라고 되어 있다. 1405년과 1459년에 창설된 것이다.[4]

그리고 코페르니쿠스가 수학했던 15세기 말에는 "유럽 대학들 사이에서 천문학상의 탁월한 지위는 [빈에서] 크라쿠프로 이동해 있었다".[5] 크라쿠프대학은 천문학 분야에서 "포이어바흐와 레기오몬타누스의 교설을 가장 강력하게 주장한 대학 중 하나"였으며, 이곳의 교수 알베르트 부르제프스키Albert Brudzewski는 뛰어난 천문학자로, 1482년에 저술한 포이어바흐 『신이론』의 주석서는 크라쿠프대학에서 천문학의 표준적 텍스트가 되어 1490년에는 인쇄되었다. 당연히 코페르니쿠스는 이 책에도 익숙했을 것이다.[6]

이러한 이유로 이미 상당한 정도의 천문학 지식을 익히고 이탈리아로 향한 코페르니쿠스는 1496년부터 볼로냐에서 법학을, 1501년부터 파도바에서 의학을 배웠다. 이탈리아에서는 인문주의 기풍을 접했는데, 특히 흥미로운 것은 볼로냐에서 천문학자 도메니코 마리아 노바라의 가르침을 받은 일이다. 1460년대에 레기오몬타누스는 북이탈리아의 대학에서 천문학을 강의했는데 도

---

*2 　레기오몬타누스의 친구로 크라쿠프대학 출신의 천문학자 마르친 올쿠샤 Marcin Z Olkusza가 모델이라는 설도 있다. byrne(2007), pp. 167f., 230; Swerdlow (1999), p. 3.

메니코 마리아는 그때 청강생이었다고도, 혹은 레기오몬타누스의 학생이었다고도 한다. 이것이 레기오몬타누스와 코페르니쿠스를 묶는 한 선이다.[7] 도메니코 마리아와 코페르니쿠스의 관계에 관하여 코페르니쿠스의 유일한 제자 레티쿠스의 『제1해설』에는 "우리 스승은 볼로냐에서 최대한의 주의를 기울여 관측을 행했다. 그 땅에서 그는 학식 있는 도메니쿠스 마리아의 관측에 생도discipulus로서라기보다는 조수adiutor로서 관여하여 관측을 기록했다"라고 나와 있다. 공동연구자에 가까웠을지도 모른다. 그리고 이 레티쿠스의 책에는 "로마에서 1500년경, 나이 스물일곱 즈음에 우리 스승은 학생이나 많은 유력 인사, 이 지식 분야의 전문가들이라는 많은 청중을 앞에 두고 수학 강의를 했다"라고 쓰여있다.[8] '수학'이라고 하지만 사실상 천문학으로, 이미 이 시점에서 코페르니쿠스의 천문학에 관한 학식이 알려져 있었을 것이다. 그러나 코페르니쿠스는 주로 법학과 의학을 배우기 위해 유학했고, 동시에 그리스어도 익힌 인문주의자였다.

1503년에 페라라에서 교회법 학위를 취득한 뒤 귀향한 이후 당분간은 리스바르크에서 주교이자 현지 기독교 사회의 유력자였던 삼촌에게 비서 겸 시의侍醫로서 봉사했고, 1512년 삼촌의 사후에는 스스로 '땅 끝'이라 칭한 북유럽의 한구석(현 폴란드 북단) 프롬보르크의 성당에서 참사회원으로서 사망한 해까지 지냈다.[*3] 성당참사회원이란 교회의 지역지배를 위한 행정관과 같은 것으

─────
*3   리스바르크, 프롬보르크는 독일어로는 하이스베르크, 프라우엔부르크.

로, 주교를 보좌하여 성당이나 관구의 관리와 경영을 맡았고, 농촌에서 기술지도도 했기 때문에 한직閑職은 아니었다. 리스바르크 시절에는 때때로 외교관 같은 일도 했고 튜튼 기사단의 공격에 맞서 향토방위직도 맡은 데다 의사로서의 평가도 높아 천문학 연구는 그 공무 중에 짬을 내 계속할 수 있었다.

1512년부터 17년에 걸쳐 로마에서 열린 라테란 공의회는 개역을 위해 전문가에게 자문했는데, 그 전문가 중 한 명으로 코페르니쿠스가 꼽혔다. 이미 이 시점에서 코페르니쿠스는 일급 천문학자로서 유럽에서 인정받고 있었던 것이다.

지동설을 최초로 표명한 코페르니쿠스의 『소논고Commentariolus』(짧은 해설서 _옮긴이)는 무서명의 수고手稿 상태로 친구들 사이에서 회람되었다. 집필은 1514년 이전이라 생각된다.[9] 필생의 대작 『회전론』은 1543년에 출판되었고 이 직후 코페르니쿠스는 눈을 감았다. 향년 70세였다.

지동설 제창의 배경으로서, 코페르니쿠스는 크라쿠프에서 받은 천문학 교육과 북이탈리아 인문주의 운동에서 영향을 받았다고 생각할 수 있다. 『회전론』 첫머리에 '서문'으로 게재한 「교황 파울루스(바오로 _옮긴이) III세에게 드리는 서한」에서 그는 천문학을 배우고 우주론의 현상現狀에 만족할 수 없었던 이유를 기술한 뒤 새로운 우주론에 도달한 자신의 행보를 설명하고 있다.

그래서 저는 우주의 구들의 운동에 관해 학교에서 수학자(천문학자가 가르치고 있는 것과 다른 것이 있다고 누군가가 이미 생각했는지 조사하기 위해 손에 들어오는 한 철학자의 서적을 읽는 노력을 했습니다. 그리하여 우선 키케로의 것에서 히케타스가 지구가 움직이고 있다고 생각했었음을 발견했습니다. 그 뒤 플루타르코스의 책 속에서 다른 몇몇 사람들이 같은 생각을 갖고 있었음을 발견했습니다. ……그러한 연유로 저 또한 지구 운동의 가능성에 관해 고찰을 시작했습니다.[10]

이전에 초기 인문주의자는 고대의 서적에 무비판에 가까운 신뢰를 보냈다고 했고, 또한 중세 내내 서유럽에서 올바른 학문은 고대인이 신에게 받은 지식 속에 있다고 믿었다고도 지적했다[Chs. 2. 1, 3. 5].『회전론』의 이 인용은 청년시절에 인문주의의 영향을 받은 코페르니쿠스도 마찬가지 경향을 갖고 있었음을 보여준다. 코페르니쿠스가 실제로 이렇게 생각했는지, 그렇지 않으면 자신의 설을 수용하기 쉽도록 윤색해서 말했는지는 명확하지 않지만, 전자라면 코페르니쿠스가 진리를 찾았던 장소도 과거의 문헌이었음을 알 수 있다. 후자라고 해도 고대 문헌의 권위를 인정하고 있었음은 변하지 않는다. 어쨌든 코페르니쿠스에게 천문학 연구의 실제는 옥외에서 천공을 탐색하는 것뿐만 아니라 옥내에서 문헌을 섭렵하는 것이기도 했다.

이것은 동시에 인쇄서적의 발전과 보급이 거대한 영향을 미쳤음을 보여준다. 16세기는 서유럽 정신세계가 격변하는 시대였다. 사상 면에서는 인문주의, 종교생활에서는 종교혁명, 학문세계에서는 대학 아카데미즘의 사변적 학예가 존재했던 한편, 상인이나 직인이나 예술가나 선원이나 군인 등 실천에 뿌리를 둔 경험 지식으로서의 기예에도 빛이 비춰진 것이다.[11] 특히 중부 유럽에서는 대학 진학자 수가 증가함과 함께 대학 교육이 세속화된 것도 한몫했다. 그리고 이 모든 변혁에 새롭게 등장한 인쇄서적이 중요한, 거의 필수적인 역할을 수행했다. 프랑스 인문주의자 프랑수아 라블레가 1532년경에 쓴 『팡타그뤼엘 이야기』에는 팡타그뤼엘의 아버지 가르강튀아가 아들에게 쓴 편지에 다음과 같이 쓰여 있다. 와타나베 가즈오渡辺一夫의 숙달된 번역을 빌려와 보자.

> 바야흐로 일체의 학문이 복구되어 여러 언어연구들도 재흥했다.
> ……참으로 우아하고 단정한 인쇄술도 나의 치세하에서 천부의 영감으로 발명된 것이다……. 내가 깨달은 바에 따르면 지금 세상의 강도, 간수, 떠돌이 무사, 마부라 할지라도 내 시대의 박사, 전도사보다도 박학하다고 생각된다.[12]

물론 과장된 말이겠지만 인쇄술이 학문문화의 저변을 크게 넓혔다는 것은 읽어낼 수 있다.

천문학도 예외는 아니다. 1515년 빈Wien대학의 천문학과 점성술 교수인 스티보리우스와 탄슈테터에게 막시밀리안 I세는 역법 개혁에 관한 제언을 요구했다. 그 답신에서 그들은 역 개혁이 이전과 비교해서 용이해졌다고 판단하며 그 주된 이유로 인쇄술의 발전을 들었다. 즉 첫 번째로는 인쇄 발전이 읽고 쓰는 능력을 향상시켰고 "그로 인해 2·3세기 이전이라면 최고의 교육을 받은 소수의 사람이 아니면 소유하지도 읽지도 못했던 것을, 그럭저럭 교육을 받은 자나 실제로는 불충분한 교육밖에 받지 않은 자나 거의 최소 교육밖에 받지 않은 자조차 소유하고 읽을 수 있게 되었다"라는 것, 그리고 두 번째로 "오늘날에는 천문표가 극히 정확해졌고 [천체의] 정확한 운동이나 올바른 분점이나 합, 그리고 그 외 마찬가지의 정보를 발견할 수 있는 천문력(얼머낵almanac)이 거의 사람 수만큼 존재한다"라는 것이다.[13] 여기에도 다소의 과장이 있다고는 생각되지만, 그렇다 해도 천문학이나 점성술에 종사하는 자에게 인쇄서적이 끼친 영향의 크기를 엿볼 수 있다.

이것은 코페르니쿠스의 경우에도 물론 발견할 수 있다. 코페르니쿠스가 태어난 1473년은 크라쿠프에서 처음으로 인쇄 공방이 개설된 해로, 포이어바흐의 『신이론』이 처음으로 인쇄된 해이기도 했다. 레기오몬타누스가 뉘른베르크에서 천문학서를 인쇄하기 시작한 것은 그 직전이었다. 따라서 엘리자베스 아이젠슈타인 Elizabeth Eisenstein이 말했듯이 "코페르니쿠스 세대의 유럽인은 그 이전의 어떠한 천문학 연구 환경과도 다른 환경에서 천문학을 배우게 되었다".[14]

『알폰소 표』는 1483년에 베네치아에서 라트돌트가, 그리고 1492년에는 역시 베네치아에서 요한 한만이 인쇄했다. 한만도 이 시대의 교학서, 자연과학서의 인쇄·출판에 종사한 인물이다. 코페르니쿠스는 크라쿠프의 학생시절에 이 한만이 인쇄한 『알폰소 표』를 입수했다. 크라쿠프 시절에는 또한 1490년에 라트돌트가 출판한 레기오몬타누스의 삼각함수표인 『방향표』를 입수하여 이 두 권을 평생 이용했다. 그는 또한 라트돌트가 제작한 유클리드 『원론』의 1482년판도 소유하고 있었다.[15] 그리고 볼로냐에서 공부를 시작한 1496년에는 레기오몬타누스의 『에페메리데스efemérides』와 역시 한만이 막 인쇄했던 『적요(에피톰epitome)』를 입수했다.

포이어바흐의 『신이론』으로 천문학에 이끌린 코페르니쿠스는 1515년에 『알마게스트Almagest』의 라틴어역이 처음으로 인쇄되기 이전에는 오로지 『적요』로 프톨레마이오스 이론을 배웠고 거기에서 큰 영향을 받았다.[16] 『적요』는 코페르니쿠스가 『회전론』을 집필할 때 『알마게스트』 그 자체보다 우선해서 따랐던 것으로, "『회전론』에는 이 『적요』에서 취한 정보나 수법뿐만 아니라 충실한 환언까지 포함되어 있다".[17] 코페르니쿠스 자신은 자신의 저서에서 "나의 직접적인 선행자 게오르크 포이어바흐와 요하네스 레기오몬타누스"라 기술하고 있다.[18] 그리고 나중에 코페르니쿠스의 제자 레티쿠스의 제자로 들어간 오토 발렌틴은 레티쿠스의 유고 출판에 즈음하여 덧붙인 서문에서 "코페르니쿠스는 자신의 저작을 위해 필요하다고 생각하는 사항을 프톨레마이오스와 레기오몬타누스에게서 차용했다"라고 확언했다.[19] 코페르니쿠스는 『신이론』과 『적요』의 은혜를 크게 받은 최초의 세대였다.

코페르니쿠스는 유럽 학문세계의 중심에서 멀리 떨어진 프롬보르크에 틀어박힌 후에도 1515년에 인쇄된 중세 크레모나의 게라르도 역 『알마게스트』나 1518년 슈테플러의 『얼머낵』을 입수했다. 전자의 난외欄外에는 정확한 주나 도판이 쓰여 있었고 후자에는 스스로 식을 관측한 기록이 있다고 한다.[20] 이런 연유로 "인쇄물이 없었다면 코페르니쿠스는 그가 전거로 한 소재의 대부분을 결여했었을 것이다. 50년 전이었다면『회전론』을 그 세기 최대의 천문학서로 만드는 데 필요한 정보를 그는 간단히 입수할 수 없었을 것이다"라는, 천문학사와 그 서지학에 상세한 천문학자 오언 징거리치Owen Gingerich의 지적은 전적으로 참일 것이다.[21]

물론 코페르니쿠스의 이론을 보급하는 데에도 인쇄술은 결정적인 역할을 했다. 1543년에 초판이 출판된『회전론』은 1566년에 바젤에서 제2판이 출판되었다. 당시 고등교육 수준으로는『회전론』은 최고도로 난해한 서적 중 하나였다고 생각되지만 십수 년 뒤 제2판이 인쇄되었으므로 그 나름 수요가 있었음을 방증한다.

세계 각지의 도서관에 현존하는『회전론』을 조사한 징거리치는 "초판 발행부수는 필시 400부에서 500부, 제2판은 500부에서 600부로 생각된다"라고 추정했다. 그리고 그는 이것들에 남아 있는 난외의 상세한 기입문을 조사하고, 그 대부분이 여러 사람의 손을 거쳤으며 그때마다 꽤 정성껏 기입되었다고 판단했다.[22]

만약 인쇄서적이 존재하지 않았다면 코페르니쿠스가 천문학을 학습, 연구하여『회전론』을 집필하는 것은 극히 어려웠을 뿐만 아니라, 설령『회전론』을 써냈다 해도 이 정도의 부수를 도판이나 수학을 포함해 정확하게 손으로 베껴 퍼트리고 많은 사람이 읽게 되는 일은 없었을 것이다. 인쇄물은 변혁의 유효한 촉매이기도 했지만, 변혁을 퍼트리기 위한 강력한 매체이기도 했다.

2. 코페르니쿠스 개혁을 끌어낸 것

코페르니쿠스는 천문학 개혁의 동기 내지 문제의식을 『회전론』에 '서문'으로 덧붙인 「교황 파울루스 III세에게 드리는 서한」에서 말하고 있다. 이 '서문'은 인쇄 직전에 쓰인 것으로 그의 최종적 견해라 생각되며 극히 중요하므로, 다소 길지만 그 중심 부분을 인용해 보자.

우주 천구들의 여러 운동을 계산하는, 지금까지의 것과는 다른 이론을 구상하도록 저를 내몬 것은 실로 이 문제를 탐구하는 데에서 수학자[천문학자]들이 서로 일치하고 있지 않다고 제가 이해했기 때문입니다. 왜냐하면 첫 번째로 그들은 태양과 달의 운동에 관해서는 불확실incertus했으며 그 때문에 회귀년의 정확한 일정 길이를 확정하거나 관측하는 것도 이뤄져 있지 않습니다. 두 번째로 태양과 달뿐만 아니라 다른 다섯 행성의 운동을 결정하는 데에서 그들이 사용하는 원리나 가정, 그리고 외견상의 회전과 운동에 관한 설명이 같지 않습니다. 즉 어떤 사람은 동심원만을 사용하고, 또 어떤 사람들은 이심원과 주전원을 사용하는데, 그들은 그것들로 구하고 있는 것을 완전히 얻지 못했습니다. 왜냐하면 동심원을 의지하는 사람들은 설령 그것들로 몇몇 일정하지 않은 운동을 합성할 수 있음을 논증했다고 해도 현상에 확실히 합치하는, 이론의 여지가 없는 확실한 것을 유도해 내지는 못했기 때문입니다. 다른 한편으로 이심원을 고안한 사람들도 설령 외견상의 운동 대부분을 그것들을 사용함으로써 수치적으로 일치하도록 해결했다고 생각된다 해도, 운동의 일정성에 관한 제1원리에 저촉하는 듯 생각되는 많은 사항을 용인해 버렸습니다. 그것뿐만 아니라 그들은 또한 거기서부터 가장 중요한 사항, 즉 우주의 형태와 그 부분의 확고한 균형을 발견하지도 결론짓지도 못했습니다.[23]

코페르니쿠스의 이 주장은 세 가지로 요약할 수 있다. 첫 번째는 그때까지의 이론이 태양과 달의 운동에 관해 정확하지 않아 역법을 개혁하기에는 불충분하며 경험과도 어긋난다는 것이며, 두 번째는 아리스토텔레스의 동심구 이론과 프톨레마이오스의 이심원·주전원 이론의 분열, 특히 전자는 수치적으로 부정확하고 후자는 일정운동의 원칙에서 일탈, 즉 등화점(이퀀트)을 사용하고 있다는 것, 즉 자연학적 우주론과 수학적 천문학이 괴리되어 있고 각자에게 고유한 결함이 있다는 것, 그리고 세 번째는 그때까지의 이론이 '우주의 형태와 그 부분의 확고한 균형'을 제시할 수 없다는 것, 즉 태양계 전체에 대한 체계로서의 구조적 파악이 결여되어 있다는 것이다.

여기서 가장 중요하다고 생각되는 것은 세 번째 지적이다. 왜냐하면 첫 번째와 두 번째는 우주의 중심이 태양인가 지구인가 하는 코페르니쿠스 이론의 중심적 문제와는 직접적으로 관련되지 않기 때문이다. 다음과 같이 말해도 좋다. 베르나르트 골드슈타인Bernard Goldstein에 의거하여 문제를 천문학상의 문제와 우주론상의 문제로 분류하면,[24] 첫 번째 지적은 천문학상의 문제, 두 번째 지적은 각각 우주론상의 문제와 천문학상의 문제이지만 각자가 별개의 문제임에 비해 세 번째 지적은 천문학상의 문제가 직접적으로 우주론상의 문제와 관련되기 때문이다. 그러므로 첫 번째 지적과 두 번째 지적은 제쳐두고 가장 중요한 세 번째 지적인 '우주의 형태와 그 부분의 균형'부터 살펴보자. 그러나 이를 위해서는 이에 앞서 개별 행성의 궤도에 관한 코페르니쿠스의 이론을 검토할 필요가 있다.

프톨레마이오스가 그리고 있는 행성 운동의 특징에 대해 코페르니쿠스가 주목한 것은 앞에서도 기술한 적 있지만[Chs. 2.5, 3.3], 각자의 행성 운동, 특히 유와 역행이라는 그 두 번째 부등성, 그리고 그것을 설명하기 위한 주전원 운동이 지구에서 본 태양의 운동에 직접적으로 연관된다는 사실이었다. 그림5.2(a), (b)는 프톨레마이오스 모델로 여기서는 이야기를 이해하기 쉽도록 첫 번째 부등성을 고려하지 않고, 또 진태양과 평균태양을 구별하지 않고 그림1.6, 1.7의 F, C, E를 한 점 T로 하여 정지지구를 나타내기로 하자. T를 중심으로 하는 유도원(반경 a)상의 점 Q를 중심으로 하는 주전원(반경 c)상의 점 P가 행성을 나타낸다.

지구에서 관측할 때 외행성에서는 주전원(1차 주전원)의 회전주기가 전부 지구 주변을 태양이 회전하는 주기(1년)에 일치하고 게다가 Q와 P를 묶는 직선이 항상 지구 T에서 태양 S 방향으로 그은 직선과 평행한다(그림5.2(a)). 다른 한편 내행성에서는 Q가 항상 태양 방향에 있고 Q가 유도원을 도는 주기가 태양의 회전주기(1년)와 일치하며(그림5.2(b)) P는 태양 방향으로 어떤 각도

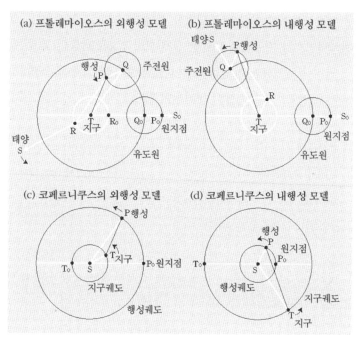

(a) 프톨레마이오스의 외행성 모델 (b) 프톨레마이오스의 내행성 모델

(c) 코페르니쿠스의 외행성 모델 (d) 코페르니쿠스의 내행성 모델

그림 5.2 행성 운동의 제2 부등성의 설명.
그림 (a)와 (b)의 태양 S는 방향만을 나타낸다.

의 범위(이각) 내에서 움직여 결코 충oposition의 위치를 취하지 않는다. 즉 외행성에서는 주전원상의 운동(주전원의 중심에서 본 행성 운동)이, 그리고 내행성에서는 주전원의 중심 운동(내행성의 평균운동)이 각자 지구에서 본 태양 운동에 일치한다. 그러나 이 사항들은 프톨레마이오스의 입장에서는 어디까지나 경험적으로 알려진 사실로 그 이론적 근거는 불명확했다.

이에 비해 코페르니쿠스는 주전원의 운동이 실제로는 지구 운동, 즉 관측자의 운동의 투영임을 깨달았으리라고 생각된다. 코페르니쿠스가 지동설에 도달한 실제 사고과정을 더듬어 볼 수 있는 편지나 일기류는 아무것도 남아 있지 않지만 『소논고(코멘타리오루스)』에는 「요청 7」에서 명기되어 있다.

> 행성들에서 보이는 역행이나 순행은 그것들 측에서가 아니라 지구 측에서 유래한다non esse ex parte ipsarum sed telluris. 따라서 하늘에서 일어나는 상당한 수의 불규칙한 겉보기 운동을 설명하기 위해서는 지구의 단일 운동으로 충분하다.[25]

마찬가지로 『회전론』 제1권 4장의 끝부분에는 불균등한 행성 겉보기 운동의 원인 중 하나로 "그것들이 회전하고 있는 원들의 중심에 지구가 없다는 것"을 들고, "지구[의 운동]에 속하는 것을 천상[의 운동]에 속한다는 오류"에 빠지지 않도록 주의를 환기하고 있다.[26]

지구가 운동하고 있을 가능성은 코페르니쿠스 이전에도 지적되었지만 행성 운동의 두 번째 부등성을 지구의 운동에 의한 외견상의 것이라고 설명한 사람은 코페르니쿠스가 효시이다.[27] 코페르니쿠스는 이 착상을 『적요』에서 얻었으리라 생각된다. 마이클 섕크Michael Shank의 논문에서는 "코페르니쿠스는 1496년판에서 이용할 수 있게 된 레기오몬타누스의 『적요』를 확실히 사용했는데, 이것은 코페르니쿠스에게 프톨레마이오스에 관한 상세한 지식을 처음으로 부여했을 뿐만 아니라 [나중에] 그를 유명하게 만든 세계상을 향한 열쇠도 부여한 것이다"라고 했다.[28] 그 '열쇠'란 외행성의 두 번째 부등성을 주전원으로도 회전중심을 갖는 이심원으로도 설명할 수 있다는 프톨레마이오스 『알마게스트』의 주장을 레기오몬타누스가 『적요』에서 내행성에도 적용 가능하다고 지적한 것이다[Ch. 3. 3]. 실제로 스위들로Swerdlow는 레기오몬타누스의 이 지적이야말로 코페르니쿠스의 착상의 출발점이라고 판단했다.[29] 그것은 아마도 이러할 것이다. 그림 5. 2(a)(b)는 프톨레마이오스 모델로 주전원상의 점 P가 행성을 나타낸다. 레기오몬타누스의 지적은 그림 P의 운동을 T를 중심으로 하여 주전원과 같은 반경의 원주(그림의 흰 선 원)상을 중심 R가 움직이는 이심원상의 점의 운동으로 간주할 수 있다는 것이다. 이때 외행성(그림 (a))에서는 지구 T에서 본 R 방향이 항상 지구에서 본 태양 S의 방향과 일치하고 내행성(그림(b))에서는 지구 T에서 본 Q 방향이 항상 지구에서 본 S 방향과 일치하고 있음이 경험 사실로서 알려져 있다.

그런데 외행성에서는 그림(a)의 점 R을 태양 S 자체라고 하고 내행성에서는 그림(b)의 점 Q를 태양 S 자체라고 한 것이 뒤에서 논할 티코 브라헤Tycho Brahe의 모델이다[Ch. 11. 4]. 코페르니쿠스의 이론은 이 티코 모델을 태양이 정지한 좌표계로 치환한 것과 다름없다. 그림 5. 2(c)(d)는 코페르니쿠스 모델로 외행성(그림(c))에서는 그림 (a)의 점 R를 태양 S 자체라고 하고 내행성(그림(b))에서는 점 Q를 태양 S 자체라고 하여 둘 다 그 태양이 정지한 좌표계로 옮긴 것이다.

이렇게 태양을 중심으로 취하면 행성과 지구가 각자 따로따로 태양 주변을 한 방향으로 주회하고 있을 뿐으로, 프톨레마이오스 이론에서 행성 운동의 두 번째 부등성으로 도입된 불규칙한 운동을 지구와 행성의 주회운동의 차에서 유래하는 착시로 해석할 수 있고 외행성의 주전원이나 내행성의 유도원이 불필요해진다. 코페르니쿠스는 『회전론』 제5권에서 상세하게 설명한다.

> 행성들은 경도[황도]에서 완전히 다른 운동을 보인다. 그 한편은 앞에서 기술했듯이 지구의 운동에서 유래하고 또 한편으로는 행성에 고유한 운동이다. 전자를 시차 운동이라 말해도 틀리지 않다. 왜냐하면 행성에 유나 역행이나 순행 현상이 생기는 것은 그 자신의 운동으로 항상 전진하는 행성이 그렇게 동요하게 만들어지기 때문이 아니며, 그것이 그렇게 보이는 것은 [행성들의] 천구 사이즈가 [지구를 포함한 행성마다] 다르기 때문에 지구 운동으로 야기되는 시차에 의하기 때문이다. …… 내가 말하는 시차 운동이란 바로 지구의 일정한 운동이 토성이나 목성이나 화성의 경우에는 그것들을 추월하고, 금성이나 수성의 경우에는 그것들에 추월당하는 것이다.[30]*4

---

*4   '시차 운동'의 원어는 motus commutationis, '시차에 의하다'의 원어는 per modum commutationus. Rosen의 영역에서는 전자는 parallactic motion, 후자는 because a sort of parallax. Wallis의 역도 거의 동일하다. Commutatio는 겐큐샤 研究社의 『라틴어-일어 사전羅和辞典』에서는 '변화, 변동, 변환', 챔버스 머레이 Chambers Murray의 『라틴어-영어 사전Latin-English Dictionary』에서도 a changing, change라 하여 둘 다 '시차parallax'란 단어는 쓰이지 않았다. 그러나 『회전론』 IV-2, folio 99v Rosen역 p. 176에는 parallaxes, quas commutationis vocant

이리하여 코페르니쿠스는 "고대 천문학자가 각각의 행성을 주전원으로 설명하려고 한 모든 현상이 지구의 단 하나의 운동으로 설명된다"라고 결론짓는다.[31]

지구를 정지시킬지 태양을 정지시킬지만을 묻는다면 단순한 상대성의 문제가 된다. 코페르니쿠스는 두 물체의 운동이 완전히 상대적임은 인정했다. 『회전론』 제1권 5장에서는 "관측되는 장소적 변화는 모두 보이는 것의 운동 때문에 혹은 보는 측의 운동 때문에, 혹은 당연하지만 양자의 부등한 변위 때문에 일어난다"라고 상대성 테제를 더할 나위 없이 명쾌하게 설명하고,[32] 제3권에서는 지구에서 본 태양의 비일정한 운동을 지동설로서 이심원(권말부록 그림B. 3에서 이심원이 F로 여기에 태양이 정지, 원주 ABC)상에서 일어나는 지구의 일정한 회전으로 설명한 뒤에 "이 설명은 프톨레마이오스나 다른 사람들이 행했듯이 지구가 F에 정지해 있고 태양이 원주 ABC상을 움직이고 있는 것으로서도 완전히 같다"라고 구체적으로 지적한다.[33] 이런 한에서는 프톨레마이오스 이론과 코페르니쿠스 이론에 우열의 차이는 없다.

그러나 지구와 태양과 행성의 삼자 관계를 고려하면 지구중심

(commutationis라 불리는 parallaxes)라 되어 있다. 케플러도 commutatio를 같은 의미로 사용했다. 『옹호』 라틴어 원문 p. 98, 영역(the distortion of the sense of sight) p. 54. 라틴어와 영어 parallax의 어원은 그리스어 '파라락스(변화)'로 그 넓은 의미는 『랜덤하우스 영일사전 ランダムハウス英和辞典』에 나오듯이 '관찰자의 위치 변화에 따라 대상물의 위치가 어긋나 보이는 것'이므로, Rosen 등의 영역은 타당하며 여기서도 이 넓은 의미로 사용되는 것으로서 '시차'라는 단어로 번역했다.

이론과 태양중심이론은 그 설명능력에 현격한 차이가 있음이 드러난다.

　예를 들어 지구에서 본 외행성 운동의 특징으로서 충opposition은 역행일 때 생기고 근지점에서는 반드시 충이 된다고 고대부터 알려져 있었다.[34] 그러나 코페르니쿠스의 태양정지이론에서 비로소 이것에 대한 합리적인 이유가 주어진 것이다(그림5.2(a)(c) 및 나중에 나올 그림6.6(a)(b) 참조). 적절하게도 후에 케플러J. Kepler가 지적하듯이 "코페르니쿠스는 외행성이 태양과 충의 위치에 있을 때 지구에 크게 접근하는 원인과 필연성causa et necessitas 양자를 설명하고자" 했던 것이다.[35] 혹은 금성과 수성이 결코 충이 되지 않는다는 간단한 사실조차 코페르니쿠스 이론으로 비로소 설명되었다. 아리스토텔레스『분석론 후서』의 표현을 빌리자면 프톨레마이오스에게는 '[그러한 것이 있다는] 사실의 지식'일 뿐이었던 것을 코페르니쿠스는 '[그것이 왜 그럴 수 있는가 하는] 근거의 지식'으로 변환한 것이다. 아리스토텔레스는 또『형이상학』에서 "우리는 사물의 원인을 알고 있지 않은 한 그 진리를 알고 있다고는 할 수 없다"라고 말했다. 이에 따른다면 코페르니쿠스가 처음으로 지구에서 본 행성 운동의 몇 가지 특징에 관한 '진리'를 알았던 것이다.[36]

　프톨레마이오스로부터 코페르니쿠스로의 이 시점 전환은 확실히 행성 운동의 부등성에 대한 관습적인ad hoc 설명에서 근거에 기반한 설명으로의 전환이기도 하다. 그러나 그 설명능력의 향상은 태양계를 전체로 하고 봤을 때는 더욱 확대되어 근본적으로 새로

표5.1 프톨레마이오스 이론의 유도원과 이심원의 반경비와 코페르니쿠스 이론의 궤도 평균 반경($a_T = 25$는 지구 궤도 반경)

	프톨레마이오스 「알마게스트」	코페르니쿠스 「회전론」	웁살라 노트 「소논고」
수성	$C_{Mc} = 22^p30' = 0.375a_{Mc}$	$0.376a_T$	$9.24 = 25 \times 0.370$
금성	$C_{Vn} = 43^p10' = 0.719a_{Vn}$	$0.719a_T$	$18 = 25 \times 0.720$
화성	$C_{Ms} = 39^p30' = a_{Ms}/1.52$	$1.520a_T$	$38 = 5 \times 1.52$
목성	$C_{Jp} = 11^p30' = a_{Jp}/5.21$	$5.219a_T$	$130 ; 25 = 25 \times 5.22$
토성	$C_{St} = 6^p30' = a_{St}/9.23$	$9.175a_T$	$230 ; 50 = 25 \times 9.23$

운 인식을 야기했다.

프톨레마이오스의 『알마게스트』는 각각의 행성마다 그 운동의 부등성(제2의 부등성)을 설명하기 위해 주전원을 따로따로 도입했다. 이때 유도원의 반경 a와 주전원의 반경 c의 비는 각 행성마다 정해지지만 a와 c 각자, 혹은 다른 행성끼리의 a의 비는 결정되지 않는다. 프톨레마이오스가 얻은, 각 행성마다 유도원의 평균 반경 a를 60^p로 했을 때의 주전원의 반경 c를 표 5.1에 기술해 두었다. 그렇지만 이 수치들은 『알마게스트』에 여기저기 산재해 기술되어 있을 뿐으로 프톨레마이오스가 이러한 표를 작성한 것은 아니다. 즉 이들 사이에 어떠한 관련이 있다고는 생각할 수 없다. 실제로 프톨레마이오스 이론에서 각자의 행성 궤도형은 정해져 있었지만 이것들은 ─지구를 공통의 중심으로 갖고(수성을 빼고) 이심원·주전원 모델에서 비슷하게 다뤄진다는 것 이외에는─ 서로 전혀 관계가 없다. 이론적으로는 각자의 궤도 반경은 독립적이고 다른 행성 궤도에 영향을 미치는 일 없이 확대도 축소도 가능하다. 무릇 태양을 포함해서 모든 행성의 배열순위도 결정되지 않는다. 프톨레마이오스는 『알마게스트』에서 행성의 배열에 관한 통설을 기술한 뒤, "어떤 별도 검지할 수 있을 정도의 시차를 갖지 않으므로 이 문제에 관해서는 우리의 지식을 전진시킬 방법은 없다"라고 기술하며 자기 이론의 한계를 확실히 인정했다.[37]*5

그에 비해 코페르니쿠스 이론에서는 각 행성의 궤도 반경이 지구 궤도 반경을 단위로 하여 결정된다. 실제로 그림5.2의 (a)(b)에서 (c)(d)로 변환됨으로써 프톨레마이오스의 유도원과 주전원 (혹은 이심원의 중심이 그리는 원)이 코페르니쿠스에게는 외행성에 관해서는 행성 궤도와 지구 궤도로, 내행성(금성)에 관해서는 지구 궤도와 행성 궤도로 변한다. 따라서 이때 외행성에서는 c가, 내행성에서는 a가 지구 궤도 반경이 되고 프톨레마이오스 이론에서는 각각의 행성 궤도마다 유도원과 주전원의 반경비일 뿐이었던 것이 코페르니쿠스 이론에서는 행성 궤도와 지구 궤도 반경의 비로 해석된다.

예컨대 화성에 관해 『회전론』에서는 다음과 같다.

지구 궤도 반경을 1ᵖ로 하면 화성의 원일점[거리], 즉 [태양으로부터

---

*5   프톨레마이오스는 『행성가설』에서 행성들의 궤도 반경의 비를 두께가 있는 행성 천구(구각)가 빈틈없이 접하고 있다는 가정하에 정했는데 이것은 자연은 진공을 거부한다는 아리스토텔레스 자연학의 원리에 기반한 논의로 천문학적 관점에 의한 것은 아니다.

의] 최대 거리는 1ᵖ38′57″, 최소 거리는 1ᵖ22′26″, 그 평균 거리는 1ᵖ31′11″[=1,520×1ᵖ]. 이렇게 하여 화성의 경우에도 그 운동의 크기와 거리는 지구의 운동에 의거하는 확실한 계산에 의해 설명된다.[38]

이리하여 코페르니쿠스는 각 행성 궤도의 평균 반경을 지구 궤도의 평균 반경 a_T를 단위로 하여 산출했다. 단 코페르니쿠스는 『회전론』에서는 다른 행성에 관해서도 마찬가지로 평균 거리를 명기하지는 않았다. 토성에 대해서는 "지구 궤도의 반경을 1ᵖ로 하여 토성의 원일점의 높이가 9ᵖ42′, 근일점에서는 8ᵖ39″, 그리고 목성에 대해서는 원일점 거리가 5ᵖ27′29″, 근일점 거리가 4ᵖ58′49‴"로 기술되어 있을 뿐이다.[39] 그러나 『소논고』에서는 다섯 행성이 평균 반경과 갖는 관계가 명기되어 있다(표5.1). 실은 코페르니쿠스는 『알폰소 표』와 『방향표』에 다시 16장의 백지를 더해 합본으로 한 노트(「웁살라 노트」*6)에 다섯 행성에 관해 사실상 이 계산을 기록했다. 덧붙인 것은 『소논고』 집필 이전이라 생각된다. 코페르니쿠스가 태양 중심설에 도달했을 때의 족적이라 말할 수 있을 것이다.[40]

또한 화성의 원일점 거리와 목성의 근일점 거리, 그리고 목성의 원일점 거리와 토성의 근일점 거리가 크게 떨어져 있는 이 결

---

*6   17세기 30년 전쟁 과정에서 폴란드를 침공했던 스웨덴 왕 구스타프 아돌프는 점령지에서 약탈한 서적이나 문서를 스웨덴으로 옮겼다. 그중에 프롬보르크 대성당에 남아 있던 코페르니쿠스의 유고도 포함되어 있었기 때문에 코페르니쿠스의 장서나 노트류가 현재 스웨덴 웁살라대학에 보존되어 있다.

과에서 알 수 있듯이 코페르니쿠스의 태양계에서는 화성의 구각球殼과 목성의 구각, 목성의 구각과 토성의 구각, 그리고 토성의 구각과 항성천恒星天 각자의 사이에 큰 공간에 남아 있다(상세한 바는 뒤에서 논한다[Ch. 6. 3]). 이 점에서도 프톨레마이오스 태양계와 큰 차이가 있음을 발견할 수 있다.

3. 행성계의 조화와 질서

무엇보다도 현저한 것은 그때까지는 임의성이 남아 있었던 행성 궤도의 배열순서를 코페르니쿠스 이론의 '수성 – 금성 – 지구 – 화성 – 목성 – 토성'으로 확정했다는 것이다.

행성 궤도의 배열은 플라톤 이래의 현안이었다. 플라톤의 『티마이오스』에서는 지구를 중심으로 하여 "달은 지구를 둘러싼 제1의 원궤도, 태양은 지구 저편의 두 번째에 위치하는 궤도"였다. 그리고 금성과 목성은 "속도에서는 태양과 보조를 맞춰 회전하면서도 태양과는 반대로 향하는 힘을 부여받은 궤도"에 놓였기 때문에 태양과 수성과 금성은 "서로 따라잡거나 따라잡히거나 한다"라고만 쓰여 있고, 그 순위는 케플러가 말했듯이 "불명확"했다.[41] 아리스토텔레스의 『천체론』에서는 "행성들은 달이나 태양보다 중심[지구]에서 멀고, 또한 최초의 물체[하늘]에 보다 가깝다"[42]라고 하여 행성을 역시 태양보다 위에 놓았다. 12세기의 모세스 마이모니데스의 책에는 "옛 천문학자 사이에서는 수성과 금

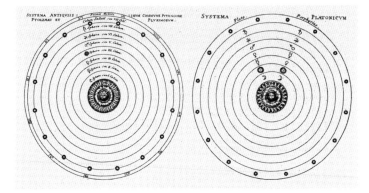

그림 5.3

프톨레마이오스의 체계 및 플라톤과 포르피리오스의 체계(위의 왼쪽과 오른쪽; Heninger Jr., *The Cosmographical Glass*에서), 그리고 코페르니쿠스의 체계(아래; 코페르니쿠스, 『회전론』, folio 9v에서)

☿ 수성
♀ 금성
♂ 화성
♃ 목성
♄ 토성

플라톤과 포르피리우스 체계의 차이는 마크로비우스의 텍스트 번역에서 유래하는 듯하며, 이 점에 관해서는 이스트우드(Eastwood, 1982), p. 385 n.85 참조.

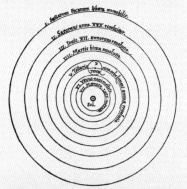

NICOLAI COPERNICI

net, in quo terram cum orbe lunari tanquam epicyclo contineri diximus. Quinto loco Venus nono menſe reducitur. Sextum deniq; locum Mercurius tenet, octuaginta dierum ſpacio circū currens. In medio uero omnium reſidet Sol. Quis enim in hoc

pulcherrimo templo lampadem hanc in alio uel meliori loco po neret, quàm unde totum ſimul poſsit illuminare? Siquidem non inepte quidam lucernam mundi, alij mentem, alij rectorem uocant. Trimegiſtus uiſibilem Deum, Sophoclis Electra intuentē omnia. Ita profecto tanquam in ſolio re gali Sol reſidens circum agentem gubernat Aſtrorum familiam. Tellus quoq; minime fraudatur lunari miniſterio, ſed ut Ariſtoteles de animalibus ait, maximā Luna cū terra cognatio nē habet. Concipit interea à Sole terra, & impregnatur annuo partu. Inuenimus igitur ſub hac

성 천구가 태양보다 위인지 아래인지에 관해 의견의 차이가 있었다. 왜냐하면 이 위치들에 관해서는 어떠한 증명도 할 수 없기 때문이다"라고 명확하게 기술되어 있다.[43] 몇 가지 대표적인 견해를 표시해 두자.[44]*7

플라톤	달 - 태양 - 수성 - 금성	(그림 5.3)
포르피리오스	달 - 태양 - 금성 - 수성	(그림 5.3)
키케로	달 - 수성 - 금성 - 태양	『스키피오의 꿈』
플리니우스	달 - 수성 - 금성 - 태양	『박물지』(Bk. 2~6)
프톨레마이오스	달 - 수성 - 금성 - 태양	『행성가설』(그림 5.3)
베다	달 - 금성 - 수성 - 태양	『사물의 본질에 관하여』
비트루지	달 - 수성 - 태양 - 금성	『회전론 De natura rerum』(Bk. 1, Ch. 10)에서

요컨대 결정적인 것이 없었던 것이다. 12세기 베르나르두스 실베스트리스의 『코스모그라피아』에는 프톨레마이오스와 플리니우스의 배열이 기록되어 있다.[45] 13세기 노바라의 캄파누스 Campanus of Novara의 책에 "프톨레마이오스가 가정했던 천구의 순서를 수용

---

*7   플라톤 자신은 명확하게는 말하지 않았지만 16세기 말 갈릴레오의 노트에는, 이집트인은 지구에 가까운 쪽에서부터 '달 - 태양 - 수성 - 금성 - 화성 - 목성 - 토성'이라 생각했으며, 플라톤의 『티마이오스』나 아리스토텔레스의 『천체론』은 그에 따랐다고 기록되어 있다(Galileo's Early Notebooks, p. 74). 플라톤에 대한 이런 해석은 5세기 마크로비우스의 『스키피오의 꿈 주해』에서 기원하는 것으로, 17세기 초에는 케플러도 언급했다(Kepler, 『옹호』 영역 p. 201f).

하는 것이 타당^{conviniens}하다"라고 나오듯이, 많은 논자가 프톨레마이오스의 설을 받아들이고 있었음은 사실이지만 그것은 전적으로 프톨레마이오스의 권위 때문이었다.[46]

지구중심이론에서 행성 궤도의 배열에 임의성이 남아 있었던 큰 이유 중 하나에는 공전주기의 길고 짧음의 순위가 결정되지 않는다는 것도 있었다. 세 외행성에 관해서는 주전원의 중심이 유도원을 주회하는 주기의 길고 짧음이 유도원 반경의 길고 짧음에 대응한다고 선험적으로 가정하면, 그런 한에서 그 배열순위는 결정되지만 수성과 금성은 태양과 함께 1년에 걸쳐 지구 주변을 주회하기 때문에 이 점에서도 배열순위에 임의성이 남아 있었던 것이다.

이에 비해 코페르니쿠스의 이론은 수성과 금성의 태양 주위 공전주기를 처음으로 의문의 여지 없이 확정했다. 프톨레마이오스 모델에서는 내행성 주전원의 중심이 유도원을 일주하는 주기는

$$1년 = T_\odot = 태양이 지구 주변을 주회하는 주기$$

이며 관측되는 것은 내합의 주기(회합주기), 즉 태양 – 행성 – 지구가 이 순서로 일직선이 되어 행성이 역행하는 주기 T_s이다. 이것을 태양 중심계라 생각하자(이때 $T_\odot$는 지구의 공전주기). 시간 T_s 동안에 지구는 $T_s \div T_\odot$ 회 회전(공전)하고 그 사이에 행성은 1회 지구를 추월하므로 ($T_s \div T_\odot$ +1)회 회전(공전)하며, 따라서 이 내행성의 공전주기(회귀주기)는

$$T = T_s \div \left(\frac{T_s}{T_\odot} + 1 \right) = \frac{T_\odot \times T_s}{T_\odot + T_s}.$$

외행성에 관해서도 대항성 평균주기가 태양 주변의 공전주기 T가 되고, 위에서 언급한 논의에서 지구와 내행성의 역할을 외행성과 지구로 치환하면 되므로

$$T = \frac{T_\odot \times T_s}{T_s - T_\odot}.$$

이것들은 (1.6) (1.19)식에서 처음부터 $T_c = T$ 또는 $T_c = T_\odot$로 한 것이다. 이에 따라 이렇게 정리된다.[47]

수성 　　 $T_s = 115.88$일 　 $T = 88.0$일,

금성 　　 $T_s = 583.92$일 　 $T = 224.7$일,

지구 　　 ——— 　　　 $T = T_\odot = 1$년,

화성 　　 $T_s = 779.94$일 　 $T = 1.88$년,

목성 　　 $T_s = 398.38$일 　 $T = 12.0$년,

토성 　　 $T_s = 378.09$일 　 $T = 29.4$년.

코페르니쿠스 자신은 다소 부정확하게 정리했다.

온갖 것 중 항성 천구가 [위쪽에서 세어서] 최초로 가장 높고, 그것은 스스로 만물을 포함하며 또 그 때문에 움직이지 않는다. …… 최초의 행성인 토성이 그에 이어 30년에 그 일주를 완료한다. 그 뒤에는 12년의 회전으로 움직일 수 있는 목성. 그다음은 화성으로 2년에 한 번 돈다. 순서로 네 번째인 자리를 연주운동이 점하고 달의

천구원天球圓을 이른바 주전원으로서 갖는 지구가 거기에 포함된다고 우리는 이미 기술했다. 다섯 번째 자리에서는 금성이 9개월에 원래 자리로 돌아간다. 마지막으로 여섯 번째 자리를 수성이 보유하며 80일간 돌고 있다.[48][*8]

이 결과는 "저마다의 별이 운동할 때 어떤 것이 빠르고 어떤 것이 느린가는 [가장 바깥 하늘로부터의] 거리에 비례해 생긴다. …… [가장 바깥 하늘에] 보다 가까운 것은 항상 보다 많은 시간으로, 보다 먼 것은 보다 적은 시간으로 스스로의 원[궤도]을 왕래한다"라는 아리스토텔레스 『천체론』의 설 및 "별[행성]은 천공의 끝에서부터 먼 거리에 있는 것일수록, 그 원궤도가 땅에 가까우면 가까울수록, 더욱더 빨리 돌아다니는 듯 생각된다"라는 기원전 1세기 로마 비트루비우스의 『건축서De Architectura』의 기술에도 보다 적합하다.[49] 아니, 태양중심모델에 따르면 처음으로 고대 이래 그래야 할 것이라 말해오던 관계가 현실적으로 제시된 것이다.

행성 궤도 반경의 크기 서열과 공전주기 길이의 서열이 일치함을 코페르니쿠스 이론의 '열쇠가 되는 원리'라고 파악하는 베르나

[*8]　Wallis역에서는 금성 7개월 반, 수성 88일로 정정되어 있다. 『소논고』에서는 금성의 주기 9개월, 수성의 주기 88일. 코페르니쿠스가 금성의 공전주기 225일＝(30×7＋15)일을 어떻게 9개월로 했는지는 알 수 없다. 레티쿠스의 『제1해설』도 금성이 9개월, 수성은 80일, 약 3개월이라 했고(*TCT*, pp. 146, 175f), 후에 메스트린이 『제1해설』을 케플러의 『우주의 신비』와 합쳐 출판했을 때 난외에 '금성 224일, 수성 88일'이라 정정해 두었다(*JKGW*, Bd. 1, p. 121).

르트 골드슈타인은 아리스토텔레스 이래 말해온 이 관계를 태양 중심이론이 부활시킴으로써 코페르니쿠스가 스스로가 옳았음을 확신하게 했다고 주장했다. 즉 "나는 태양 중심의 구성이 옳다고 코페르니쿠스가 최초로 생각한 것은 금성과 수성의 주기 계산이 었다고 믿는다. …… 그가 최초로 태양 중심계를 수용하게 된 결정적인 논의는 태양을 중심으로 했을 때 금성 주기가 1년보다 짧다는 것이었다".[50]

이리하여 코페르니쿠스는 자신의 우주상을 설명한 『회전론』 제1권을 자랑스럽게 결론짓는다.

> 따라서 우리는 이 순서하에서 우주의 놀랄 만한 균형과 천구들의 운동과 크기의 확실하고 조화로운 결합을 발견한다. 이러한 것은 다른 방식으로는 [결코] 발견되지 않는다.

태양중심모델만이 유일하게 옳은 우주를 나타낸다는 코페르니쿠스의 확신이 배어 나온다. 코페르니쿠스는 시각을 바꿈으로써 기존의 수치 사이에서 새로운 관계를 읽어내어 완전히 새로운 의미를 부여하는 데 성공한 것이다. 이 인용 뒤에는 "순행과 역행이 왜 목성에서는 토성에서보다도 크게 나타나고 화성에서보다 작은가, 그다음 또 왜 금성에서는 수성에서보다 큰가, 왜 토성에서 그러한 역행이 목성에서보다도 빈번하게 나타나고 화성과 금성에서는 수성보다 드문가"라 하며 그다음에 이 문제들이 합리적으로 설명된다고 계속하고 있다.[51]

실제로 역행운동의 대소는 프톨레마이오스 모델에서는 각자의 유도원과 주전원의 반경비로 결정되지만 그 비는 행성 간에서는 완전히 독립적인 반면에, 코페르니쿠스 모델에서는 궤도 반경의 순서로 배열되어 있는 행성 궤도와 지구 궤도의 비로 결정되며 따라서 위에서 언급한 몇 가지 사실이 모두 합리적으로 설명된다. 그리고 또한 "행성이 때때로 역행함이 확인되는데 그것이 가장 잘 확인되는 것은 행성이 지구에 가장 근접할 때이다"라는 사실의 '근거'도 『소논고』에서 마찬가지로 지구의 운동으로 설명하고 있다. 즉 "역행이 생기는 것은 별 자체의 운동에 의해서가 아니라 위대한 천구[지구천구] 위에서 [관측자의] 시선을 변화시키는 지구에 의해서다"라는 것으로, 그것은 "상위 세 행성의 경우 지구의 추월하는 운동에 의해서이지만 금성의 경우 지구가 추월당하는 운동에 의해서"이기 때문이다.[52] 이것에서부터 또한 공전주기에 반비례하는 태양의 주변 회전각속도가 궤도순으로 작아지고 있음을 고려하면 역행 빈도의 대소도 설명된다. 그러나 프톨레마이오스 모델에서는 각 행성의 회전속도는 관측으로 결정될 뿐으로 서로 관계가 없으며 역행의 빈도순도 결정되지 않는다. 여기서도 프톨레마이오스로부터 코페르니쿠스로의 전환은 지구에서 본 행성 운동의 몇 가지 특징에 관한 '사실의 지식'에서 '근거의 지식'으로의 전환이었다.

이리하여 태양을 중심으로 이렇게 전환함으로써 비로소 태양계를, 궤도를 따로따로 갖는 행성들의 단순한 집단이 아니라 상호 관련된 궤도로 이루어진 한 시스템—참된 의미의 '태양계'—으

로서 파악할 수 있게 되었다. 『회전론』 '서문'의 코페르니쿠스의
표현은 다음과 같다.

> 이렇게 지구의 운동을 가정하고 오랜 세월에 걸친 수많은 관측으로
> 드디어 내가 발견한 것은 만약 남은 [지구 이외의] 행성들의 운동이
> 지구의 주회운동과 관련되고, 각 별의 회전에 따라 계산된다면 그
> 로써 그 현상들이 유도될 뿐만 아니라 모든 별[행성]과 천구의 순서
> 와 크기 및 하늘 그 자체가 다른 부분들과 우주 전체의 혼란을 야기
> 하지 않고는 그 어떤 부분도 결코 변경할 수 없는 상태로 결합되어
> 있다는 것입니다.[53]

이것을 코페르니쿠스는 『회전론』의 '서문'으로 사용한 「교황
파울루스 III세에게 드리는 서한」에서는 "우주의 형태와 그 부분
의 확고한 균형mundi forma, ac partium eius certa symmetria"이라고도 표현
했는데, 이것이 앞에서 본 "우주의 놀랄 만한 균형과 천구들의 운
동과 크기의 확실하고 조화로운 결합admirandam mundi symmetriam, ac
certus harmoniae nexum motus et magnitudinis orbium"의 의미이다. 그리고
이 성과에 입각하여 종래의 이론이 행했던 것을, 각자는 그 자체
단독으로는 잘 만들어져 있지만 서로의 비율이 따로따로이며, 흡
사 "균형이 전혀 잡히지 않은" 손이나 발이나 머리나 그 외의 지
체를 모아서 사람이 아닌 '괴물'을 만드는 것과 같다고 통렬하게
야유했다. 코페르니쿠스에 따르면 세계는 "모든 것 안에서 최선
이자 최고로 질서를 중시하는 장인[으로서의 신]이 우리를 위해 만

든 우주라는 메커니즘"이다. 그것이 '괴물' 같은 것일 리가 없다.[54] 코페르니쿠스를 천문학의 개혁으로 이끌어 지동설을 채용하도록 내딛게 한 최대의 동기는 이 태양계의 체계화였다.[55] '코페르니쿠스의 체계'라는 것에 관해서는 유의미하게 그렇게 말할 수 있지만 '프톨레마이오스의 체계'라는 것은 단어의 엄밀한 의미에서는 존재하지 않는다. 코페르니쿠스 이전에 존재한 것은 개개의 행성이 갖는 운동에 대한 수학적 이론으로 서로 관계없는 집단일 뿐이었던 것이다.[56]

그런데 개개의 행성 궤도 크기를 자유롭게 축소, 확대할 수 있는 한에서는 그 원들은 수대帯[황도대]상의 휘점輝點으로서의 행성 위치를 결정하기 위한 단순한 수학적 가설에 지나지 않지만 그 크기가 확정된다는 것은 그것이 행성들의 실재적인 물리적 궤도를 나타내는 것이라고 생각할 수 있다. 그렇다면 코페르니쿠스의 전환은 또한 수학적 천문학과 자연학적 우주론의 학문적 서열의 변화도 의미한다. 프톨레마이오스 이론에서는 『알마게스트』의 수학적 천문학 이론과 『행성가설』의 자연학적 우주론의 논의는 독립적이고, 개개의 행성 궤도는 천문학에서 결정되지만 그 관계(비와 서열)의 결정은 상위의 자연학에 맡겨져 있었다. 이에 비해 코페르니쿠스에게는 천문학상의 수학적 논의로부터 그 비와 서열이 결정되는 것이다. 이것은 수학적 천문학이 단지 개개의 행성 운동을 예측할(현상을 구제할) 뿐인 기술技術이 아니라 우주론적 문제에 결정을 내릴 수 있음을, 그런 의미에서 천문학이 우주론의 상위에 설 수 있음을 의미한다. 이것은 웨스트먼Westman

이 적확하게 지적했듯이 "천문학자의 지적·사회적인 역할 쌍방을 크게 환기했음을 나타내는" 것이다.[57]

그러나 실제로는 코페르니쿠스 직후 세대의 천문학자는 레티쿠스 등 약간의 예외를 제외하고 이 행성 배열순위 문제에는 관심을 두지 않았다. 이 문제의 중요성을 천문학자들이 의식하게 된 것은 1570년대부터였다.

4. 분점의 세차와 1년의 정의를 둘러싸고

코페르니쿠스가 행한 태양계 전체에 관한 시각의 개혁을 검토했으므로, 다음으로는 행성의 궤도이론, 즉 앞에서 뒤로 미루었던 첫 번째와 두 번째 지적도 잠시 살펴보자.

첫 번째 지적인 '달의 운동' 운운에 관해서는 다음 절에서 상세하게 살펴보자.

'태양의 운동' 운운이란 회귀년(태양이 황도상에서 춘분점을 통과하고 나서 다음으로 춘분점으로 돌아오기까지의 시간, 태양년이라고도 한다)과 항성년(태양이 어떤 항성의 위치를 통과하고 나서 같은 항성의 위치로 돌아오기까지의 시간)에 관한 혼란을 가리킨다. 이 두 가지가 엄밀하게 같다면 어느 쪽을 연年의 정의로 해도 좋다. 그러나 『알마게스트』에는 다음과 같이 기술되어 있다.

이 문제에 관한 혼란의 주요한 원인은 분점 내지 지점으로 태양이

365와 4분의 1일보다 조금 짧게 회귀하는 데 비해 동일 항성으로 조금 길게 회귀함이 판명되었다는 데 있다.[58]

회귀년과 항성년의 이 차이는 항성의 경도(황경黃經, 즉 춘분점에서 황도를 따라 잰 각도)가 천천히 증가한다는, 히파르코스가 발견한 현상에서 유래한다. 히파르코스는 이것을 분점(춘분점과 추분점)이 황도를 따라 동쪽에서 서쪽으로 150년에 2도 이동하기 때문이라고 파악했다. 훗날 '분점의 세차歲差'라 부르는 현상이다. 천동설의 입장에 선 프톨레마이오스는 이 현상을 항성 천구가 황도면에 수직인 축 주변으로 100년에 한 번 동쪽으로 일정하게 회전하는 결과라 간주했다. 이로써 프톨레마이오스 이후 이 운동을 설명하기 위해 때때로 제8천구(항성 천구) 위에 다시 천구가 상정되었다.

이에 비해 항성천이 정지하고 있다고 생각한 코페르니쿠스는 이 현상이 지구 자전축의 운동, 환언하면 적도면의 운동에 기인한다고 해석했다. 『회전론』 제3권에서는 다음과 같이 말한다.

이것을 설명하기 위해 몇몇 사람들은 제9천구, 그리고 또 다른 사람들은 제10의 천구를 고안했다. 그 사람들은 그럼으로써 이 현상이 해명될 것이라고 생각했다. 그러나 그 사람들은 약속한 것을 실현할 수 없었다. 오늘날에는 이 정도로 많은 구로도 충분하지 않다는 듯이 열한 번째 천구까지 나타나기 시작했다. [그러나] 지구 운동에 호소한다면 이 많은 천구들을 항성 천구와는 아무 관련도 없는 불필요한 것으로서 간단하게 거부할 수 있을 것이다. ······[분점의 시차의] 근거는 항성 천구가 동쪽으로 움직이기 때문이 아니라 지구축의 기울기와 동일한 각도로 황도면에 대해 기울어 있는 적도면이 서쪽으로 움직이기 때문이다. 왜냐하면 적도면에 대해 황도면이 기울어 있다고 보는 것보다는 황도면에 대해 적도면이 기울어 있다고 보는 쪽이(보다 작은 것을 보다 큰 것에 관련짓게 되므로) 보다 적절하기 때문이다. 실제로 태양과 지구를 묶는 선의 연주회전으로 그려진 황도면은 지구가 그 축 주변을 일주회전함으로써 구성되는 적도면보다 훨씬 크다. 이리하여 분점에서 생기는 양자의 교점은 기울어 있는 적도면 전체와 함께 항성을 뒤쪽에 남기며 시간과 함께 움직여 감을 볼 수 있다.[59]

지구 자전축의 흔들림에 동반하여 자전축에 직교하는 적도면이 이동하고 그로써 황도와의 교점인 분점이 이동한다는 이미지이다. 세차가 항성천의 회전이 아니라 지구 자전축의 운동에 의한 것임은 코페르니쿠스의 큰 발견이다. 프톨레마이오스와 코페르니쿠스의 이 입장 차이는 행성표의 취급에서 현저하게 드러난다. 적도면이 정지해 있고 항성천이 회전한다고 보는 『알마게스트』에서는 제7권의 2장과 3장에서 분점의 세차(항성 천구의 회전)를 다뤘고, 그 뒤 같은 책의 5장에서 항성표를 기록했다. 이에 비해 항성천이 정지해 있다고 보는 『회전론』에서는 항성의 위치가 움직이지 않는 기준이 되므로 먼저 제2권의 14장에 항성표가 있고, 분점의 세차는 그 뒤인 제3권에서 다뤘다.

프톨레마이오스와 코페르니쿠스의 또 한 가지 차이는 1년의 정의이다.

『회전론』에 기록되어 있는, 몇몇 항성 황경을 고대 이래 16세 기까지 관측한 값을 표5.2로 정리했다. 이에 따라 코페르니쿠스 는 분점의 이동속도를 다음과 같이 유도했다.

티모카리스~프톨레마이오스 사이 432년에 4° 1/3   i.e.   1°/100년

히파르코스~프톨레마이오스 사이 266년에 2° 2/3   i.e.   1°/100년

메넬라오스~바타니 사이   782년에 11° 55′ i.e.   1°/66년

바타니~코페르니쿠스 사이   645년에 9° 11′ i.e.   1°/71년

프톨레마이오스와 코페르니쿠스의 차이는 세차의 원인을 항성 천의 운동에서 구하느냐 지구의 운동에서 구하느냐뿐만 아니라 그것을 일정하다고 보느냐 아니냐에도 있었다. 코페르니쿠스는 이 2,000년 가까운 관측의 축적에 기반하여 "분점과 지점은 비일 정한 운동으로 이동한다"라고 판단하고 그 변동에 관하여 "분점 의 세차의 전† 균일 운동은 [1회전에] 2만 5,816년에 해당한다. 이 사이에 부등성이 15와 28분의 1 사이클을 끝낸다"라고 결론짓는 다. 즉 1년당

$$360° / 25,816년 = 1° / 71.71년 = 50.20″ / 년$$

의 일정한 회전에,

$$25,816년 \div (15 + 1/28) = 1,717년$$

표 5.2 과거에 관측된 항성의 황경(『회전론』 Ⅲ-2에서)

관측자	관측년	처녀좌의 스피카	사자좌의 심장	전갈좌의 머리
티모카리스	293 BC	172° 1/2		212°
히파르코스	127 BC		119° 5/6	
메넬라오스	99 AD	176° 1/4		215° 11/12
프톨레마이오스	138 AD	176° 1/2	122° 1/2	216° 1/3
바타니	880 AD		134° 1/12	227° 5/6
코페르니쿠스	1525 AD	197° 21′		

주기의 변동trepidation이 겹친다는 것이다.[60] 이 주기적 변동은 나중에 티코 브라헤가 지적했듯이 '고대와 근년의 결함 많은 관측'을 코페르니쿠스가 액면대로 신용했기 때문인 오류로 실제로는 존재하지 않는다. 그러나 이 문제는 직접적으로는 1년의 길이의 정의에 관련된다.

항성천이 움직인다고 보는 프톨레마이오스는 1년을 회귀년으로 정의했다. 『알마게스트』에는 다음과 같이 쓰여 있다.

우리는 1년의 길이를 태양이 이 원[황도] 위의 어떤 고정점에서부터 동일한 점으로 돌아오기까지 요하는 시간으로 취해야 한다. …… 덧붙이자면 1년을 태양이 한 항성의 위치로 돌아오는 시간으로 정의하는 것은 특히 항성 천구가 하늘의 일주운동 시 뒤쪽으로 규칙적으로 운동하는 것이 관측되므로 부적절하다고 생각된다.[61]

프톨레마이오스가 스스로 말했듯이 계절 변동 주기가 적도면에 대한 태양고도의 변화로 결정됨을 감안하면 이 정의는 자연스럽다.

코페르니쿠스는 『회전론』 제3권 13장에서 관측으로 구한 회귀년의 길이를 기록했다.

프톨레마이오스   365일 + (1/4 − 1/300)일 = 365일 5시간 55분 12초,
바타니   365일 + (1/4 − 1/106)일 = 365일 5시간 46분 24초.

그리고 『소논고』에서 "두 분점 및 세계의 다른 방향기점[두 지점至點]은 상당한 정도로 변화하므로 그것들을 기점起點으로 해서 연주회전의 일정성을 도출하려고 하는 시도는 누구든 필연적으로 오류에 빠진다"라고 하며 회귀년에 따른 1년의 정의를 거부하고, 다른 한편으로 항성년은 365일 6시간과 약 6분의 1시간인데 이것은 '고대 이집트에서 발견된 것'과 일치한다고, 즉 변동이 없다고 판단하고 1년을 항성년으로 정의해야 한다고 주장했다.[62]

이 논의는 당시 기독교 사회에서 현안이 되었던 역법개혁과 관련되며 그런 의미에서 현실적으로 중요시되었다. 코페르니쿠스와 긴밀한 사제관계였던 레티쿠스도 『제1해설』에서 이 문제를 세세한 수치를 들며 논했다. 이런 까닭으로 이 문제야말로 코페르니쿠스 개혁의 요점이었다고 주장하는 논자도 있다.[63] 확실히 이 문제는 개역과 관련해서 코페르니쿠스가 큰 관심을 기울였음은 사실이지만 행성의 운동에는 직접 관련되지 않으므로 이것이 지동설(태양중심이론)의 이론적 설득력을 확보하기 위한 중심적 문제였다고는 생각하기 힘들다.

5. 등화점(이퀀트)을 둘러싸고

코페르니쿠스는 지동설로 이끌린 두 번째 동기, 즉 우주론적 동심구 이론과 수학적 이심원 이론 각자의 결함을 『소논고』 첫머리에서 말한다.

에우독소스와 칼립포스 이래 동심구 이론은 "[지구에서 보이는] 별들이 있을 때 높은 쪽으로 올라가거나, 어느 때는 우리 쪽으로 내려오는 듯 보이는" 사실을 설명할 수 없다. 즉 화성이나 금성에서 보이는 밝기 변화로부터 추측되는, 지구 – 행성 간 거리 변화는 모든 행성 운동의 중심을 지구로 삼는 전제와 양립하지 않는다. 다른 한편 행성 운동 예측에 대한 그 실용적 유용성은 인정받았다. 그러나 이것과 동시에 "작지 않은 의문점을 갖는다"라고 기록했는데, 이것은 등화점(이퀀트Equant)의 사용을 가리킨다. 왜냐하면 행성 운동에서 보이는 회전속도의 비일정성(제1의 부등성)을 설명하기 위한 일종의 트릭으로서의 등화점은 원운동이 그 중심 주변의 일정성이라는 '절대적인 운동의 이치ratio absoluti motus'의 요구에 반하기 때문이다.[64]

그리고 『회전론』 「서문」에서도 프톨레마이오스 이론이 한편으로는 관측과 일치(정량적 예측능력이 양호)함을 인정하면서 본문에서는 말한다.

그들[프톨레마이오스 등 고대 천문학자]은 원운동이 그 자신의 중심 주변에서가 아니라 다른 중심[등화점] 주변에서circa centrum alienum *et non proprium* 일정해질 수 있음을 허용한다. …… 나는 달에 관해 이미 이러한 생각을 그에 걸맞게 논파해 두었다. 이것이나 마찬가지의 사정이 계기가 되어, 나는 외견상의 부등성의 계산을 보다 확실하게 함은 물론, 동시에 지구의 가동성 및 일정한 운동과 이 학에 [천문학] 원리를 다른 형태로 보존하는 것을 생각하게 되었다.[65]

이것을 근거로 삼아 코페르니쿠스가 프톨레마이오스 천문학을 개혁하도록 만든 최초의 유인은 이 점에 있었다고 말하는 논자도 있다.[66]

등화점 건은 오늘날의 시각으로 보면 왜 그 정도로 문제였는지 이해하기 힘들다. 실제로 이것은 현대인의 눈에는 "어찌되어도 좋은 수학적으로 사소한 일"로 보인다.[67] 그러나 당시 천문학자에게 등화점 사용은 문제적scandalous이기까지 했던 듯하다. 레티쿠스의 『제1해설』에서는 등화점이 야기하는 중심 주변의 비등속 회전은 "자연이 기피하는 것ᵃ quo natura abhorret"이라고까지 표현되었다.[68] 『회전론』 출판 약 30년 후인 1574년에 티코 브라헤는 프톨레마이오스의 가정이 "주전원이나 이심원상의 천체 운동을 그 원의 중심 주변에 비일정한 방식으로 배치하지만 그것은 어리석다absurdus"라고 표명했고, 나아가 1588년에도 마찬가지의 비판을 전개했다.

이 [프톨레마이오스의] 가설은 궤도 자신의 중심 주변에서가 아니라 그것과는 다른 점, 즉 이심적인 중심과 그로 인해 등화점aequant이라 불리는 점 주변의 일정한 회전을 허용하는 그 부적절함 때문

에 이 학예의 제1원리에 반한다contra ipsa Artis prima principia.[69]

등화점 사용은 이렇게 자연학적 우주론의 근본원리에 어긋나는 부조리라고 간주되었다. 당시에는 이 정도로 천체 운동의 일정성의 원리를 굳게 믿었다. 코페르니쿠스 스스로가 『회전론』에서 달의 운동을 논할 때 '하늘의 물체의 운동은 일정하다Motus caelistium corporum aequalem esse'라는 명제를 '공리axima'라고까지 썼다.[70]

등화점의 배제에 관해서는 또한 코페르니쿠스가 행성 천구의 실재를 믿었다고 생각한다면, 이로부터도 이해할 수 있다. 즉 유도원상에서 주전원을 움직이는 천구는 유도원의 중심을 통과하는 축 주변에서 회전할 터인데 그것이 어떻게 축에서 벗어난 점 주변의 등속회전이 될 수 있는가라는 의문이다. 이 점은 스위들로가 강조했으므로 인용해 두자.

프톨레마이오스의 모델에 대한 코페르니쿠스의 유일하게 현실적인 비판은 주전원 중심의 운동이 그것이 등거리를 지키는 중심[유도원의 중심]에 관해 일정하지 않다는 것이다. 이 비판의 근거는 행성의 운동이 행성이 고착해 있는 물질적 구 내지 구들이 회전함으로써 유도된다고 코페르니쿠스가 생각했다는 데 있다. 이 구에 허용되는 유일한 운동은 직경 주변의 일정한 회전뿐으로, 이 구를 통과하는 다른 직선 주변에서도 일정하게 회전하는 것은 불가능하다.[71]

나중에 케플러가 "이 [코페르니쿠스가 주장하는, 중심 주변을 등속

회전한다는] 가설은 물리학적으로 고찰한다면 강체刚体(외력이 가해져도 모양, 크기가 변하지 않는 물체 _ 옮긴이)적인 천구를 인정하는 한에서 어찌 되었든 간에 유효할 것이다"라고 기술한 것[72]은 이 스워들로의 견해를 뒷받침하는 것이기도 하다. 스워들로는 코페르니쿠스가 실제로 "하늘에서 회전하는 구가 완전한 '실재'라고 생각했다"라고 결론지었다.[73] 왜냐하면 역으로 강체적 천구의 존재를 부정한다면 등화점을 배제할 필요성은 적어도 물리학적으로는 그 근거를 잃어버리기 때문이다. 이것은 훗날 케플러가 도달한 길이다.

행성을 고착시켜 움직이는 천구를 코페르니쿠스가 물질적인 실재라고 생각했는지, 그렇지 않고 그것을 단순한 가공의 수학적 도구device로 생각했는지에 관해 코페르니쿠스가 꼭 명확하게 말하지는 않았다. 이 때문에 스워들로와 로즌Rosen 사이에서 논쟁이 있었다.[74] 그 두 논의를 비교해 보면 코페르니쿠스가 행성 천구의 물질적 실재성을 믿고 있었다고 주장하는 스워들로가 다소 유리하다고 생각된다.[75] 이런 한에서 코페르니쿠스 천문학은 실재 천구 천문학이다. 어쨌든 위에서 논한 케플러의 기술로 미루어 보아도 당시에는 스워들로의 견해와 같이 받아들여진 것은 사실이었을 것이다. 케플러는 직설적으로 "(코페르니쿠스가 믿고 있었던) 강체적 천구orbis soldus(quos opinatur Copernicus)"라 말했다. 스워들로가 지적하기로는 케플러 이전에 티코 브라헤가 토성 천구에 관해 "오랫동안 수용되어 온 견해에 따라 코페르니쿠스 자신도 그것이 강체적이며 실재solida atque realis라고 믿었던 것으로 보인다"라고 기술했다고 한다.[76] 강체 천구의 실재성이 부정되는 것은 16세기 후반이다.

덧붙여 스위들로는 코페르니쿠스가 천구의 실재성을 믿고 있었음이 그가 지동설로 전환하는 것을 재촉했다고 판단했다. 이야기의 가닥은 이러하다.

앞에서 지적했듯이 지구와 행성 사이의 거리 변화도 동심구 이론인 한 지구의 중심성과는 명백하게 모순된다. 게다가 이미 보았듯이 프톨레마이오스 이론에서는 각자의 행성 운동이 태양의 운동과 긴밀하게 상관되어 있고 여기서부터 지구 이외의 행성을 태양 주변으로 주회시키는 입장으로 전환하는 것에는 꽤 자연스러운 점이 있다. 이리하여 생겨난 것이 나중에 티코 브라헤의 체계, 즉 달과 태양은 지구 주변을 주회하고 지구 이외의 다섯 행성은 태양 주변을 주회한다는 체계 —지구 태양 중심체계— 이다(상세한 바는 뒤에서 논한다[Ch. 11. 4]). 그러나 이 경우 화성은 태양보다 지구에 가까워질 때도 있고 이 때문에 화성 천구와 태양 천구가 교차한다는 부조리가 생긴다. 이것은 천구의 실재성을 믿는 코페르니쿠스가 인정하기 힘든 것이기 때문에 그는 티코 브라헤를 뛰어넘어 태양 중심설에 도달했다는 것이다.[77]

코페르니쿠스의 사고과정에 대한 이러한 추측의 적부는 어쨌든 코페르니쿠스는 실제로 등화점의 메커니즘을 [소]주전원 모델로 치환했다. 레티쿠스는 코페르니쿠스의 달의 이중 주전원운동을 접하고 쇠너에게 "당신은 달의 경우에 이 이론으로 말미암아 우리가 등화점에서 해방되는 것을 목격하게 될 것입니다. 게다가 이 이론은 경험이나 모든 관측에 합치합니다. 우리 스승[코페르니쿠스]은 다른 행성의 등화점도 제거했습니다"라고 코페르니쿠스의 '성과'를 보고했다.[78]

코페르니쿠스와 그 동시대인은 등속 원운동의 도그마에 속박되어 있었다. 이 점에서는 프톨레마이오스 쪽이 훨씬 실용주의적이고 실제적이었다.

6. 소주전원 모델의 도입

『회전론』서문에서 말하는 코페르니쿠스 개혁의 첫 번째 동기인 '달의 문제'는 프톨레마이오스의 달 운동론에 등장하는데, 하나는 등화점 사용의 문제이며 또 하나는 레기오몬타누스가 이미 지적했던 달 – 지구 간의 거리변화가 경험에 맞지 않는다는 사실을 가리킨다. 이 두 가지를 동시에 해결하도록 코페르니쿠스는 달 궤도의 이중 주전원 모델을 제창했다.[*9] 즉 그림5.4와 같이 지구 T를 중심으로 하는 반경 a의 유도원상을 등속으로 운동하는 점 K를 중심으로 하는 반경 r의 일차 주전원을 두고, 나아가 그 원주상을 등속으로 움직이는 점 L을 중심으로 하는 반경 s의 2

---

*9   거의 마찬가지의 이중 주전원 모델은 13세기 마가라의 천문학자 나시르 딘 투시 등의 영향을 받은 14세기 다마스쿠스의 이븐 샤티르가 코페르니쿠스보다 200년 전에 생각했다.[79]

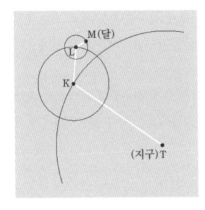

그림 5.4

코페르니쿠스의 달 궤도

$\overline{TK} = a = 60$

$\overline{KL} = r = 6\,;35$

$\overline{LM} = s = 1\,;25$

$\overline{TM}_{\max} = 68$

$\overline{TM}_{\min} = 52$

차 주전원을 생각, 그 주[周] 위를 달 M이 등속회전한다는 것이다. 코페르니쿠스가 얻은 값은 $\overline{TK} = a = 60$으로, $\overline{KL} = r = 6\,;35$, $\overline{LM} = s = 1\,;25$, 따라서

$$\overline{TM}_{\max} = a + r + s = 68,$$

$$\overline{TM}_{\min} = a + r - s = 52.$$

이에 따라 달까지의 최대 거리와 최소 거리의 비는 $68 \div 52 = 1.3$이 되고, 이것도 아직 너무 크지만 지금까지의 문제는 적어도 개선되었다고 생각된다.

비텐베르크대학에서 레티쿠스의 동료였던 상급수학 교수 에라스무스 라인홀트는 『회전론』 출판 직전에 필시 레티쿠스의 『제1해설』을 읽었거나 레티쿠스로부터 직접 들었을 것으로, 천문학은 '지금 한 사람의 프톨레마이오스'를 애타게 기다리고 있었으나 드디어 그 인물이 프러시아에서 올 것이라고 포이어바흐 『신이론』

주석의 1542년판 서문에서 그 기대를 표명했다[Ch. 8. 8]. 이때 라인홀트가 코페르니쿠스 이론의 세일즈 포인트로서 가장 먼저 든 것이 "그는 달에 주전원의 주전원을 할당했다"라는 것이었다.[80]

그리고 노이게바우어Neugebauer의 책에 "[달 궤도의 개량에] 2차 주전원을 이용할 때의 명백한 이점 때문에 코페르니쿠스는 행성 운동에도 동일한 구조를 채용했다"고 나오듯이[81] 코페르니쿠스는 행성 궤도에 대해서도 2차 주전원을 도입함으로써 등화점 문제의 해결을 꾀했다.

코페르니쿠스는 프톨레마이오스 이론을 태양 중심계로 변환해서 얻은 이심원과 등화점 모델을 『회전론』에서는 이심원과 한 개의 주전원 모델로 고쳐 썼다. 즉 '어떠한 방식으로 행성 자신의 운동은 비일정해지는가'라고 제목을 붙인 『회전론』 제5권에서 다음과 같이 기술했다.

고대 사람들은 단일 운동을 두 이심원으로 나타냈지만 [태양이 정지했다고 보는] 나는 [행성의] 비일정한 겉보기 운동을 구성하는 두 일정한 운동이 있다고 생각한다. 즉 이심원의 이심원이든가 주전원의 주전원, 혹은 그것을 혼합한 이심주전원 중 하나로, 이것들은 앞에서 내가 태양과 달에 관련하여 증명했듯이 동일한 비일정 운동을 낳을 수 있다.[82]

여기서 '이심원의 이심원eccentri eccentrum'은 태양 중심계로 변환된 프톨레마이오스의 등화점 이론이고, '주전원의 주전원epicycli

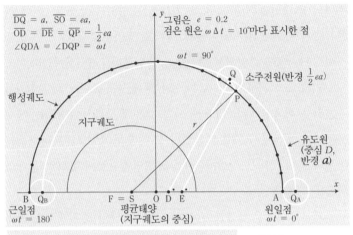

$\overline{DQ} = a$, $\overline{SO} = ea$,
$\overline{OD} = \overline{DE} = \overline{QP} = \frac{1}{2}ea$
$\angle QDA = \angle DQP = \omega t$

그림은 $e = 0.2$
검은 원은 $\omega \Delta t = 10°$마다 표시한 점

$\omega t = 90°$

Q 소주전원(반경 $\frac{1}{2}ea$)

P

유도원
(중심 D,
반경 a)

행성궤도

지구궤도

평균태양

r

B Q_B
근일점
$\omega t = 180°$

F = S O D E
평균태양
(지구궤도의 중심)

A Q_A
원일점
$\omega t = 0°$

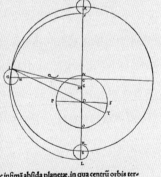

REVOLVTIONVM LIB. V.   142

그림 5.5

외행성에 대한 코페르니쿠스의 소주전원 모델(위)와 『회전론』의 해당 페이지(아래)

epicyclium'은 중심에 태양을 갖는 유도원과 두 주전원의 이론으로, 이것은 코페르니쿠스가 최초로 생각하여 『소논고』에 기록한 이론이다. 그리고 이 제3의 '이심주전원eccentrepicyclum'은 이심점에 태양을 갖는 이심원과 하나의 주전원을 사용하는 모델로 이것이 『회전론』의 것인데 조금 상세하게 살펴보자. 또한 이 경우 주전원은 프톨레마이오스가 역행운동(제2의 부등성)을 설명하기 위해 도입한 주전원(1차 주전원)과는 다르며 반경도 조금 작으므로, 이다음부터는 데릭 프라이스Derek de Price를 따라[83] 소주전원epicyclet이라 기술한다.

코페르니쿠스의 입장으로는 프톨레마이오스 궤도를 태양 중심계로 변환하기 위해서는 외행성의 경우 프톨레마이오스 주전원의 중심 Q를 행성 P로, 그리고 이심점 F의 위치에 태양 S가 있다고 생각하면 된다. 코페르니쿠스는 이 P를 다시금 소주전원 위로 옮겼다. 그림5.5의 점 A와 점 B를 통과하는 직경(장단축) 위의 태양의 위치 $F = S$로부터 $\frac{3ea}{2}$ 거리에 있는 점 D를 중심으로 하는 반경 a의 원을 유도원으로 하고, 그 원주상에 중심 Q를 갖는 반경 $\frac{ea}{2}$ 의 소주전원을 생각한다.[*10] 점 Q는 중심 D 주변을 일정한 각속도 ω로 주회하고 행성 P는 소주전원 위를 ω의

---

*10   코페르니쿠스는 그림5.5의 $\overline{SD}$를 이심 거리, 즉 $\overline{SD} = e'a$, 이에 따라 소주전원의 반경을 $\frac{e'a}{3}$ 으로 한다($ea = \frac{2e'a}{3}$). 또한 여기서 $F = S$를 '태양의 위치'로 했지만 정확하게는 '평균태양의 위치'이다. 이 점은 뒤에서 논할 것이다. 유도원의 반경에 대한 소주전원의 반경의 비는 금성 0.034, 화성 0.046, 목성 0.024, 토성 0.028.

2배의 각속도로 Q의 회전과 같은 방향으로 주회한다고 한다.[*11]

그림에서 시각 $t = 0$(원기元期)에 행성은 원일점 A에, 주전원의 중심은 직선 FA의 연장선상의 점 Q_A에 있다고 하고, P와 Q는 시각 t에서 갖는 각자의 위치들을 나타낸다. $t = 180°/\omega$에 Q가 D 주변을 180도 회전하여 Q_B에 도달했을 때, P는 Q 주변을 360도 회전하므로 점 B(근일점)에 도달한다($\overline{AF} = a(1+e)$, $\overline{BF} = a(1-e)$).

직선 FA에서 점 F로부터 $2ea$의 점 E를 취하면

$$\angle QDE = \angle DQP = \omega t, \ \overline{PQ} = \overline{ED}$$

이므로 EP는 DQ에 평행하고 따라서 $\angle PEA = \omega t$, 즉 행성 P는 E 주변으로 등속회전하며 점 E가 프톨레마이오스 모델의 등화점에, ωt가 평균원점이각(평균 anomaly) r에 해당한다.

결국 코페르니쿠스 모델은 등화점을 제거했다기보다는 등화점 모델을 다른 식으로 표현했다고 말해야 할 것이다. 노이게바우어가 "코페르니쿠스의 운동학적 설정의 목표는 등화점을 없애는 것이 아니라 유지하는 것이었다"(강조 원문)라고 반어적으로 말한 이유이다.[84] 두 원운동(D 주변의 Q와 Q 주변의 P)은 둘 다 중심 주변의 등속회전 때문에 이 소주전원 모델에서는 중심 주변 운동의

---

*11   단, 수성에서는 더 복잡하다. 여기서는 수성 이외의 행성에 관해 코페르니쿠스가 등화점 모델을 어떻게 고쳐 썼는지 그 골자만을 기술한다. 또한 이 모델은 점 D를 중심으로 하는 반경 $\frac{ea}{2}$의 작은 원 위에 반경 a의 유도원이 있다고 생각해도 좋다.

일정성은 보증된다. 그러나 프톨레마이오스의 것보다 오히려 복잡해졌음은 부정할 수 없다. 이미 19세기 초에 로버트 스몰이 "제1의 부등성에 대한 프톨레마이오스의 해석을 거부하기보다 오히려 뒷받침하는 것이 코페르니쿠스의 목적이었다. …… 그러나 코페르니쿠스의 설명은 프톨레마이오스의 것보다 복잡하다"라고 꿰뚫어 보았다.[85]

행성 운동의 예측 정밀도에 관해 말하자면, 제1권의 권말부록 A-3에서 행한 등화점 모델의 경우와 동일한 계산과 비교해 보면 코페르니쿠스의 소주전원 모델은 이심률의 2차(e^2) 이상을 무시하는 근사에서는 등화점 모델과 동일한 결과를 낳는다. e의 2차까지의 범위에서도 평균원점이각 $r = \omega t$에 관해서는 등화점 모델의 결과와 완전히 같고 다른 한편 행성까지의 거리 r에 관해서는 등화점 모델의 결과에 비해 케플러 운동에서 오히려 크게 벗어난다(상세한 내용은 부록 B-1).

다음 문제도 있다.

앞에서 프톨레마이오스 모델의 '결함'으로서 금성까지의 거리 변동이 너무 크다고 레기오몬타누스가 지적했다고 기술했다[Chs. 1.5, 3.3]. 이 점은 코페르니쿠스 모델에서도 실은 그다지 개선되지 않았다. 그림5.6에서 T가 지구, S가 평균태양, R가 금성 유도원의 중심, Q가 소주전원의 중심, 그리고 P가 금성, $\overline{TS} = a$, $\overline{SR} = e_1 a$, $\overline{RQ} = c$, $\overline{QP} = e_2 a$라 한다. 노이게바우어와 스워들로의 책에 따르면 $c = 0.7193a$, $e_1 + e_2 = 0.0350$이며,[86] 이에 따라

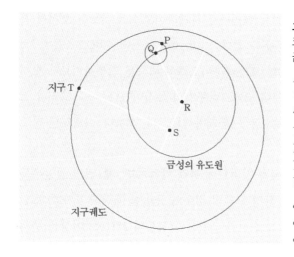

그림 5.6
코페르니쿠스의
금성 궤도.

P 금성
T 지구
S 평균태양

$\overline{TS} = a$
$\overline{SR} = e_1 a$
$\overline{RQ} = c$
$\overline{QP} = e_2 a$

$c = 0.7193a$
$e_1 = 0.0246$
$e_2 = 0.0104$

$$\frac{\overline{TP}_{\max}}{\overline{TP}_{\min}} = \frac{a + (e_1 + e_2)a + c}{a - (e_1 + e_2)a - c} = 7.1.$$

어쨌든 코페르니쿠스의 소주전원 이론은 극히 기교적이다. 프톨레마이오스의 등화점 자체가 본래는 타원궤도를 따르는 행성 운동을 무리하게 등속원운동의 틀로 해석하기 위한 고묘한 방편이었다. 코페르니쿠스도 원운동의 도그마에 사로잡혀 있었던 한 등화점을 대신해서 소주전원을 생각해도 마찬가지로 인위적인 미봉책이라는 것은 변하지 않았고, 역시 부자연스러움은 피할 수 없었다. 이 소주전원의 도입 때문에 코페르니쿠스가 자신의 이론을 현실의 행성 궤도를 나타내는 것으로 간주하고 있었는지에 의문이 남는다고 지적하는 역사가도 있다.[87] 적어도 그것이 물리적 실재에 합치한다고 주장했다고 해도 그 설득력은 극히 빈곤하다.

실제로도 코페르니쿠스 자신이 등화점 모델도 소주전원 모델

도 동일한 운동을 만들어 낸다고 인정했다. 『회전론』 제3권에서
는 말한다.

> 이 분석들로부터 공심원상의 주전원에 의해서도, 공심원과 동일한
> 이심원에 의해서도 동일하게 비일정한 겉보기 운동이 명백하게 생
> 긴다. 그 중심 사이의 거리가 주전원의 반경과 동등한 한 차이는 없
> 다. 따라서 그중 하나가 하늘에 실재하는지 exist in caelo를 결정하
> 는 것은 용이하지는 않다. ……
> [원궤도의] 몇 가지 배열양식이 동일한 결과를 초래하는 이상 계산
> 과 현상이 영속적으로 일치함으로써 그것이 그중 하나라고 믿게 하
> 는 것이 없는 이상 그중 어느 것이 응당 그러해야 할 것인지를 단언
> 하는 것은 불가능하다.[88]

우리의 눈으로 보면 오히려 등화점 이론 쪽이 훨씬 간단하고
현실적인 듯 생각된다. 실제로 코페르니쿠스의 등화점 비판은 16
세기 후반에 그의 이론 ―적어도 그 수학적 측면― 을 수용시키는
데, 혹은 긍정적으로 도움이 되었다 해도 그 뒤의 천문학 발전에
어떤 역할도 하지 않았다. 그뿐 아니라 케플러는 1609년 『신천문
학新天文学』에서 참된 의미의 태양중심이론을 제창했을 때 운동의
비일정성을 사실로서 인정하고, 타원궤도라는 정답에 도달하기까
지 일시적으로 등화점 모델로 복귀하여 여기서부터 동력학적으로
중요한 결론을 유도해 냈다. 케플러가 말했듯이 "코페르니쿠스는
운동의 일정성이라는 점에서 프톨레마이오스를 웃돌려고 했으나

행성 궤도의 완전성이라는 점에서 프톨레마이오스에 뒤진다".[89]

7. 코페르니쿠스의 궤도 결정

코페르니쿠스의 궤도 이론 그 자체는, 지구를 대신해 태양을 정지시킴으로써 행성 운동의 제2의 부등성을 지구의 운동에 귀착시킨 것과 제1의 부등성의 설명에 등화점을 대신해 소주전원을 도입한 것을 빼고, 원의 조합이라는 점에서는 프톨레마이오스의 것과 다르지 않다. 따라서 코페르니쿠스 천문학도 그 구체적인 방법은 행성이 특정 배치를 취할 때의 몇 안 되는 관측 데이터에 의존하여 수 개의 궤도 파라미터를 결정하는 것으로, 기본적으로는 프톨레마이오스가 사용한 수법이다. 손다이크Thorndike의 말처럼 "그[코페르니쿠스]의 천문학 방법은 대부분 이심원이나 주전원이라는 친숙한 프톨레마이오스의 전철을 밟은 것이었다".[90] 실제로도 코페르니쿠스에게 배운 레티쿠스는 스승 코페르니쿠스에게는 프톨레마이오스의 족적을 더듬어 프톨레마이오스가 행한 것처럼 더 이전의 사람들을 답습하는 것이 가장 중요한 것이었다고 『제1해설』에서 기술하며, 이어서 다음과 같이 썼다.

그렇지만 천문학자를 규제하는 현상과 수학이 자신이 바라는 것에 반하는 가설을 상정하도록 강요할 때조차 스승님은 설령 프톨레마이오스의 것과 꽤 다른 재질의 화살을 사용한다 해도 프톨레마이오

스와 동일한 방법으로 동일한 표적을 향해 화살을 돌리는 것으로 충분하다고 생각하고 계셨다.[91]

나중에 케플러는 "코페르니쿠스는 내행성에 관한 이론을 정정할 때 실제 관측에서 유도되는 필연적인 결과보다도 프톨레마이오스의 교설 쪽을 따랐다"라고 기술했다.[92]

관측 데이터를 취급할 때도 코페르니쿠스의 방식은 프톨레마이오스의 수법과 사실상 다르지 않았고 케플러가 지적했듯이 "코페르니쿠스는 극히 적은 관측결과밖에 사용하지 않았다".[93] 원래부터가 오차를 포함하는 수많은 관측 데이터를 통계적으로 취급하는 방법을 몰랐던 프톨레마이오스나 코페르니쿠스는 데이터가 너무 많으면 파라미터가 하나로 결정되지 않기 때문에 최소한의 데이터에 기반하여 계산했던 것이다.

궤도결정에 대한 프톨레마이오스의 방법에 관해서는 내행성인 금성의 경우를 제1권 뒤쪽의 부록 A-2에서 기술했다. 코페르니쿠스의 내행성 결정은 태양과 지구의 위치를 바꿨을 뿐으로 프톨레마이오스의 것과 본질적으로 차이는 없다. 이 점도 부록 A-2에서 간단하게 다루었다.

외행성에서는 조금 더 복잡해지지만 역시 프톨레마이오스와 마찬가지로 그 궤도, 즉 장단축의 방향과 이심률은 행성이 충 oposition이 되는 세 점의 데이터로 결정된다. 즉 프톨레마이오스 천문학에서는 행성이 충의 위치에 있을 때 주전원의 중심 Q_i의 일심 경도를 얻을 수 있으므로 그림5.7(a)에서 세 충의 위치

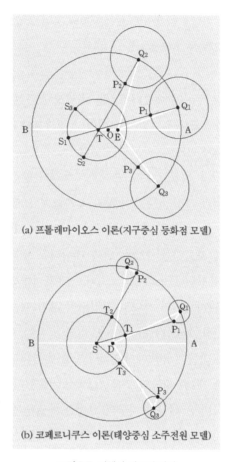

(a) 프톨레마이오스 이론(지구중심 등화점 모델)

(b) 코페르니쿠스 이론(태양중심 소주전원 모델)

그림5.7 외행성 궤도의 결정

(S_iTP_i)와 그 날짜와 시각으로부터 장단축과 유도원의 중심 O의 위치 및 그 세 점에 대응하는 유도원상의 점이 등속회전으로 보이는 등화점 E의 위치를 축차근사로 발견할 수 있다. 코페르니쿠스의 해석수법도 마찬가지로 그림5.7(b)처럼 역시 세 충의 위

치(ST_iP_i)와 그 날짜로부터 소주전원의 중심 Q_i가 등속회전이 되는 유도원상의 중심 D를 축차근사로 구할 수 있다.

그리고 코페르니쿠스 자신은 생애에 60번을 넘는 관측을 했는데도 『회전론』에서는 그중 27개를 이용했을 뿐으로, 『알마게스트』에 기술되어 있는 고대 관측 데이터의 대부분을 무비판적으로 사용했다.

자신의 관측에 관해서는, 토성에 관해 말하자면 "프톨레마이오스가 보고한 토성 운동의 계산은 우리 시대의 것과는 적지 않게 다르며 어디에 오류가 포함되어 있는지도 당장 간파할 수 없다. 따라서 나는 새로운 관측을 실행해야 했고 토성의 세 충을 채택했다"라고 하며 1514년 5월 4일, 1520년 7월 13일, 1527년 10월 10일의 세 관측을 기술했다(이 데이터들을 이용한 토성 궤도 파라미터 결정의 상세사항은 부록 B-2를 참조). 목성에 관해서는 고대 관측에 1520년 4월 30일, 1526년 11월 28일, 1529년 2월 1일의 관측을 더하고 화성에 관해서는 프톨레마이오스의 관측을 1512년 6월 5일, 1518년 12월 12일, 1523년 2월 22일에 행한 자신의 관측과 비교했다.[94]

관측하기 곤란한 수성의 경우 그 궤도 파라미터를 결정하기 위해서 코페르니쿠스는 천 수백 년이나 옛날의 것인 프톨레마이오스의 데이터를 유용했는데, 이때 코페르니쿠스는 "나는 프톨레마이오스 시대부터 오늘날에 이르기까지 원들의 관측치는 변하지 않았다고 하는 것이 허용된다고 믿는다"[95]라고 꽤 자의적인 결정을 했다. 이에 대해 케플러의 스승 메스트린M. Maestrin은 "수성 궤도를 결정할 때 코페르니쿠스 이론의 수치는 [프톨레마이오스 이후의] 새로운 관측으로 음미되고 확인된 것이 아니었다. 나로서는 코페르니쿠스가 이 산정의 기초를 오래된 관측에서가 아니라 가능하면 새로운 관측에서 채용했으면 했다"라고 탄식했다.[96]

코페르니쿠스가 남긴 서간 중 천문학과 직접적으로 관계하는 것은 하나뿐인데, 그것은 1523년에 출판된 요하네스 베르너의 『제8천구의 운동』에 관한 견해를 지인이 문의한 것에 대한 1524년 6월 3일자 답신이다. 여기서 코페르니쿠스는 베르너가 고대인의 관측 데이터를 개변한 것을 비판하며 자신의 견해를 표명했다.

프톨레마이오스는 자신의 표를 자기 자신의 새로운 관측에 기반하여 작성했으므로 그 표가 어떠한 감지할 수 있는 오류를 포함한다거나, 혹은 관측으로부터 생기는 편차를 포함하기 때문에 그 표가 그 기초에 있는 이론과 정합하지 않게 된다고는 아무래도 믿기지 않습니다. ……
우리는 그들[고대의 사람들]의 족적을 더듬어 그들의 관측을 우리에게 남겨진 유언처럼 견지해야 합니다. 그렇지 않고 이 점에서 고대인들을 믿을 수 없다고 생각하는 사람이 있다면 그 사람들에게 이 학예의 문은 반드시 닫힐 것입니다.[97]

"코페르니쿠스는 [자신의 관측보다] 카르디아인이나 그리스인, 그리고 아라비아인이 행한 관측을 믿었다"라는 쾨슬러Koestler의 지적은 타당하다.[98] 실제로 코페르니쿠스는 새로운 관측치에 기반하여 지구 궤도(천동설에서는 태양 궤도)의 이심률과 원일점 경도를 구했고(부록 B-3), 그 값이 프톨레마이오스의 것이나 중세 바타니의 것과 다르다는 사실에 대해서는 자신의 관측치나 계산이 과거의 부정확한 값을 개량했다고는 생각하지 않고 그 모든 값이 옳다고 하여 지구 궤도가 시간적으로 변동하고 있다고 생각했다. 완전히 마찬가지로 앞에서도 언급했듯이 히파르코스나 메넬라오스나 프톨레마이오스가 행했다고 전해지는 그다지 신용할 수 없는 관측 데이터를 그냥 받아들였기 때문에, 분점의 세차가 주기적인 변동을 보인다는, 실제로는 존재하지 않는 현상을 맹목적으로 믿어버렸다. 이 오류를 반세기 후에 티코 브라헤는 "[고대인의 관측에 대한] 경신과 태만 때문에 끌어들인 미궁"이라고 매섭게 평했다.[99]

그러나 다른 한편으로 코페르니쿠스는 베르너에 대한 비판과는 정반대로 프톨레마이오스나 그 외의 관측 데이터를 때로는 꽤 자의적으로 조작했다. 케플러가 인용한 레티쿠스의 서간에서 코페르니쿠스는 나중에 "고대인의 관측 결과 대부분이 순수한 것이 아니라 각 사람들이 자기 자신을 위해 특별히 수립한 운동 이론에 맞춰진 것에 지나지 않는다고 깨달았다"라고 한다.[100] 코페르니쿠스가 관측 데이터를 자의적으로 취급한 것에 대해서는 케플러가 1596년의 책에서 지적했다.

코페르니쿠스 자신은 어느 정도까지 자신의 희망대로 되는, 스스로의 구상에 도움이 되는 수치라면 어떤 것이든 용인했다. …… 코페르니쿠스는 발터나 프톨레마이오스, 그 외의 사람들의 관측 중에서 계산을 짜는 데 한층 유리한 부분을 골라냈다. 이때 시간으로는 수 시간, 각도로는 1도의 4분의 1[15분] 혹은 그 이상의 차이를 때때로 무시하거나 손질을 가하는 데negligere vel mutare 아무 망설임도 보이지 않았다.[101]

이 점은 티코 브라헤도 간파했다. 코페르니쿠스가 화성의 이심률과 원일점을 결정한 것에 관해 티코는 "어떤 경우에도 오차가 충분히 발견되는데도, 코페르니쿠스는 자신의 가설을 틀리지 않은 관측에 비추어 검증하기보다도 오히려 자신의 가설에 적합하도록 [관측] 결과에 손질을 가했다"라고 비판했다.[102]

데이터 개찬改竄은 코페르니쿠스가 수성 궤도를 결정하는 데에서 발터의 관측치를 사용할 때도 실제로 행했다고 확인된다. 코페르니쿠스는 『회전론』 제5권 30장에서 자신이 살고 있는 고위도의 다습한 토지에서는 항상 태양에 가까운 위치에 있는 수성을 관측하는 것은 곤란하다고 변명하며 발터의 관측 데이터를 사용했다.[*12] 그 사용의 실제에 관해 리처드 크레머Richard Kremer는 코

---

*12   발터의 관측 데이터가 인쇄된 것은 『회전론』이 출판된 다음 해이므로 코페르니쿠스가 어떻게 그것을 알 수 있었는지 정확히는 알 수 없다. 필시 레티쿠스가 뉘른베르크에서 쇠너로부터 입수했을 것이다[Ch. 6. 1]. 어쨌든 코페르니쿠스는 발터의 관측에 최초로 착안한 천문학자라 생각된다. Kremer(1981), p. 125. 또한 『회전론』에서 사용한 세 데이터 중 하나는 발터의 것이고 다른 둘은 요하네스 쇠너의 것이라 하지만, 실제로는 셋 모두 발터의 것인 듯하다. Rosen, *On the Revolutions*, p. 433f. n. p. 258: 22.

페르니쿠스의 초고를 상세하게 조사하고 결론지었다.

코페르니쿠스는 프톨레마이오스의 데이터로부터 수성 원들의 평
균운동이나 사이즈를 계산할 수 있었다. 그러나 그 장축의 배치를
결정하기 위해서는 근년의 위치 데이터를 필요로 했다. 단 그는 그
계산을 『회전론』에는 기록하지 않았다. 제5권 30장에서 그는 완성
한 모델의 파라미터를 발터가 관측한 시점에서 예측되는 위치와 발
터가 측정한 경도를 비교함으로써 분명히 했다. 그러나 제5권 30장
을 자세히 읽으면 코페르니쿠스가 관측을 얼마나 경솔하게 다루었
는지 알 수 있다.[103]

실제로 크레머나 징거리치에 따르면 발터의 수성 위치(적경) 데
이터와 코페르니쿠스가 『회전론』에 기록한 값이 다음과 같이 다
르다.

관측년월일	발터	코페르니쿠스
1491년 9월 9일	163° 23′	163° 30′
1504년 1월 9일	273° 15′	273° 20′
1505년 3월 18일	26° 30′	26° 55′

발터의 관측치를 코페르니쿠스는 프톨레마이오스의 데이터로
부터 산출한 궤도 파라미터에 기반하는 예측을 검증하는 데 사
용했다. 그러나 크레머는 코페르니쿠스가 자기 모델의 계산에
합치하도록 몇 번이나 다시 계산해서 발터의 데이터를 조작한
과정을 밝히고 "코페르니쿠스가 자신의 수성 모델을 관측으로

검증하려 한 것은 전혀 효력을 갖지 않는다$^{quite\ impotent}$"라고 결론 지었다.[104]*13 또한 코페르니쿠스는 지구와 태양 사이의 거리(지구의 궤도 반경)를 추정할 때도 관측 데이터를 조작했다고 알려져 있다(이 점은 부록 B-3 참조).

코페르니쿠스는 확실히 정지한 태양 주변을 주회하는 태양계를 수학적·기하학적으로 그려냈다. 그러나 그 우주론적 주장은 접어두고서라도 코페르니쿠스의 이론은 개별 행성 궤도의 결정이라는 측면에서는 주전원 모델의 수학적 연습^{exercise}으로 프톨레마이오스의 모델을 넘어선 것은 아니었다.

8. 행성 이론적 측면에서 본 코페르니쿠스 개혁의 실상

그러면 행성의 궤도이론과 운동예측이라는 측면에서 코페르니쿠스 개혁의 실태를 살펴보자. 이 점에 관해서 처음으로 주목해야 할 것은 프톨레마이오스의 행성 이론에 대해 코페르니쿠스가 그 정밀도를 문제시하지 않았다는 것이다. 오히려 "[프톨레마이오

---

*13   상세하게 말하자면 1491년의 데이터에서는, 크레머에 따르면 발터의 데이터(처녀궁 13도 23분, 즉 경도 163도 23분)에 대해 코페르니쿠스는 최초로 13도 24분으로 했다가 이어서 13도 15분으로 고쳤고, 마지막으로 인쇄된 판에서는 13도 30분으로 했다. 마찬가지로 징거리치에 따르면 처음에 13도 25분, 다음으로 13도 40분으로 고치고 마지막으로 13도 30분으로 정했다고 한다. Neugebauer & Swerdlow(1984), pp. 81, 428~438, 557 참조.

스는] 외견상의 운동을 대부분 그것을 사용함으로써 수치적으로 일치하도록 해결했다고 생각된다"라고 말하며 적어도 태양과 달을 빼고 프톨레마이오스 이론과 관측의 일치를 코페르니쿠스는 오히려 양호하다고 인정했다. 이 점은『소논고』에서도『회전론』에서도 변하지 않는다. 따라서 코페르니쿠스가 프톨레마이오스 이론을 개혁하고자 한 동기는 관측과 더 일치시키고 싶다는 실제적·기술적인 것은 아니었다.

관측이라는 면에서도 코페르니쿠스의 것은 프톨레마이오스 시대의 것에 비교해서 뛰어난 것은 아니었다. 관측 대상도 행성에 관해서는 역시 충^{opposition}이나 합^{conjunctin}이라는 특별한 상태의 산발적인 것에 한정되었고 그 기록도 장서의 난외나 면지^{面紙}에 메모한 정도로, 지속적으로 관측을 행하여 상세한 결과를 꼼꼼하게 기록한 발터의 것에 비해 질적으로도 양적으로도 크게 뒤떨어졌다. 원래 코페르니쿠스에게는 관측 정밀도를 향상시킨다는 지향성은 희박했다. 케플러가『우주의 신비』에서 인용한 서간에서 레티쿠스는 코페르니쿠스가 관측 정밀도에 집착하지 않았음을 증언했다.

코페르니쿠스는 자신의 탐구가 지나치지 않고 중용을 지키게 하려고 했습니다. 포이어바흐의『식의 표』에서 보이는 정밀함을 지금까지 사람들은 요구해 왔고, 지금도 지향하고 있는 사람들이 있습니다만, 그렇게 지극히 사소한 일까지 까다롭게 따지는 방식을 그는 피로에서 오는 권태나 무기력 때문에서가 아니라 의식적으로 피했습니다. 어떤 사람들은 별의 위치를 탐구할 때 완전히 이 세부에만 주의를 빼앗겨서는 두 번째, 세 번째, 네 번째, 다섯 번째에 고려해야 할 사소한 부분에 열중하고 전체에 대한 주의를 소홀히 하여 나무만을 보고 숲을 놓치고 있습니다. …… 코페르니쿠스는 1도의 6분의 1, 즉 [각도의] 10분의 범위에서 진상眞相에 다가갈 수 있다면 저 구전으로 들은 [3평방의] 정리를 발견했을 때의 피타고라스에 못지않게 고양되는 기분을 느낄 것이라고 말했습니다.[105]

코페르니쿠스의 이론과 계산에 정통했던 메스트린은 프톨레마이오스와 코페르니쿠스의 관측에 대해 "그 대부분이 의심스럽다고 말하지는 않겠지만, 대단히 거칠다satis crassus"라고 비판했다.[106] 또한 코페르니쿠스는 발터가 깨닫고 있었던, 대기로 인한 빛의 굴절도 고려하지 않았다. 천문학 역사서에 따르면 코페르니쿠스가 사용했던 관측 기기는 당시 뉘른베르크의 공방에서 입수할 수 있었던 것에 비해 조잡했을 뿐만 아니라 중세 이슬람 천문학자인 13세기 마라가의 투시나 15세기 사마르칸트의 울루그 베그Ulugh Beg의 것에 비해서도 뒤떨어졌다고 한다.[107]

코페르니쿠스가 사용했던 프톨레마이오스의 측정자(그림5.8) —프톨레마이오스가 달이 자오선을 통과할 때 천정각을 관측하는 데 사용했던 시차 측정자— 는 레기오몬타누스가 부활시켜 태양고도의 측정에 사용했고, 발터가 이어받은 것과 같은 형태였다. 크라쿠프에는 레기오몬타누스가 쓴 프톨레마이오스의 측정자에 관한 논고가 있는데, 코페르니쿠스가 그것을 읽고 자작했으리라고 생

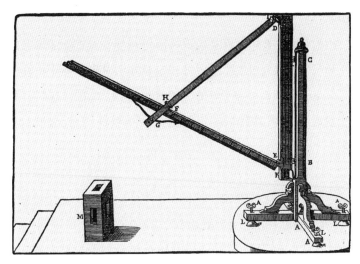

그림 5.8 프톨레마이오스의 측정자 코페르니쿠스가 사용한 것

각된다.[108] 나무로 만들어졌고 크기는 약 2.5미터였으며, 이것은 코페르니쿠스의 사후 덴마크의 티코 브라헤의 손에 넘겨졌다.

티코는 코페르니쿠스가 사용한 프롬보르크의 위도, 따라서 그 기초에 있는 황도면 경사각의 값이 부정확하기 때문일 것이라고 추측하고 1584년에 제자를 프롬보르크에 파견하여 현지에서 관측에 임하게 했다. 이때 프롬보르크의 성당참사회원이 코페르니쿠스의 유품인 이 프톨레마이오스의 측정자를 티코에게 기증한 것이다. 또한 이 제자는 프롬보르크의 위도를 54도 22분 15초로 구했다(현재 알려져 있는 값은 54도 21분 34초). 다른 한편 코페르니쿠스가 사용했던 것은 54도 19분 30초로, 따라서 티코는 코페르니쿠스의 위도 관측값은 "올바른 값보다 2분 45초 작다"라고 판단

했다.[109]

뒤에서 논하겠지만 티코 브라헤는 생애를 천체관측에 바쳤으며 동시에 관측정밀도를 끝없이 향상시키는 것을 지향하여 관측기기 개량을 계속 추구했다고 알려져 있다. 이 티코는 관측 기기에 관해 기술한 자신의 저서 『새로운 천문학의 기계』에서 혹평했다.

코페르니쿠스의 이 장치는 들여다보는 구멍을 갖고 있지만 그것을 통해 별을 보는 것은 극히 곤란하다. 그것은 후시준판後視準板에 있는 앞쪽[별 쪽] 구멍 I가 그것을 통해 별을 보는 데 적절하도록 [보는 사람 쪽의] 제2의 구멍보다 커야 하므로 더욱 불리하다. 별을 보는 경우에는 그 구멍은 적지 않은 부분, $1°$의 적어도 8분의 1이나 10분의 1을 덮을 필요가 있기 때문이다. 관측 동안에 별이 정확하게 중앙에 위치하고 있는지는 알 수 없고, 이 때문에 호에 [각도로] 수분의 오차가 생겨날지도 모른다. 이런 연유로 코페르니쿠스만이 아니라 이러한 계기를 사용한 고대 사람들이 설령 그 외의 사항이 정확했다고 해도 이런 방식으로 어떤 정확한 것을 얻었으리라고는 믿기 힘들다.

티코는 나아가 이런 종류의 나무로 만든 장치 일반에 대해서도 결론짓는다.

이것들은 아무리 주의 깊게 만들어졌다 해도 실제로 사용해 보면 앞에서 말한 사분의만큼 정확하거나 확실하지 않다. 왜냐하면 이 자를 완전히 똑바른 상태로 지키는 것이 극히 곤란하기 때문이다. 그것이 충분히 길면 스스로의 무게로 휘어져 직선에서 벗어나 버리지만 너무 짧으면 그 한정된 길이 때문에 기대하는 정밀도를 낳을 수 없다.[110]

티코가 평가한 코페르니쿠스의 오차는 1도의 8분의 1~10분의 1, 즉 잘 해야 각도의 6분이었다. 코페르니쿠스에 관해서는 만사에 호의적으로 판단하기 십상이었던 폴란드 연구자도 '관측자로서의 코페르니쿠스는 "그 관측 정밀도에서는 '평균average'이라 생각된다"라고 평가했다.[111] 요컨대 징거리치의 말처럼 "코페르니쿠스의 논고 속에는 수 세기 이전에는 얻을 수 없었던 새로운 데이터는 포함되어 있지 않았고, 그 자신의 별 표는 개량된 것을 거의 제공하지 않았다".[112]

개개의 행성 궤도라는 점에서는 등화점 모델을 기교적으로 소주전원 이론으로 바꿔 쓴 것을 빼고 코페르니쿠스와 프톨레마이오스의 차이는 ─순수 수학적으로 보는 한에서는─ 좌표계의 원점을 취하는 방식의 차이에 지나지 않으므로, 이것으로 계산하는 행성 위치의 예측정밀도는 사용하고 있는 데이터의 대부분이 동일 내지 같은 정도의 것인 한 별반 큰 차이는 없다. 실제로 코페르니쿠스의 『회전론』에 기반하는 천체 운동표인 『프러시아 표』는 코페르니쿠스 사후에 에라스무스 라인홀트가 작성하여 1551년에 출판했는데 정밀도는 『알마게스트』에 기반하는 『알폰소 표』와 오십보백보였다. 1590년에는 티코 브라헤가 "코페르니쿠스의 가설은 천체 관측값에 [프톨레마이오스의 것에 비해] 더 가깝지는 않다. 화성의 경우 때로 3도 혹은 그것을 조금 상회하여 어긋난다"라고 기술했다.[113]

케플러의 스승인 메스트린은 1580년에 『프러시아 표』와 코페르니쿠스의 가설에 기반하여 새롭게 에페메리데스를 작성했지만 이미 이때 『프러시아 표』의 예측이 자신의 관측과 누차 수 시간 어긋나는 것을 발견했고 "이렇게 어긋나는 까닭은 그 가설이 멍청한 것이라서도, 표의 부등성의 가감차를 작성하는 방식이 나빠서도 아니다. 오차의 원인은 관측 그 자신에 있다"라고 지적했다.[114] 케플러 자신도 1596년의 『우주의 신비』에서 『프러시아 표』에 나오는 행성위치 예측값과 실측값의 "차가 때로는 황경에서 완전히 2도까지도 미친다"라고 지적하고 같은 책의 1621년 제2판에서는 『프러시아 표』의 오차가 화성에서 3도, 금성에서 5도, 수성에서는 10도에서 11도라 보충했다. 그리고 1609년의 『신천문학』에서 역시 『프러시아 표』의 화성 위치가 1593년 8월과 9월에는 5도, 1608년 8월에는 4도를 각자 조금 밑도는 정도로 관측값에서 벗어났다고 기술했다.[115] 『알폰소 표』와 『프러시아 표』 양자를 압도적인 정밀도로 뛰어넘은 것이 나중에 케플러가 자신의 행성 이론과 티코의 데이터에 기반하여 작성한 『루돌프 표』였다. 1627년에 인쇄된 이 『루돌프 표』의 서문에서 케플러는 새삼스럽게 말하고 있다.

라인홀트는 『알폰소 표』가 현상과 충분한 정밀도로 합치하지 않는다고 주장했지만 관측에 종사하는 대부분의 사람들은 『프러시아 표』에 대해서도 마찬가지의 불만을 내비치고 있다. 이것은 실로 이 1625년에 단적으로 입증되었다. 예컨대 이 해 내내 화성은 천공에서 『프러시아 표』의 계산이 예측하는 것보다도 훨씬 앞쪽에서 관측되었다. 그리고 그 오차는 8월, 9월, 10월 내내 4도, 때로는 거의 5도까지도 증대했다.[116][*14]

『회전론』 출판 후 거의 1세기 동안에 걸친 이 증언들은 현대에 재확인되었다. 실제로 계산기를 사용해 코페르니쿠스 모델을 조사한 천문학자이자 동시에 천문학사가이기도 한 징거리치에 따르면, 프톨레마이오스 모델에 기반한 레기오몬타누스나 슈테플러의 에페메리데스는 화성과의 오차가 때로는 5도까지도 달했지만 코페르니쿠스 모델에서도 마찬가지로 역시 오차가 때로 5도에 미쳤다는 것이다.[117]

무릇 노이게바우어와 스워들로의 말처럼 "티코와 케플러 이전에는 프톨레마이오스의 정밀도를 평가할 위치에 있던 자는 아무도 없었다".[118] 요컨대 징거리치에 따르면 "[코페르니쿠스의] 모든

[*14]   케플러는 최초의 저작인 『우주의 신비』 제1장에서 "코페르니쿠스의 설에 따르면 ······[천체의] 미래 운동을 절대로 확실하다고까지는 말할 수 없지만 프톨레마이오스나 알폰소나 그 외의 것보다도 훨씬 확실하게 예상할 수 있다"라고 썼는데(*JKGW*, Bd. 1, p. 14, 일역 p. 46), 이 시점에서는 아직 당시의 관측천문학의 실제에 정통하지 않았던 듯하며, 나중에 이 평가를 철회했으리라고 생각된다.

작업exercise은 천문학적 예측의 정밀도를 향상시키기 위해서라기보다는 주로 태양 중심의 우주론이 합리적인 행성예측과 양립할 수 있음을 보여주기 위해 수행되었다".[119]

이 점에서 종종 눈에 띄는 오해로서, 코페르니쿠스 개혁의 동기는 프톨레마이오스 이래의 행성 운동 이론이 가졌던 복잡함을 해소하기 위해서이며 실제로 코페르니쿠스가 행성 운동 모델을 단순화했다는 주장이 있다. 이 주장은 『소논고』 첫머리의 "내가 봤을 때 우리의 선인들은 별의 겉보기 운동을 규칙성하에서 구제하려 했다는 바로 그 이유 때문에 수많은 천구를 가정해 버렸다"라는 머리글, 그리고 끝부분의 자신의 이론에서는 "전부 34개의 원으로 충분하고 이것들로 우주의 모든 구조 및 별의 윤무 전체를 설명할 수 있다"라는 결어에서 영향을 받았으리라고 생각된다.[120] 이미 퐁트넬은 1686년에 출판한 『세계의 복수성에 관한 대화Entretiens sur la pluralité des mondes』에서 코페르니쿠스의 체계에 관해 "그 단순함은 설득적"이라고 썼다.[121] 거의 3세기 뒤의 영국 천문학사 연구자인 앵거스 아미티지Angus Armitige의 책에서도 "그[코페르니쿠스]는 오래된 이론에 기반한 각자의 행성 운동이 꽤 복잡한데도 이를 일거에 없애버렸다. …… 코페르니쿠스가 그의 신이론에 도달한 것은 그것이 대단히 단순하다는 매력 때문이었다"라고 한다.[122]

그리고 이 오해와 반대로 프톨레마이오스의 모델이 시대를 거침에 따라서 복잡해졌다는 확신이 있다. 예컨대 토머스 쿤Thomas Kuhn의 『과학혁명의 구조』에서는 코페르니쿠스 개혁의 배경으로서 "코페르니쿠스가 말하기 이전에도 프톨레마이오스 천문학의 상태는 악명 높은 것scandal이었다. …… 어느 특정한 어긋남에 대해서 천문학자들은 프톨레마이오스의 복잡한 원 조합 체계에 특별한 보정을 더해 그것을 가능한 한 없애려고 노력했다. 그렇지만 해가 거듭됨에 따라서…… 천문학의 복잡함은 그 정밀도 이상으로 빠르게 증대하여……"라고 기술했다. 게다가 다시 쿤은『코페르니쿠스 혁명』에서 프톨레마이오스의 체계는『알마게스트』에 제시되어 있는 프톨레마이오스 자신의 것 이외에도 몇 가지나 변종variation이 있고 그것들 중에는 상당히 정확하게 행성의 위치를 예측한 것이 있지만 "그 정확함은 항상 복잡화와 맞바꿔 달성되었다"라고 하며, 그러나 그래도 이것들은 "보다 좋은 근사긴 하지만 최종적인 것이 아니며" 이것이 '개념상의 경제성을 완전히 결여'하고 있음과 더불어 "최종적으로 코페르니쿠스 혁명을 유도했다"라고 판단했다.[123][*15]

[*15]   이 점에 관해 쿤은『과학혁명의 구조』에서 다시금 "16세기에는 코페르니쿠스의 공동연구자 노바나의 도메니코는 프톨레마이오스의 체계와 같이 복잡하고 부정확한 것은 틀림없이 자연을 참되게 드러내는 것일 리 없다고 생각했다. 그리고 코페르니쿠스 자신이『회전론』의 서문에서 그가 계승한 천문학 전통은 이제 드디어 괴물을 만들어 냈다고 썼다"라고 기술했다(p. 69, 일역 p. 77). 쿤은『코페르니쿠스 혁명』에서도 마찬가지로 '코페르니쿠스가 기술한 괴물의 두 주요한 특징'으로서 "산만하고 여전한 부정확"을 들었다(p. 140, 일역 p. 201). 그러나 코페르니쿠스의 프톨레마이오스 비판이 그 체계의 '복잡하고 부정확한cumbersome and inaccurate' 점을 향한 것은 아니며 코페르니쿠스가 말하는 '괴물'이 프톨레마이오스의 '부정확'을 가리키는 것도 아니다. 코페르니쿠스가 말하는 '괴물'은 앞서 말했듯이 프톨레마이오스의 체계가 전체로서 조화를 결여하고 있음 —각자의 행성 궤

마찬가지의 주장은 그 외에도 보인다. 예컨대 런던대학의 과학사, 과학철학 교수였던 허버트 딩글Herbert Dingle은 20세기 중반에 프톨레마이오스 모델에서는 "천체 운동이 잇따라 드러내는 불규칙함을 설명하기 위해 점점 많은 구를 덧붙였고", "15세기 말에는 이 체계는 극도로 복잡해져 버렸는데 이 복잡함은 코페르니쿠스의 수학적 정신에는 마음에 안 드는 것이었다"[124]라고 썼다. 1960년에 출판된 브로노스키Bronowski와 마즐리시Mazlish도 저서 『서양의 지적 전통The Western Intellectual Tradition』에서 "중세 프톨레마이오스 체계의 문제는 개선되고 있던 관측치에 보다 잘 맞게 하기 위해서는 점점 많은 원을 필요로 했다는 점이다"[125]라고 기술했다.

그러나 이러한 주장은 모두 실제와는 다르다. 첫 번째로 중세 내내 코페르니쿠스의 시대에 이르기까지 관측치는 그렇게 '개선' 되지 않았다. 징거리치는 원래의, 즉 '복잡화하기 이전'이라 간주되는 프톨레마이오스 이론에 기반해 만들어진 『알폰소 표』에서 스스로 계산기를 사용해 계산한 에페메리데스와 코페르니쿠스 이론 등장 직전에 슈테플러가 만든 에페메리데스의 오차가 미치는 영향이 일치함을 확인하고 후자가 "부가물이 없는 프톨레마이오스의 체계"를 사용해 작성되었다는 것, 그리고 "1500년에는 행성 위치를 예측하는 데에는 단순한 고대 프톨레마이오스 체계만이 사용되었다"라는 것을 밝혔고, 이리하여 해를 거듭함에 따라

도가 완전히 독립적이고 다른 것과 관계없다는 것—을 가리킨다. 이것을 '산만 diffuseness'이라 말할 수 없지는 않으나, 그 외의 점에서는 쿤은 잘못 읽고 있다.

프톨레마이오스 체계가 복잡화했다는 주장을 '신화'라고 결론지었다.[126] 실제로도 고대 이래의 우주상에서 천구의 수가 증가한 것은 수학적 이유가 아니라 오히려 자연학적 이유 때문이다.[127] 실제로 코페르니쿠스의 해결책은 프톨레마이오스의 일차 주전원을 제거했지만 등화점을 없애기 위해 소주전원을 필요로 했고, 또 한층 더 미세한 변동을 설명하기 위해서는 때로 고차의 주전원도 필요로 했으며, 개개의 행성 궤도에 관해서는 프톨레마이오스의 것보다 간단해졌다고는 도저히 말할 수 없었다. 아니, 징거리치에 따르면 "코페르니쿠스의 시스템은 원래의 프톨레마이오스 시스템보다도 조금 복잡해졌다"라고 하며 쾨슬러나 노이게바우어나 징거리치에 따르면 전체 주전원의 수도 줄지는 않았다.[128]

결국 코페르니쿠스의 체계가 프톨레마이오스 이론을 뛰어넘는 핵심은 관측 데이터와 양호하게 일치한다는 것도 아니었고 계산의 단순성도 아니었으며 그 태양계 전체의 체계적 구조가 명백해졌음에 있다. 코페르니쿠스는 물리학자(자연학자)라기보다는 수학자였지만 정밀도의 향상을 추구하는 관측자도 아니었고 행성 예보에 철저한 계산가도 아니었으며, 그의 문제의식은 실용적이라기보다는 원리적이었고 그의 개혁은 어디까지나 이론적인 설명능력과 원리적인 일관성의 관점에서 진행된 것이다.

9. 이원적 세계와 그 해체

코페르니쿠스는 이렇게 태양계 전체의 체계화를 의도하여 태양 중심의 우주상을 제창했다. 이 점에 관해 르네상스기 신플라톤주의가 코페르니쿠스에게 미친 영향이 종종 지적되곤 한다. 그러나 그것은 코페르니쿠스가 수학적 조화를 이루는 체계를 중시했다는 점에서는 이해할 수 있지만, 헤르메스주의의 영향을 받은 마르실리오 피치노 등 신플라톤주의자의 태양숭배가 코페르니쿠스를 태양중심이론으로 유도했다는 주장은 솔직히 말해서 도저히 납득하기 힘들다. 원래 코페르니쿠스 이론에서는 엄밀히 말하자면 우주의 중심은 태양 그 자체가 아니라 지구 궤도의 중심이다.

코페르니쿠스에게 미친 헤르메스주의와 신플라톤주의의 영향을 증거하는 것으로서 『회전론』의 다음 한 구절이 종종 인용된다.

온갖 것의 한가운데에 태양이 있다In medio vero omnium residet Sol. 왜냐하면 대체 누가 이 가장 아름다운 신전 안에서 전체를 한 번에 비출 수 있는 장소와는 다르거나 가장 좋은 장소에 이 횃불을 둘 수 있을까. 확실히 우주의 등불, 우주의 정신, 우주의 지배자라고 사람에 따라 여러 가지로 부르는 것이 부적절하지는 않다. 태양을 트리메기스투스는 보이는 신이라고, 소포클레스의 『엘렉트라』는 만물을 보는 것이라고 불렀다. 이리하여 이른바 왕좌에 앉은 것처럼 태양은 주위를 도는 별들의 일족을 통솔하고 있다.[129]*16

예컨대 휴 키어니Hugh Kearney의 책은 이 한 구절을 코페르니쿠스에게 '신플라톤파의 배경'으로서 인용하며 "16세기 내내 태양 중심설은 피타고라스 – 헤르메스적 전통 속에서만 이야기되었다. 헤르메스적 가설에 따르면 우주에서 태양의 중심적 위치는 그것이 '딱 맞는 것'이기 때문에 자명하다고 생각되었다"라고 결론지었다. 토머스 쿤도 『코페르니쿠스 혁명』에서 이 부분을 인용하며 그 직전에 "피치노는 태양이 최초로 하늘의 중심에 만들어졌다고the sun was created first in the center of heavens 썼다. …… 그러나 [태양의] 이 지위는 프톨레마이오스의 천문학과는 양립할 수 없다. 그리고 신플라톤주의가 야기한 이 문제가 태양 중심의 새로운 체계를 코페르니쿠스가 고안하는 데 도움이 되었을지도 모른다"라고 기술하고, 이 인용 직후에도 "신플라톤주의는 그의 우주관을 낳은 지적 풍토에서 본질적인 요소이다"라고 덧붙였다. 마찬가지의 주장은 그 외에도 여럿 보인다.[130]

　그러나 헤르메스 트리스메기스투스의 이름을 부정확하게 기술하고 그것과 플라톤 이전의 인간을 비교해 기술하는 코페르니쿠스가 신플라톤주의자라 해도 로즌의 지적처럼 어울리지 않지만,[131] 무릇 신플라톤주의나 헤르메스주의의 태양숭배가 코페르니쿠스의 태양 중심설과 결부될 리는 없음을 우리는 알아야 한다.

＊16　'트리메기스투스Trimegistus'는 '헤르메스 트리스메기스투스Hermes Trismegistus' 의 오류. '소포클레스'는 플라톤보다 2세대나 이전의 그리스 극작가로 물론 신플라톤주의와는 관계가 없다.

이집트 태양숭배의 영향을 보이는 『헤르메스 문서』에는 확실히 "태양은 (세계의) 중앙에 자리 잡아 세계를 관처럼 얹고, 우수한 마부처럼 세계라는 전차를 안정시켜 고삐를 죄어 결코 무질서로는 주행시키지 않습니다"라고 기술되어 있다. 그러나 그 뒤에서는 "태양은 자신에게서 멀지 않은 범위에서, 아니 진실을 말하자면 자신과 함께 (세계를) 주행시킵니다"라고 태양 운동을 말했다. 태양은 다른 천체를 좇아 자신도 우주를 주행하고 있는 것이다. 다른 한편으로 지구에 관해서는 "또한 땅을 보라. 그것은 만물의 중심에서, 아름다운 세계의 주춧돌로서 있고……"라 한다.[132] "태양은 세계cosmos의 중심에 자리 잡아"와 "땅은 만물to pan의 중심에서" 두 명제가 공존하고 있다. 이들은 어떤 관계에 있는 것일까.

원래 태양과 달 그리고 행성들의 집단과 지구는 같이 다뤄지지 않았다. 코페르니쿠스 이전까지 지구만은 천문학의 대상이 아니어서 '하늘'에는 포함되지 않았다. 그런 한에서 태양 중심설은 천공세계(태양과 달과 다섯 행성으로 이루어진 계)의 배열에서 태양의 중심성, 즉 지구에서 보아 태양보다 위에 화성, 목성, 토성의 셋, 태양보다 아래에 역시 금성, 수성, 달의 셋이 있음을 주장하는 것으로, 이것과 우주 전체에서 지구가 중심임이 양립할 수 있는 것이다.

이런 의미에서 '태양 중심설'은 신플라톤주의에 한정되지 않고 고대 이래 중세 내내 널리 수용되었다. 지구 중심의 우주론을 말한 프톨레마이오스의 『행성가설』 자체에 "모든 관점에서 중앙에 위치하는 태양"이라 명기되어 있다.[133] 12세기 콩슈의 기욤이 쓴

『우주의 철학Philosophia mundi』에는 칼데아인과 그 후계자들은 "태양이 행성들의 중심에서 금성과 수성의 궤도보다도 위쪽에 위치한다"라고 주장했다고 하는데 이 '중심'의 의미도 마찬가지이다.[134] 동시대의 베르나르두스 실베스트리스의 『코스모그라피아Cosmographia』에서는 "태양의 빛은 중앙의 자리에 위치하고" "사물의 중심에 놓인 태양에서는 행성의 궤도가 서로 조화를 이루어 합창한다"라고 태양의 중심성을 반복해서 말했다. 그러나 동시에 "지구는 사물의 중심에 놓였는데 이것은 자못 적절하다. 그 움직이지 않는 자리로 말미암아 운동하는 것 모두에게 휴식이 주어진다"라고 하며 여기서도 한편에는 '중앙의 궤도가 옮기는 태양'이, 또 한편에는 사물의 중심에서 정지한 지구가 병기되어 있다.[135]

피렌체 플라톤 아카데미의 주재자로 헤르메스주의의 영향을 강하게 받은 피치노는, 확실히 위대한 태양은 '아폴로'이며 '하늘의 중심'에 있어야 한다고 말했다. 그러나 여기서도 그 의미는 지구에서 보아 위쪽에 순서대로 달 – 수성 – 금성 – 태양 – 화성 – 목성 – 토성이 늘어서 있다는 것, 즉 태양 궤도가 지구와 항성천 사이에서 움직이는 '일곱 행성의 중앙'에 있다는 것이다.[136][*17] 다른

[*17]　이 점에 관해 에릭 에이튼Eric Aiton은 피치노의 견해로서 "태양이 다른 행성의 주회를 통제한다"라고 말한 뒤 그것을 "이 태양중심주의의 관점this idea of a heliocentrism"이라 표현했다(1981, p. 92). 그리고 또 알렌 데버스Allen Debus는 저서에서 피치노의 태양숭배 시를 인용한 뒤에 "피치노는 다시 이어서 태양이야말로 피조물의 최초이며, 천계의 중심에 놓였다it [the sun] was positioned in the center of the heavens고 기술했다"라고만 기록했다(1978, p. 79, 일역 p. 132). 현대인에 의한 이 표현들은 오해를 부르기 쉽다.

한편으로 피치노는 지구에 대해서는 "별과 같은 존재들로부터는 대단히 떨어져 있으므로 대지는 암흑에 의해 슬픔을, 부동성不動性이나 불활성에 의해 초췌함을 표현한다"라고 그것이 정지해 있음을 확실히 말했다.[137] 쿤의 주장에 반해 피치노의 우주는 프톨레마이오스 천문학과 양립할 수 있는 것이다.

이러한 표현은 코페르니쿠스 후에도 확인된다. 1559년에 사망한 영국의 레너드 디거스의 책(1576년 출판)에는 "프톨레마이오스에 따른 일곱 행성의 배치"로서 "태양은 모든 행성의 중앙에 위치한다"라고 하며, 1726년 데이비드 그레고리의 천문학서에서도 프톨레마이오스는 "태양을 행성들의 중앙에 둔다"라고 했다.[138] 16세기 후반부터 17세기 초에 걸쳐 가톨릭 세계의 지도적 천문학자였던 크리스토퍼 클라비우스Christopher Clavius도 모든 행성에 균등하게 빛을 비추기 위해서는 "태양은 행성들의 중앙에 있는 것이 적절하다"라고 말했는데, 다른 한편으로는 "자연은 지구를 세계의 중심에 두었다"라고도 기술했다.[139] 명백하게 여기서도 '행성들의 중앙에in medio planetarum'는 하늘의 중앙을, 그리고 '세계의 중심에in medio mundi'는 천지를 포함하는 세계 전체의 중심을 의미한다.

원래 태양숭배 자체가 근대적인 의미의 태양중심이론, 즉 태양정지설, 지동설과 반드시 연결되지는 않는다. 위에서 언급한 베르나르두스 실베스트리스는 "그들[천계의 영들] 중에는 태양이 빛에서 탁월하고 힘에서 제일이며 위엄에서 지고하다"라고 태양찬가를 읊었지만 지구를 우주의 중심에 정지시켰다.[140]

고대에 태양숭배가 극히 보편적이었음은 잘 알려져 있다.[141] 종교학자 미르체아 엘리아데Mircea Eliade에 따르면 "다른 어떤 종교보다도 [고대] 이집트 종교는 태양숭배에 지배되었다"라고 하지만,[142] 고대 이집트에서 태양 중심의 우주를 이야기하지는 않았다.

고대 로마인인 플리니우스Plinius가 쓴 『박물지Naturalis historia』에는 "태양은 전 우주의 핵심이다. 혹은 더 정확하게는 그 정신이자 자연의 최고 지배원리 그리고 신성이라고 우리는 믿어야 한다"라고 한다. 그러나 이 바로 뒤에는 "대지는 전체 속에서 가장 아래에 있고, 그 중심에 있는 물체이다"라고도 명기되어 있다.[143] 기독교를 받아들이기 이전 로마 제국에서는 특히 초대 황제 아우구스투스(재위 BC 27~AD 14) 이래 태양신 신앙이 널리 퍼졌다. 3세기 이후 황제 아우렐리아누스(재위 270~275)는 '불멸의 태양sol Invictus'을 최고신으로 하여 그 숭배를 국가 제사에 편입했다. 기독교에서도 그리스도 강탄제(크리스마스)를 로마 태양숭배의 제일 12월 25일로 설정함으로써 태양숭배를 계승했다. 그러나 로마의 우주론도 기독교의 세계상도 역시 계속 지구를 중심으로 하는 천동설을 유지했다. 지상 세계(달 아래의 세계)와 천상 세계(달 위의 세계)라는 이원적 세계상에 입각하는 한 태양숭배나 '태양중심이론'은 근대적인 의미에서의 지동설, 태양정지설과는 결부되지 않는 것이다.

물론 코페르니쿠스 개혁의 큰 의의는 태양을 포함한 천체의 신성성을 파괴했다는 것에 있다. 왜냐하면 지상 세계와 천상 세계라는 이 이원론에는 그저 자연학적인 이원성에 머물지 않고, 저속하고 하등한 땅과 숭고하고 신성한 하늘이라는 정신적이고 종교적인 위계가 동반되었기 때문이다. 이렇게 땅에서 하늘로 열을 지어 있는 '비천 – 고귀'의 가치서열은 기독교적 세계상 그리고 또 중세의 봉건적 신분제도와도 잘 들어맞았다. 따라서 이런 한에서 태양과 지구의 위치를 뒤바꾸는 것은 오히려 고대 이래의 태양숭배에 저촉되는 것이었다.

아리스토텔레스는 『형이상학』에서 행성을 '신적 물체'라 하며 『천체론』에서도 "하늘은 신적인 것이다", "신적인 것은 가장 좋은 장소를 제공받는다"라고 기술했다.[144] 아리스토텔레스의 위서라고 간주되지만 플라톤의 영향을 받은 초기 아리스토텔레스의 세계상을 전하는 『우주론』에는 다음과 같이 적혀 있다.

신 자신은 최상부의 제1의 자리를 점하고 있다. …… 대지 및 대지 위에 있는 것들은 신의 은혜로부터 가장 멀리 떨어져 있으므로 약하디약하게 서로 연관이 없고, 많은 혼란에 가득 차 있는 듯 생각된다. …… 신은 한가운데 ―거기에는 땅이자 이 시끄러운 장소가 있다― 가 아니라 상부의 청정한 장소에 편안하게 앉아 있다.[145]

로마에서는 기원전 47년생의 시인 오비디우스가 『변신 이야기』에서, 신이 최초로 혼돈으로부터 천지를 안 후에 "별과 신들이 천계를 영유하고"라고 기술했다.[146] 프톨레마이오스의 『알마게스트』에서는 "신적인 하늘의 사물"이라 했다.[147] 기독교 탄생 이전 하늘은 이교의 신들이 거주하는 세계였다

기독교 탄생 후에도 이 큰 틀이 변하는 일은 없었다. 플라톤의

영향을 받은 3세기 그리스의 교부 오리게네스의 책에서는 '움직이지 않는 구'라 불리는 항성 천구에 관해 "그 구는 성스러운 자들의 세상이며 완전히 정화된 자들의 세상이다. 그것은 현세와 같은 불경한 자들을 포함하는 세상이 아니다"라고 기술되었다.[148] 서유럽 기독교 세계의 정신 형성을 맡아 영향력이 있었던 아우구스티누스의 5세기 저작 『신국』은 변하는 일 없는 천상의 신의 나라와 끝없이 영고성쇠하는 지상세계라는 종교적 이원주의를 말하고 있는데, 이것은 ─세계의 영원성이라는 문제는 별개로 하면─ 저 아리스토텔레스적 이원론과 용이하게 서로 통할 수 있었던 것이다.

이리하여 기독교가 지배하는 중세 유럽에서도 12세기의 베르나르두스 실베스트리스는 한편으로 "아에테르[에테르]와 모든 별들의 내실은 질료적 요소들이 아니라 제5원소로 구성되어 있다. 이 제5원소는 순서상 첫 번째로 종류란 점에서는 신적이고, 본성적으로는 불변이다"라고 말하며 나아가 "신성하고 불변하는 신성이 그 거처를 낮은 차원의 요소들, 즉 부정한 흙이나 술렁거리는 대기 위에 정하는 일은 생각할 수 없다"라고 논했다.[149] 13세기 후반 로베르투스 앙그리쿠스는 사크로보스코Johannes de Sacrobosco의 『천구론De Sphaera Mundi』에 단 주석에서 천문학의 고귀함을 "가장 고귀한 물체인 불생불멸의 천체"[150]와 관련되기 때문이라고 말했다. 그리고 14세기의 장 뷔리당Jean Buridan은 "하늘은 가장 고귀한 물체이므로 하늘에 보다 가까운 장소일수록 보다 고귀하다"라고 말했으며, 뷔리당에게 배운 오렘Nicole Oresme은 "가장 천한 원소인

땅과 아래쪽의 원소"라 기술했다.[151] 이 세기 초에 쓰인 단테의
『신곡』은 지구에서 벗어나 하늘로 오름에 따라 세계가 숭고해져
간다는 이 위계를 충실하게 표현했다.

르네상스기에는 피렌체 플라톤 아카데미의 중심인물 중 한 명
인 피코 델라 미란돌라의 1486년경 저서에, 달 아래 세계가 "더러
워져 막혀 있는 갖가지 부분"이라 표현되어 있다.[152] 그리고 1524
년에 출판되어 나중에 젬마 프리시우스가 교열한 아피아누스의
『천지학의 서Cosmographicus liber』에 그려진 우주에서는 항성천의
외측에 '제1동자'인 하늘이 있고 그보다 바깥쪽은 "지고의 하늘,
신 및 모든 선택받은 자의 거처"라고 했다. 코페르니쿠스 이후에
도 1580년대에 조르다노 브루노는 대화편 『무한, 우주와 세계들
에 관하여De l'infinito universo et mondi』(국역본은 『무한자와 우주와 세
계』라는 제목으로 출간 _ 옮긴이)에서 아리스토텔레스주의자의 입
으로 "천체는 신성한 것, 우리 가까이에 있는 것은 천한 물질적인
것"이라 말하게 했다.[153] 17세기 초에 쓰인 셰익스피어의 『안토니
우스와 클레오파트라』에서는 첫머리에서 안토니우스가 "더러운
우리 땅our dungy earth"이라 말하며, 끝부분에서 죽음에 직면한 클
레오파트라가 "지금 나는 불과 바람, 이 오체五体를 만든 흙과 물
은 천한 이 땅에게 주겠다"라고 말한다.[154] 열렬한 프톨레마이오
스주의자 크리스토퍼 클라비우스도 "자연은 지구를 우주의 중심
에 두었다"라는 앞의 인용 뒤에 다음과 같이 말했다.

왜냐하면 그러한 무가치하고 조잡한 물체tam vile ac rude corpus는 최

고로 탁월한 물체corpus praestantissimus로서의 하늘의 모든 부분으로부터 평등하게 떨어져 있어야 하기 때문이다.[155]

실로 1611년의 일이다. 그리고 "우리 지구는 그 비속함으로 말미암아 세계의 어떤 부분보다도 더럽고 비열한 물질로 이루어졌기 때문에 세계의 최악의 장소인 중심에 위치하며 순수하고 불멸하는 물체, 즉 하늘로부터 가장 멀리 있어야 한다"라고, 1640년에 영국의 코페르니쿠스주의자 존 윌킨스는 반反코페르니쿠스주의자의 생각으로서 기술했다.[156]

최고천最高天은 신성하고 여기에는 신의 거처가 있으며 여기서 가장 멀리 있는 지구는 부정하고 그 내부에 지옥이 있다는 세계의 이미지는 고대 이래 중세를 거쳐 근대에 이르기까지 서유럽 사회에서는 강고하게 유지되고 널리 수용되었다. 아리스토텔레스나 프톨레마이오스 이래 지구가 존재한다고 생각되던 우주의 중심은 명예로운 왕좌가 결코 아니었고 오히려 신성한 천상계로부터 가장 멀리 있는 비천한 세계였다.[157] 이렇게 우주의 중심에 정지한 지구를 둔 이원적 세계는 그때까지의 자연학과 우주론의 기초일 뿐만 아니라 신학적으로 근거를 부여받은 계층적 세계상의 핵심이기도 했다.

지구를 세계의 중심에서 벗어나게 하는 것은 이 위계의 파괴와 직결되었다. 그 단적인 표현을 15세기 중기에 우주의 유한성과 지구의 중심성을 부정한 니콜라우스 쿠자누스Nicolaus Cusanus에게서 발견할 수 있다. 실제로 쿠자누스는 1440년의 『무지의 지』에서

"중심에서 있을 수 없는 바 땅terra이 어떤 운동에서도 빠져 있을 수는 없다"라고 말하며 지구의 가동성을 인정함과 동시에 "이 땅이 세계 속에서 가장 비천하고 가장 낮다는 것은 참이 아니다"라고 언명했다.[158] 망원경으로 달 표면을 관측하고 그것이 지표와 마찬가지로 울퉁불퉁하며 산이나 평지를 갖는다는 것을 발견한 갈릴레오가 "지구는 가동可動적인 물체이고 광채가 달을 능가한다. 지구는 세계의 바닥에 가라앉아 있는 찌꺼기가 아니다"라고 말한 것은 위에서 언급한 클라비우스의 발언과 같은 1611년이었다.[159]

그렇다면 코페르니쿠스 개혁의 참으로 결정적인 비약, 참으로 혁명적인 측면은 단지 태양을 중심에 놓고 지구를 움직인 것은 아니다. 신학적인 관점으로는 코페르니쿠스 개혁의 요체는 코페르니쿠스 자신이 의식하고 있었는지 아닌지는 접어두고, 지구를 행성의 일원으로 넣어 고귀한 천체와 동렬로 취급했다는 것보다 천상에서 지상으로 늘어선 귀천의 위계를 파괴했다는 것에 있었다.[160]

그리고 자연학적 관점에서는 코페르니쿠스의 개혁은 천상 세계와 달 아래 세계의 이원론을 부정하는 것과 직결되었던 것이다. 코페르니쿠스에게 직접 그 이론을 배우기 위해 프롬보르크를 방문한 레티쿠스는 1540년에 『제1해설』을 썼는데, 실은 코페르니쿠스를 옹호하여 지동설과 성서 사이에 모순이 없음을 논증하기 위해 짧은 글을 하나 더 썼다. 이것은 실전失傳되었다가 20세기가 되어 네덜란드 연구자 호이카스reijer hooykaas가 발견했다. 거기에서는 이렇게 말한다.

달이 운동함과 마찬가지로 지구도 운동함을 이성이 우리에게 가르쳐 주므로 신이 움직이고 있음이 확실한 다른 천체들에게 부여한 것과 같은 방식으로 지구에도 법칙들을 부여했음을 이해할 수 있다.[161]

지동설을 인정하는 한 지구는 다른 천체와 같은 종류의 운동을 행하는 동등한 존재라고 간주되고, 우주는 단일 법칙이 지배하는 단일한 세계여야 하게 되었다.

10. 코페르니쿠스 지동설의 난항

코페르니쿠스는 『소논고』의 수고(手稿)를 지인들에게 열람하게 할 때 저자명을 넣지 않았다. 그리고 주저 『회전론』을 출판하기까지 30년 가까이 망설였다. 물론 지구가 움직인다는 자신의 이론을 공개하는 것을 주저한 것이겠지만 실제로 어떠한 비판을 두려워했던 것일까.

아리스토텔레스 세계상과 자연관은 말하자면 감각적인 경험의 직접적 이해화이며, 따라서 일상 경험에 극히 잘 합치했다. 아리스토텔레스 우주론이 13세기 이후에 "교양 있는 유럽인의 지적 공유재산"이 된 것은 "그들의 지각하는 대로의 세계에 관하여 그의 우주상이 전체적으로 설득적이고 만족할 만한 설명을 부여했기" 때문이다.[162] 즉 "아리스토텔레스는 그가 논리적인 언어로 설명을 부여한, 몇 세기나 전부터 존재했던 우주에 관한 수많은 자

연발생적 인식을 추상적이고 모순이 없는 방법으로 표현하는 능력을 갖고 있었다"라는 것이다.[163]

아리스토텔레스는 『자연학』 첫머리에서 자연인식의 출발점을 "우리에게 보다 많은 가지可知적인 것", 즉 감각적 경험에서 구했다. 그리고 『분석론 후서』에서는 "제1원리를 인식하지 않는 한 논증에 의한 지식은 없다"라고 했지만 '그 제1원리'를 알기 위해서는 우리는 귀납에 의존할 수밖에 없다. 즉 "감각에서 기억이 생기고 같은 것에 관해 반복해서 얻은 기억에서 경험이 생긴다. 즉 수數에서 많은 기억이 하나의 경험이기 때문이다".[164]

실로 흙이나 물이 무겁고 그 '자연적' 혹은 자발적인 운동으로서는 수직 아래방향으로 낙하할 뿐이라는 것도, 주로 토질물질로 이루어져 표면 일부에 물을 담은 거대한 덩어리로서의 지구가 묵직하게 움직이지 않는다는 것도, 거의 인류의 지적 활동이 시작된 이래 만인이 축적해 온 경험이다. 이것을 아리스토텔레스는 흙이나 물은 자연운동으로서 그 본래의 장소인 우주의 중심으로 향하며 외력의 강제가 작동하지 않는 한 그 위치에 계속 정지한다고 교묘하게 이론화했다.

운동방정식은 물론 관성의 법칙조차 알려져 있지 않았던 시대였다. 말이 끌지 않는 마차가 움직이지 않듯이, 지상세계에서는 밖에서 힘을 받지 않는 물체가 움직이지 않는 것도 마찬가지로 널리 퍼진 경험이었다. 자신 안에 운동의 원리를 갖지 않은 무생물은 불활성이며, 밖에서부터 오는 작용으로만 움직인다. 즉 "움직이는 것은 모두 무언가에 의해 움직여져야 한다". 게다가 그 작용은 근접적이고 "움직여지는 것과 움직이는 것은 서로 연속하고 있거나 혹은 접촉해야 한다". 이것이 지상의 상식이기도 했지만 아리스토텔레스 운동론의 기본이기도 했다.[165] 즉 지구의 부동성은 만인의 상식에도 합치함과 동시에 아리스토텔레스의 물질이론이나 운동 이론의 필연적 귀결이기도 했다.

로마 시대 오비디우스의 『변신 이야기』 첫머리의 천지창조 이야기에는 "조밀한 대지는 묵직한 물질들을 끌고 와 스스로의 무게로 인해 아래쪽으로 눌렀다"[166]라고 나와 있다. 그리고 동시대 루크레티우스가 『사물의 본성에 관하여』에서 전한 고대 원자론은 원자의 운동으로 세계가 형성된다고 설파했다는 점이나 그 외 진공의 존재를 인정하는 등 몇 가지 점에서 아리스토텔레스와는 다른 세계상을 말했다. 그러나 "우선 첫 번째로 대지의 원자는 무겁고 또한 서로 뒤얽혀 있기 때문에 중심에 집합하여 모두 가장 낮은 위치를 취하는 데 이른다", 이리하여 "대지는 우주의 중앙부에 정지하고 있다"라고 기록되어 있는 것처럼, 정지지구를 중심으로 하는 우주의 구조는 아리스토텔레스의 것과 동일하다.[167] 루크레티우스와 거의 동시대에 마닐리우스는 스토아학파의 흐름을 이어받았기 때문에 반드시 모든 점에서 아리스토텔레스에게 충실하지는 않았지만 그래도 역시 "땅은 무겁고 그 때문에 둥글게 굳어져 다른 원소 아래에 고정되었다. …… 대지가 움직이지 않는 것은 팔방으로부터 우주가 동등한 힘으로 지구를 잡아당기고 있기 때문이다. 바꿔 말하자면 대지는 도처에서 이처럼 떨어질 대로 떨어져서 이 이상 떨어질 도리가 없는 것이다. 대지는 전 우

주의 중심임과 동시에 그 가장 낮은 장소이다"라고 명언했다.[168]

성서에 관해 말하자면 성서는 아리스토텔레스 자연학과는 전혀 관계가 없이 만들어졌으며, 자연과학적으로는 있을 수 없는 이야기가 많이 쓰여 있지만 지구의 부동성에 관해서는 역시 만인의 경험과 실감에 충실했다. 중세 초기인 5세기 보에티우스의 『철학의 위안』이 "흔들거리는 불은 높이 올라가고/ 무거운 흙은 무게에 견디지 못해 아래로 가라앉는다"[169]라고 노래했듯이, 이 자연관은 고대 문명이 붕괴한 후에도 서유럽 사회에서 살아남았다. 8세기에 영국 노섬브리아의 수도사 베다는 "흙은 가장 무겁고, …… 피조물 중에서 가장 위치가 낮다"라고 말했다.[170]

그리고 12세기에 서유럽이 고대 그리스의 학예를 재발견한 이래 지구정지의 관념은 다시금 확인되어 확고하게 유지되었다. 12세기 사르트르학파인 콩슈의 기욤은 "원소들의 배치는 아래쪽 장소를 흙이 점하고 이어서 물, 그 뒤에 공기, 최상부를 불이 점한다", "대지는 세계의 중심에 자리매김된 원소이며, 따라서 최하위의 원소이다"라고 말하며, 같은 학파인 길베르투스 포레타누스도 "이 [달 아래] 세계에서는 미세하고 예민하게 움직이는 불이 가장 위에 있음과 동시에 둔중하고 움직이지 않는 대지가 가장 아래에 있다"라고 재확인했다. 그 배경에 있던 것은 역시 "살아 있는 불은 높이 올라가고 무거운 흙은 아래쪽으로 향한다", "지구는 사물의 중심에 놓였으며 이것은 자못 적합하다"라고 하는, 일상적 경험에서 유래하는 동시대 베르나르두스 실베스트리스의 상식론이었다.[171]

14세기에 쓰인 단테의 『향연』에서는 "내가 말을 걸고 있는 사람들에게는 땅이 바다와 함께 세계의 중심에 있어 고정되어 있고 회전하지 않음은 아리스토텔레스의 위대한 권위로 충분히 납득할 수 있다"라고 한다.[172] 같은 세기의 파리 유명론자 장 뷔리당은 당시 최고 수준의 지식인으로 아리스토텔레스의 운동론을 비판했다고 알려졌다. 그는 운동의 상대성을 말하며 극히 이지적으로 천구의 일주회전은 지구의 자전으로도 마찬가지로 설명 가능함을 인정했지만, 그래도 지구가 정지하고 있다고 하는 전통적인 견해를 선택했다. 그 이유 중 하나는 지구가 움직인다는 의견은 "아리스토텔레스와 모든 천문학자의 권위에 적대한다"라는 것이며, 그리고 또 하나로는 "무거운 땅과 같은 물체는 운동에 적합하지 않다corpora gravia et terrestria sunt inepta ad motum"라는 것이다.[173]

　그리고 스페인의 페드로 데 메디나가 『코스모그라피아의 서』에서 "4원소 중 불과 공기와 물 세 가지는 움직인다. 흙은 모든 천구의 운동으로부터 등거리에 있는 우주의 중심에 있고, 그 무게 때문에 움직이지 않는다"라고 기술한 것이 『회전론』 출판 5년 전인 1538년이었다.[174]

　『회전론』 출판 직후에 코페르니쿠스의 우주론을 정면으로 비판한 것은 피렌체의 도미니코회 수사 조바니 마리아 토로사니 Giovani maria Tolosani였다. 그는 『성서의 진리에 관하여』를 1544년에 썼는데, 거기에 나중에 덧붙인 소론 『하늘과 원소에 관하여』에서 코페르니쿠스를 비판했다. 그 논점 중 하나는 천문학과 자연학의 학문적 위계에 관한 것으로, 이 중요한 점에 관해서는 뒤에서 논할 것이다[Ch. 6 끝부분]. 그리고 또 하나가 태양 중심설에 대한 비판이다. 토로사니의 이 비판은 태양의 중심성, 지구의 가동성, 항성천의 부동성 및 그 시점에서 무엇이 어떻게 문제가 되었는지를 알 수 있으므로 조금 길지만 그 주요부분을 인용해 둔다.

코페르니쿠스는 피타고라스학파의 것을 부분적으로 모방하면서, 쉽게 그의 손을 찌르는, 꺾이기 쉬운 갈대 같은 근거 내지는 그것으로는 진리를 증명할 수 없는 상상으로 꾸며낸 이야기에 기대고 있다. 그 때문에 그는 종종 오류를 저질렀다. 왜냐하면 그는 마치 펠리온 위에 오사를 두려고 한 거인처럼, 태양이 위에 있고 지구가 밑에 있다고 명언하는 성서나 합리적인 질서를 등지고, 만인이 태양천구를 두는 데에서 올바르게 동의하고 있는 위치로까지 다른 원소들보다 무거운 지구를 낮은 위치로부터 들어 올리고 그 태양 천구를 지구 위치로까지 끌어내림으로써 신이 그 체계로서 창조한 질서를 상상 속에서 바꾸었기 때문이다. ……

게다가 코페르니쿠스는 [『회전론』] 제1장 8절에서 "만약 누군가가 지구가 회전한다고 생각했다면 틀림없이 그 사람은 그 운동이 강제적이지 않고 자연적이라고 말할 것이다"라고 말하며 증명도 하지 않은 가설을 세웠다. 코페르니쿠스는 증명해야 할 사항, 즉 지구가 회전한다는 것을 사전에 가정한 것이다. 그러나 이 명제는 명백하게 오류임을 알 수 있다. 왜냐하면 지구의 운동에 관계하는 한 그 운동은 자연적일 수 없고 강제적이기 때문이다. 왜냐하면 단순물체가 두 상반되는 자연운동을 가질 수는 없기 때문이다. 왜냐하면 땅은 그 자연스러운 무게 때문에 자연적으로는 [우주의] 중심으로 향하기 때문이다. 그러나 만약 그것이 회전한다면 그 원운동은 자연적이지 않고 강제적일 것이다. 따라서 지구가 자연운동으로서 회전한다는 것은 오류이다. 그렇지 않고 그 운동은 강제적이며, 이리하여 코페르니쿠스의 가정은 완전히 부정된다.

나아가 제1권 10장에서 이 저자는 "모든 것 중에서 첫 번째이자 최고의 것은 항성 천구이며, 그것은 모든 것을 그 안에 포함하기 때문에 움직이지 않는다"라고 잘못 가정했다. 항성 천구는 자연운동과 강제운동의 두 상반되는 운동을 갖고 있기 때문에 이것이 오류임을 알 수 있다. 이것은 모든 학식 있는 자들이 합의하고 있듯이 단일하고 단순하며 일정하게 움직이는 제1동자가 그보다 더 위에 없을 수 없기 때문이다. 그 제1동자의 작용으로 말미암아 항성천은 그 자연스러운 고유 운동에 반해 움직이는 것이다. 코페르니쿠스는 제1동자 위의, 신학자가 최고천最高天이라 부르는 최상 천구가 움직이지 않는다는 것에, 신학자들에게 동의했다면 옳게 말했을 것이다.'[175]

토로사니는 아리스토텔레스의 자연학과 우주론, 그리고 성서에 쓰여 있는 것은 절대적으로 옳다는 전제에서 코페르니쿠스의 이론은 그에 반한다고 말한 데 지나지 않는다. 이 당시의 학식 있는 신학자가 말하자면 이렇게 된다는 말일 것이다. 그러나 그 밑바탕에 있는 것은 역시 "땅은 그 자연스러운 무게 때문에 자연적으로는 [우주의] 중심으로 향한다"라는 상식론이었다.

뒤의 장에서 상세하게 말하겠지만[Ch. 11. 4], 16세기 후반의 티코 브라헤는 코페르니쿠스 이론의 우월성을 사실상 인정하고 지구를 뺀 다섯 행성을 태양 주변으로 주회시키면서, 또한 지구를 정지시키고 다섯 행성을 거느린 태양이 정지지구 주변을 주회한다는 체계—지구태양정지계—를 제창했다. 티코는 지구의 자전도 공전도 부정한 것이다. 그 근거는 "그러한 빠른 운동이 지구와 같은 극히 무겁고 치밀하며 불투명한 물체에 속한다는 것은 불가능하며"라고 1584년의 서간에서 말하면서, 나아가 1598년에도 지구에 관해 "그러한 무겁고 불투명한 물체는 운동보다 정지로 향한다"라고 반복했듯이 역시 일종의 실감론이다.[176] 같은 시기 영국 일반 독자를 위한 서적을 쓴 토머스 블런드빌은 1594년의 저서에서 태양 주변을 지구가 주회한다는 설을 '잘못된 가설'이라 단정하며 말한다. 지금까지 지구가 움직이지 않는다는 것은 많은 논의로 논증되어 왔으며 "그 논의에 관해서는 다시금 상세하게 말할 것도 없으리라. 왜냐하면 그것을 의심하는 사람은 거의, 이미 전혀 없다고 생각되기 때문이다".[177]

1611년에 예수회의 클라비우스는 지구가 우주의 중심에 정지하고 있는 이유를 "바로 그것[지구]의 무게 때문이다"라고 단정하며 다음과 같이 보충했다. 즉 "지구는 하늘에서 가장 먼 최하의 위치, 즉 세계의 중심에 항상 머문다. 일단 거기에 위치했다면 그것은 자연히 움직이지 않는다. 왜냐하면 상승하는 경향은 그 자연 본성에 반하기 때문이다".[178] 이것도 실감을 자연철학의 용어로 표현한 것에 다름없다.

갈릴레오의 1차 재판에서 그에게 판결을 전한 가톨릭 신학자로베르토 벨라르미노 추기경은 1615년의 서간에서 『회전론』의 제1권에서 인용한 베르길리우스의 『아이네이스Aeneis』의 한 구절 "우리가 항구를 떠나가면 육지와 마을은 물러간다"에 입각하여, 태양이 움직이는 듯 보여도 실제로 움직이고 있는 것은 지구라는 상대성을 논했다.

배 위에 선 항해자에게는 배가 기슭에서 멀어진다기보다는 오히려 기슭이 배로부터 멀어지는 듯 보일지도 모르나, 항해자는 그것이 착각에 지나지 않으며 그 오류를 바로잡을 수 있음을 안다. 왜냐하면 그는 움직이고 있는 것이 다름 아닌 배임을 확실히 이해하고 있기 때문이다. 그렇지만 태양과 지구의 경우에는 그 판단을 고칠 필요는 없다. 이것은 그가 스스로의 체험으로부터 지구가 계속 정지하고 있고, 자신의 양쪽 눈이 태양, 달, 별이 움직이고 있다고 알릴 때는 착각에 기반하고 있지 않음을 명백하게 알고 있기 때문이다.[179]

즉 기슭이 아니라 배가 움직이고 있다고 알고 있기 때문에 움직이고 있는 것은 배이며, 태양이 아니라 지구가 정지해 있다고 알고 있기 때문에 정지해 있는 것은 지구라는 동어반복에 지나지 않는다.

『회전론』 출판 뒤에는 지구가 회전하고 있다면 공기나 던져 올린 물체는 지구의 회전에 뒤처질 것이라거나, 티코 브라헤가 주장했듯이 동서로 똑같이 쏘아낸 포탄의 사정거리가 다를 것이라는 비판도 있었다. 그러나 지동설의 수용을 거부하는 가장 큰 요인은 역시 지구가 정지해 있다는 실감이었다.

결국 지구가 무겁고 움직이지 않는다는 관념은 코페르니쿠스의 시대에 이르기까지, 아니 그것을 넘어 갈릴레오의 시대까지 고상한 아리스토텔레스 자연학이 근거와 권위를 부여한 확실한 학설로, 고대 원자론도 포함해 기독교 교의와도 일치했을 뿐만 아니라 동시에 만인의 일상적 경험이나 소박한 실감에도 합치하여 속인들이 알아듣기 쉬웠다는 점이 바로 이 주장의 최대 강점이었다.

『회전론』이 출판된 지 거의 1세기 반 뒤인 1674년에 영국의 로버트 혹은 교양 없는 사람들에게는 일상적 경험으로부터 지구가 정지하고 천체가 움직이는 것은 극히 자연스러운 시각이었다고 말하며 이어서 말했다.

이것은 이 사람들뿐만 아니라 위대한 기하학자나 천문학자나 철학자들도 그들[무지한 대중] 측에 서 있는데 그것도 이유는 완전히 똑같다. 왜냐하면 그 사람들 대부분도 젊었을 때에는, 특히 세계의 구조에 관해서는 이 무지한 사람들과 마찬가지로 단순하고 조잡한 원리를 배웠기 때문이다. 그것이 상상력에 너무나도 깊은 인상을 주므로 그것을 완전히 씻어내는 데 많고도 큰 노력이 필요하다.[180]

이 점에서는 10세기의 에드윈 버트Edwin Burtt의 다음 지적이 핵심을 찔렀다.

설령 코페르니쿠스 천문학에 대한 종교적 주저가 전혀 없었다고 해도 유럽의 분별 있는 사람들, 특히 가장 경험을 중시하는 사람들은 이것을 제멋대로의 상상이 낳은 미숙한 과실을 받아들이자는 방자한 호소라고 단정하여 긴 세월을 통해 서서히 구성되어 온, 인간의 확실한 감각경험으로부터 귀납된 견고한 결론 쪽을 지켰을 것이다.[181]

영국 초기 코페르니쿠스주의자 토머스 디게스가 술회했듯이 "세계는 너무나도 오랜 세월에 걸쳐서 지구가 꿈쩍도 하지 않는다는 시각을 지켜왔으므로 오늘날에도 그것에 반하는 시각은 소구력이 극히 부족하다"라는 것이다.[182]

코페르니쿠스 자신이 그것을 완전히 자각하고 있었다. 한편으로 자신의 이론과 성서 구절이 어긋난다는 것에 관해서는 『회전론』의 '서문'으로 간주되는 「교황 파울루스 III세에게 드리는 서한」에서 스스럼없이 말했다.

수다쟁이들이 수학 따위는 전혀 모르는데도 그에 관해서 스스로 판단을 내려 성서의 어떤 부분을 방패로 삼아 자신에게 유리하도록 나쁘게 비틀어서, 저의 이 기획을 구태여 비난하고 조롱하는 일이 설령 있었다고 해도 저는 그들을 전혀 상관하지 않으며 오히려 그들의 판단을 이른바 무분별한 것으로서 경멸하기로 했습니다.[183]

그다지 심각하게 우려하고 있는 듯 읽히지는 않는다. 오히려 여유를 느낄 수 있다.

실은 1533년 여름에 독일 법률가이자 동양학자인 요한 알브레이트 비트만슈테터가 교황청의 정원에서 교황 클레멘스 Ⅶ세와 그 측근에게 '지구의 운동에 관한 코페르니쿠스의 견해'를 전달했다.[184] 이때 교황 등이 눈살을 찌푸렸다는 기록은 남아 있지 않다. 비트만슈테터는 그 뒤 추기경 니콜라우스 쇤베르크의 비서를 역임했다. 그 쇤베르크가 1536년에 코페르니쿠스에게 보낸 서간이 『회전론』의 첫머리에 게재되어 있는데 거기에는 코페르니쿠스의 이론으로서 "지구가 움직인다는 것, 태양은 우주의 가장 낮은 곳, 따라서 중앙 위치를 점하고 있다는 것, 제8천구[항성천]는 영원히 움직이지 않으며 고정된 채라는 것"이라고 올바르게 기술한 뒤에 "만약 당신에게 폐가 되지 않는다면, 당신의 발견을 글을 좋아하는 학자들에게 알려주시도록, 그저 당신에게 강하게 청하고자 한다"라고 그 공표를 적극적으로 촉구했다.[185] 이런 까닭으로 코페르니쿠스는 고위 성직자 지식인들의 반응은 낙관적으로 전망했으리라고 생각된다.

다른 한편으로 코페르니쿠스는 쏟아질 통속적인 비판에 대해서는 이 '서문' 첫머리에서 큰 우려를 표명했다.

만약 제가 지구는 움직인다고 주장했다면 움직이지 않는 지구가 하늘의 한가운데에, 이른바 그 중심에 놓여 있다는 의견이 몇 세기나 지속된 판단에 일치하고 있음을 아는 사람들이 어처구니가 없어서 도저히 듣고 있을 수 없다고 판단할 것이라고 저 스스로도 생각했습니다. ……[저의 이] 견해의 신기함과 부조리함 때문에 저는 경멸당

하는 것이 두려워, 기획했던 저술을 완전히 중지해 버릴까 생각했을
정도입니다.[186]

『회전론』본문에서도 우주 중심에서 지구가 정지해 있다는 데 반
대의견을 내세우는 것을 많은 저자들이 '비웃을 만한ridiculus' 것이며
'경멸할 만한 것contemnendus'이라 간주하고 있다고 기술했다.[187]
   프톨레마이오스도 천공이 정지해 있고 지구가 지축 주변으로
서쪽에서 동쪽으로 회전한다고 주장하는 사람들에 대해 하늘의
현상에 대한 설명으로서는 가능함을 인정한 뒤에 말했다.

   그렇지만 이 지상 및 대기 중에서 생길 것을 고려한다면 그러한 생
   각이 극히 우스운 것임을 알아챌 수 있음을 그 사람들은 이해하고 있
   지 않다.[188]

   요컨대 지구의 운동이라는 관념은 프톨레마이오스의 시대 이
래 코페르니쿠스의 시대까지 '우습고' '어리석은 일'이었다. 그것
은 『회전론』에서 태양의 정지와 지구의 운동을 기술할 때 "따라
서 우리는 다음[지구의 공전]을 인정해도 **부끄럽다고는 생각하지 않
는다**non pudet"[189]라는 코페르니쿠스의 말에서 인상적으로 표명되
어 있다. 실제로 신학적인 이단 혐의를 우려했었다면 '부끄럽'다
는 표현을 쓸 일은 없었을 것이다.
   자신의 이론을 공표하기를 오랜 세월에 걸쳐 주저한 코페르니
쿠스가 무엇보다도 걱정하고 두려워한 것은, 성서를 방패로 삼은

고상한 교의에 기반을 둔 교회의 사문이나 견책이 아니라 오히려 자기 이론의 '신기함과 부조리novitas & absurditas'가 일반 상식이나 통설에 정면으로 반하기 때문에 웃음거리가 되는 것이었다.[*18]

11. 코페르니쿠스의 자연학

여하튼 코페르니쿠스는 자신의 이론이 인정받기 위해서는 지구가 확실히 움직이고 있다는 경험적 증거를 제시할, 혹은 자연학적인 근거를 전개할 필요가 있었다. 물론 그러한 필요성은 코페르니쿠스가 주장한 태양 중심설이 기술記述의 원점을 지구가 아

[*18]　통설과는 달리 이론의 공표를 주저한 코페르니쿠스의 도회벽韜晦癖에 관해 제자 레티쿠스는 당초 코페르니쿠스는 자신의 이론에 기반하여 계산한 결과를 이론적 설명을 빼고 천체표로 만들어 출판할 것을 생각했다고 증언했다.
"이렇게 하면 그[코페르니쿠스]는 철학자들 사이에서 논의를 자극하는 일은 없을 것이다. 웬만한 수학자라면 운동을 옳게 계산할 수 있을 것이다. 참된 학자라면 기록되어 있는 수치로부터 그 모든 도출의 근거가 된 원리나 원인에 도달할 수 있을 것이다. …… 그리고 철학 탐구에서는 그 내적인 비밀을 학식 있는 자들, 숫자에 능숙한 사람들을 위해서 준비해 두어야 한다는 피타고라스의 원리가 지켜지게 될 것이다"(『제1해설』, Rosen역, *TCT*, p. 192f).
이것을 읽어보면 코페르니쿠스는 그저 일반 세간의 조소가 무서웠던 것뿐만 아니라 신이 내려준 지혜, 세계의 진리는 선택된 사람들만의 것이고 멋대로 대중에게 밝혀서는 안 된다는, 고대 이래 서유럽 엘리트 지식인의 통념을 공유하고 있었을지도 모른다는 인상을 받는다. 만약 그렇다면 적극적으로 인쇄업에 나서 과학서 출판에 힘을 기울인 레기오몬타누스와 달리 코페르니쿠스는 완전한 근대인이 되지 않았다고 말해야 할 것이다.

니라 태양에 둔다는 단순한 수학적 편의의 문제로서가 아니라 우주론적 주장으로서라는 것을 전제로 했다. 그러나 어쨌든 코페르니쿠스는 지구의 움직임을 직접 나타내는 증거를 갖지 않았다. 『회전론』이 출판되고 나서 130년 이상이나 지난 1674년 로버트 훅의 논고 「관측으로 지구의 운동을 증명하려는 시도」는 다음과 같이 시작한다.

> 지구가 움직이고 있는가 그렇지 않으면 정지하고 있는가 하는 문제는, 이 문제를 코페르니쿠스가 부활시킨 이래 우리 시대 가장 뛰어난 천문학자나 철학자들을 시험해 왔는데 그 어느 설에 대해서도 확실한 증거를 발견한 자는 없다.[190]

그러나 태양계에 대한 프톨레마이오스 이론과 코페르니쿠스 체계의 우열이라는 문제를 설정한다면 그것을 판별할 관측수단이 원리적으로 없지는 않았다. 지구와 태양만을 보면 운동은 완전히 상대적으로, 어느 쪽이 움직이고 있는가를 말하는 것은 의미가 없다. 그러나 제3의 물체를 끼워 넣으면 이야기는 달라진다. 그 제3의 물체로서는 항성 내지 행성을 생각할 수 있다.

먼저 항성을 생각해 보자. 항성 천구와 태양이 정지하고 지구가 그 태양 주변을 공전한다면 항성이 보이는 방향이 1년 주기로 변동할 ─연주시차가 관측될─ 것이다. 그러나 실제로는 항성까지의 거리가 그 시대까지 생각하던 것보다 훨씬 컸고, 연주시차 크기는 당시의 관측정밀도 한계를 넘어서 검출 불가능했다(이 문제는 우주의 크기와 관련되며 그것은 코페르니쿠스 이론이 아리스토텔레스 우주론에 저촉하는 또 하나의 주요한 논점인데, 이 점은 다음 장에서 살펴볼 것이다[Ch. 6. 3]).

제3의 물체로서 행성을 두고 지구와 행성과 태양의 삼자 관계를 고려해도 지구중심이론과 태양중심이론의 차이가 드러난다. 프톨레마이오스 이론에서는 지구에서 볼 때 화성은 항상 태양보다 멀리 있기 때문에 화성의 시차는 태양의 것보다 항상 작다.[19] 다른 한편 코페르니쿠스의 체계에서는 태양 – 화성 사이의 거리는 태양 – 지구 사이의 약 1.5배로(표5.1), 화성이 태양보다 지구에 접근할 때가 있다. 실제로 화성이 가장 지구에 근접할 때 지구에서 화성까지의 거리가 지구 – 태양 사이의 3분의 1 정도가 되고 이때 지구에서 본 화성의 시차는 태양 시차(일주시차)의 3배 정도가 될 것이다.[20] 그러나 그 판별은 당시의 관측정밀도(한계가 10분 정도)로는 불가능했다. 실제로 태양 – 지구 사이는 정확하게는

---

[19]   이 경우 '시차'는 지구상의 다른 점에서 봤을 때의 방향 차이를 가리킨다. 통상은 천체를 바로 위에서 볼 때의 방향과 6시간 뒤에 지평선상에서 볼 때의 방향의 차(일주시차)를 의미한다.

[20]   그림 1.9 (a)에서 태양 S 주변을 주회하는 행성 궤도의 반경 $\overline{SP_i}$가 지구 궤도의 반경 $\overline{ST_i}$의 1.5배라면 충opposition 상태(그림의 T_4와 P_4)에서는 $\overline{T_4P_4} = \frac{1}{2}\overline{ST_4}$가 되지만 실제로는 궤도가 원형에서 벗어나 있기 때문에 가장 접근했을 때 우변의 인자는 3분의 1 정도가 된다. 이 논의는 태양이 정지지구 주변을 주회하고 그 태양 주변을 화성이 주회하고 있는 경우(나중에 볼 티코 브라헤의 체계)에도 들어맞는다. 그 때문에 이것을 관측할 수 있다면 실제로는 코페르니쿠스와 티코의 체계 중 하나가 옳게 된다.

지구 반경의 약 2만 2000배, 따라서 태양의 시차는

$$\theta \coloneqq \tan \theta = \frac{1}{22,000} \times \frac{180 \times 60 \times 60''}{\pi} = 9''.$$

코페르니쿠스 이론에서 화성은 태양 – 지구 사이의 약 3분의 1 거리까지 지구에 근접하므로 그 시차는 최대에서 $9'' \times 3 = 27'' \coloneqq$ 0.5'가 되지만, 그래도 당시의 관측 한계를 한 자릿수 이상 밑돌았다.[21]

사정은 그 뒤 1세기 이상, 망원경이 발명되고 나서도 바뀌지 않았다. 잉글랜드의 제임스 브래들리는 1725년부터 1728년에 걸쳐서 항성에서 보는 빛의 방향이 지구 운동 때문에 변동하는 현상을 검출해서 지구가 운동하고 있다는 사실을 직접 보여주었다.[22]

코페르니쿠스 시대에 지구 운동의 직접적인 '증거'를 보여줄 수 없다면 그에 관련된 것으로서 지구의 운동 ―적어도 지구가 태양 주변을 주회하는 운동(공전)과 자축 주변의 회전(자전)― 을 가능케

---

[21]   실은 당시 태양-지구 사이의 거리는 이 $\frac{1}{20}$ 정도로 생각되었다[Ch. 1. 8]. 이 경우에 시차는 태양에 대해 $9'' \times 20 = 3'$, 화성에 대해 최대 이 3배의 9분으로 어림잡을 수 있다. 따라서 당시의 관측정밀도(10분)를 한 자릿수 향상시킨 티코 브라헤는 관측 가능하다고 믿었고, 1582년에 화성이 가장 접근하는 충 상태에서 관측을 행하여 1시, 화성이 태양보다 큰 시차를 보임을 검출했다고 판단하여 "코페르니쿠스의 발견 때문에 믿도록 강요당했다"라고 술회했다(*TBOO*, Tom. 7, 129; Schofield(1981), p. 57). 그러나 이것이 오류임을 케플러가 1609년 『신천문학』 제11장에서 밝혔다.[191]

[22]   실제로는 브래들리가 발견한 이 현상 ―광행차― 은 광속과 지구 표면의 속도비가 유한하다는 것에서 유래한다. 지구의 공전운동으로 항성의 방향이 변동하는 연주시차의 첫 측정은 1838년에 독일의 프리드리히 베셀이 행했다.

하는 설득력 있는 새로운 자연학을 말해야 했다.

이것은 4원소(흙, 물, 공기, 불)로 이루어진 정지지구와 제5원소(에테르)로 이루어져 원운동을 그 속성으로 갖는 천체라는 아리스토텔레스의 이원론을 코페르니쿠스 이론이 실질적으로 부정했기 때문에 특히 중요했다.

하늘과 땅이 별세계인 한에서는 흙이나 물로 이루어진 우주의 중심에 정지하는 것도, 하늘의 물체가 완전한 운동으로서의 원운동을 영원히 계속하는 것도 각자의 다른 자연 본성natura에서 유래한다고 하고 끝낼 수 있었다. 실제로 아리스토텔레스의 자연학에서는 하늘의 물질은 완전하고 불변, 불멸하기 때문에 그 자연운동으로서 시작도 끝도 없는 영원한 원운동을 행한다고 '논증'되었다. 원래부터가 하늘의 물질은 '무거움'도 '가벼움'도 갖지 않으므로 하강하지도 상승하지도 않는다. 다른 한편으로 지상세계의 물질은 '무겁거나' '가볍거나' 둘 중 하나이기 때문에 그 자연운동은 낙하하든가 상승하든가 둘 중 하나이다. 이때 돌이나 흙이나 물과 같은 중량물체가 높은 곳에서 자유로워졌을 때 수직으로 낙하하는 것은 그것들에게는 우주의 중심이 그 본래의 장소이기 때문이고, 일단 그 본래의 장소에 도달하면 밖에서부터 강제가 작용하지 않는 한 자발적으로 움직이기 시작하는 일은 없다.

이 자연관은 천 수백 년에 걸쳐 생명을 유지했다. 14세기 잉글랜드의 초서의 시는 이렇게 노래한다.

자연계에 존재하는 온갖 것들은 가장 잘 보존될 수 있는 본래의 장소를 갖고 있다. ……

어떤 것이든 모두 본래의 장소로부터 벗어날 때가 있어도, 그 생래적 성향 때문에 그 장소로 이동해 온다.

자, 이렇게, 돌 혹은 납처럼 무거운 것, 바꿔 말하면 중량물을 아무리 높이 가져가려 해도, 손을 놓아보라, 그것이 반드시 떨어지는 것을 너는 항상 보게 될 것이다.

불, 소리, 연기 혹은 다른 가벼운 것들에 관해서도 필시 이렇게 말할 수 있다. 항상 높은 곳을 구한다고. ……

가벼운 것은 위쪽으로, 무거운 것은 아래쪽으로 향한다.[192]

이렇게 아리스토텔레스의 자연학은 우주와 자연에 관한 일상경험에 잘 들어맞도록 단순하고 누구나 알기 쉽도록 설명을 했던 것이다.

지구를 행성의 무리에 넣는 것은 이 아리스토텔레스의 자연학과 그 배후에 있는 이원적 세계를 파기하는 것이고, 지구와 다른 행성 쌍방의 운동에 대해 공통적으로 적용 가능한 설명원리, 그 자연학적(인과적) 근거, 또한 지상의 물체가 지구와 운동을 공유하는 근거가 즉시 문제가 된다. 그에 대한 코페르니쿠스 나름의 '회답'은 『회전론』 제1권에 있다. 이하 1권의 여러 장에 흩어져 있는 기술을 정리하여 그의 논의를 재구성해 보자.

코페르니쿠스 논의의 전제 중 하나는 지구를 포함하는 모든 천체의 모든 구성부분에 그 자기형성의 원리로서 '무게'를 부여하는 것이고, 또 하나는 운동학의 원리로서 구형물체가 행할 수 있는 운동은 중심 주변의 일정한 회전뿐이라고 요청하는 것이다.

그 전제에 관해 같은 책 9장에서는 "부분들이 자발적으로 하나로 모여 구형으로 응집하는" "만물의 제작자의 신적인 섭리가 부분들에 부여한 어떤 자연적 욕구appetentia naturalis"로서의 "무게gravitas"가 지구만이 아니라 "태양에도, 달에도, 행성들이라는 다른 빛나는 것에도 내재한다"라고 말한다. 즉 코페르니쿠스의 자연학에서는 지구를 포함하는 모든 천체는 그 구성부분이 하나가 되어 구형을 지키려고 하는 욕구로서의 '무게'를 각자 갖고 있다. 지구를 비롯해 모든 천체가 구 모양이 되는 것도, 또 운동하고 있는 지구에 대기나 지상의 물체가 수반하는 것도 모두 이 성질 때문이다.[193] 이로써 지구가 세계의 중심에 위치할 필요성은 없어진다.

그리고 후자(운동학의 원리)에 관해서는 같은 4장과 8장에서 구형물체(구체, 구각, 구면)의 자연운동은 그 위치를 변화시키지 않는 중심 주변의 회전운동(자전)뿐이라고 간주된다. 즉

구의 운동은 원 모양의 회전이고, 이로써 구는 스스로를 가장 단순한 형상으로 나타낸다. 그 운동에는 시작점도 끝점도 없으며, 환언하자면 시작점과 끝점이 구별되지 않고 동일 부분을 자신이 통과해 간다.

나아가 이때 "원운동은 항상 일정하게 회전한다"가 요청된다. 왜냐하면 [그 운동의] 원인은 다하는 일이 없기 때문이다".[194]*23 그리고 8장에서는 이 원리에 준하여 지구가 그 '무게' 때문에 "구

형의 표면에서 한계 매겨지는" 것으로부터, 그 자전의 진실성을 '논증'한다.

> 왜 우리는 그 한계를 모르고 알 수도 없는 우주에 대해 운동을 인정
> 하기보다도 대지의 모양 그 자체에 자연 본성적으로 적합한 운동을
> 인정하기를 주저하는가. 또 왜 우리는 일주회전에 관해 하늘에는
> 그 외양apparentia이 있고, 지구에는 그 진실veritas이 있음을 인정하면
> 안 되는 것일까.[195]

이 논의는 4장에서는 구 모양의 천체만이 아니라 천체를 고착시켜 운반하는 행성 천구에서도 부연된다. 그리고 그 천구의 회전이 각 행성의 주회운동을 설명한다. 따라서 지구 공전의 진실성도 논증된다. 이때 실제로 관측되는 행성의 운동이 일정하지 않다는 것에 관해서는 "천계의 단순물체가 단 하나의 구각orbis에서 부등하게 움직이는 일은 있을 수 없다". 왜냐하면 그러한 것이 일어난다면 "외재적인 것이든 내발적인 것이든 구동력이 항상적이지 않거나 그렇지 않으면 회전하는 물체[구각]의 변동이 있어야 하지만 지성知性은 그 어느 쪽도 기피"하기 때문이며, 그로 말미암아 복수의 구각이 각자의 행성을 움직인다. 관측되는 운동이 일

---

*23   후반에 쓰인 '원인은 다하는 일이 없다'라는 말은 구형물체의 자전으로는 아무리 회전해도 처음과 동일 상태에 있기 때문에 처음과 동일한 '원인'이 작용하고 있다는 말 같다.

정하지 않은 이유에 관해서는 "그 원들의 극이 여러 가지이기 때문이거나 또는 지구가 그 원들의 중심에 없기 때문"이라고 논의는 진행된다. 그리고 5장에서 "행성들이 대지에 근접하거나 멀어지거나 하는 것이 확인되는 것은 대지의 중심이 그것들의 [행성의 운동이 그리는] 원의 중심이 아님을 필연적으로 입증한다"라고 지구의 비중심성을 논증한다.[196][*24]

이 해석은 코페르니쿠스가 생각했던 천구가 물리적·실재적인 것이라는 전제로 진행되고 있지만 물론 코페르니쿠스는 지구에 대해서도 다른 행성과 마찬가지의 천구(구각)를 생각했다. 10장에서는 말한다.

> 모든 행성은 동일한 중심과 관련되어 있고 금성의 볼록구면과 화성의 오목면 사이에 필연적으로 공간이 남겨져 있게 된다. 그리고 그 공간도 또한 그 면이 이 구면들과 동심적인 구각 내지 구orbem quoque sive sphaerum로서 확정될 터이고, 그 구각이 지구를 그에 따르고 있는 달 및 달의 구lunari globus 안에 포함되는 모든 것과 함께 수용되기 때문이다. ······달[의 구]이 감싸는 모든 것 및 지구의 중심은 다른 행성들 사이의 이 큰 구각에 의해per orbem illum magnum 연주회전으로 태양 주변을 이동한다.[197][*25]

[*24] "그 원들의 극이 여러 가지이다diversos illorum polos circulorum"라는 말의 의미는 "그것들이 여러 회전축을 갖는다"라는 웨스트먼Westman(1975d, p. 314)과 자르댕N. Jardine(1982, p. 182)의 해석이 타당하다고 생각된다.

[*25] 포이어바흐의 『신이론』에서는 'orbis'(구각)과 'sphaere'(구)가 구별되어 있었

이렇게 코페르니쿠스는, 지구의 자전은 지구 구 형성의 직접적인 효과이며, 또한 지구를 포함하는 모든 행성이 태양 주변을 주회하는 것을 그것들을 고착시켜서 운반하는 천구의 구 형성에서 유래하는 자연운동으로서 설명한다.[26]

다. 그러나 스워들로에 따르면 코페르니쿠스의 『회전론』에서는 orbis와 sphaere가 같은 의미로 사용되고 모두 '구', '구각', '구면'의 의미를 갖는다(1976, pp. 117, 122, Appendix I). 실제로 『소논고』의 「요청 1」에서도 orbium caelestium sive sphaerarum이라 한다. 에이튼도 또한 『회전론』 1권 10장에서 코페르니쿠스는 'orbis'를 명시적으로 두 구면을 갖는 구각spherical shell이라는 의미로 말했다"라고 지적했다(1981, p. 96). 따라서 per orbem illum magnum 부분에서 orbis magnus라 표현되는, 화성의 오목구면과 금성의 볼록 구면으로 둘러싸인 지구와 달 궤도를 포함하는 공간을 여기서는 '큰 구각'이라 번역했다. 高橋(다카하시)역의 '저 위대한 천구에 따라'도 거의 같은 의미로 사용되었다고 생각되는데, 인용문에서는 새로이 외면과 내면으로 끼인 두께가 있는 구각을 가리킨다고 생각되므로 '천구'보다도 '구각' 쪽이 좋다고 생각된다. Rosen역에서는 traverse that great orbital circle, Wallis역에서도 'traverse this grand circle'로 모두 'orbis magnus'를 2차원 원으로서의 지구 궤도라는 의미로 해석하고 있는 듯하므로 이것은 채용하지 않았다. 또한 이 부분의 per를 高橋(다카하시)나 Rosen이나 Wallis의 역에서는 'along' 내지 through의 의미로 해석하고 있는데, 스워들로의 해석 "orbis magnus, 이것은 지구와 달을 태양 주변으로 나르는carry 사물이다"(1976, p. 150)에 따라서 여기서는 by의 의미로 했다. 레티쿠스의 『제1해설』에서 이에 대응하는 부분은 "화성의 구의 오목구면과 금성의 볼록 구면 사이에는 광대한 공간amplum spacium 이 있고, 지구는 달의 구에 포함되는 원소들과 함께 큰 구각에 의해 주회한다ab Orbe circum ferri"라고 하며(*JKGW*, Bd. 1, p. 103; Rosen역 *TCT*, p. 144), 마지막 부분은 Rosen역에서는 'revolves in a great circle'인데 여기서도 Swerdlow역은 'is carried around by a certain Great Sphere'(1976, p. 122)이다.

[26]　코페르니쿠스가 행성 천구의 실재를 믿고 있었는지를 둘러싼 스워들로와 로즌의 논쟁(이 장의 5절)에 대해 언급하자면, 코페르니쿠스의 이 운동 이론에 기초하는 한 그가 천구의 실재성을 믿고 있었다고 하는 스워들로의 견해가 옳다

그러나 이것만으로는 너무나 설득력이 떨어진다. 실제로 구형 물체의 자연운동이 원운동이라고 말해도 그것이 운동의 동력학적 원인을 설명하지는 않는다. 요컨대 태양도 항성천도 구형이지만 코페르니쿠스의 이론에서 이것들은 모두 회전하지 않는다. 그렇다면 구형물체라 해도 그것이 실제로 회전하기 위해서는 외적 원인이 필요하다고 간주된다는 얘기가 된다. 혹은 태양이나 항성천이 회전하지 않는 것보다 고차의 근거가 요구된다. 『회전론』에는 "그것에 더해 부동성이라는 상태는 변화나 불안정성이라는 상태보다 한층 고귀하고 신성하다고 생각된다. …… 나아가서는 감싸여 위치가 정해지는 것, 즉 지구가 아니라 감싸서 위치를 정하는 것에 대해 운동을 부여하는 것은 완전히 어리석은 일이라 생각된다"라고 하며 이 논의를 태양과 항성천이 정지해 있다는 근거라 생각하고 있을지도 모르나, 명시적으로는 그렇게 쓰여 있지 않다.[198][*27]

애초에 구상물체의 운동이 원운동이라는 주장은 코페르니쿠스가 창안한 것은 아니다. 레티쿠스는 『제1해설』에서 "우리 스승은

고 생각된다. 이 점에 관해서는 '행성의 운동을 설명하기 위해서는 반드시 필요했기 때문에 물질적인 행성 천구material planetary spheres의 존재를 믿은 코페르니쿠스'라는 쿠아레koyré의 지적이 정곡을 찔렀다(1957, p. 31, 일역, p. 24).

[*27]   이 점에서 구형 물체이면서도 태양이나 항성 천구의 회전을 인정하지 않던 것이나 그 외의 자연학적 불충분성이 코페르니쿠스가 『회전론』의 출판을 주저한 한 이유라는 해석도 있다(Barker, 1990, p. 320). 그러나 이것은 너무 지나친 생각 같다.

메이커스 주니어

만들며 배우는 어린이 과학잡지

(초중등 과학 교과 연계!)

교과서 속 과학의 원리를 키트를 만들며 손으로 배웁니다.

메이커스 주니어 01

50쪽 | 값 15,800원

홀로그램으로 배우는 '빛의 반사'

Study | 빛의 성질과 반사의 원리

Tech | 헤드업 디스플레이, 단방향 투과성 거울, 입체 홀로그램

History | 나르키소스 전설부터 거대 마젤란 망원경까지

make it! **피라미드홀로그램**

메이커스 주니어 02

74쪽 | 값 15,800원

태양에너지와 에너지 전환

Study | 지구를 지탱한다, 태양에너지

Tech | 인공태양, 태양 극지탐사선, 태양광발전, 지구온난화

History | 태양을 신으로 생각했던 사람들

make it! **태양광전기자동차**

메이커스

정식 한국어판 大人の科学 韓国語版

---

vol.1

70쪽 | 값 48,000원

천체투영기로 별하늘을 즐기세요!
이정모 서울시립과학관장의
'손으로 배우는 과학'

make it! 신형 핀홀식 플라네타리움

---

vol.2

86쪽 | 값 38,000원

나만의 카메라로 촬영해보세요!
사진작가 권혁재의
포토에세이 사진인류

make it! 35mm 이안리플렉스 카메라

---

vol.3

Vol.03-A 라즈베리파이 포함 | 66쪽 | 값 118,000원
Vol.03-B 라즈베리파이 미포함 | 66쪽 | 값 48,000원
(라즈베리파이를 이미 가지고 계신 분만 구매)

라즈베리파이로 만드는
음성인식 스피커

make it! 내맘대로 AI스피커

---

vol.4

74쪽 | 값 65,000원

바람의 힘으로 걷는 인공 생명체
키네틱 아티스트
테오 얀센의 작품세계

make it! 테오 얀센의 미니비스트

---

vol.5

68쪽 | 값 218,000원

사람의 운전을 따라 배운다!
AI의 학습을 눈으로 확인하는
딥러닝 자율주행자동차

make it! AI자율주행자동차

신성한 시대의 위대한 수학자 플라톤과 피타고라스를 따라 지구의 구형에는 원운동이 속해야 한다고 생각했다"라고 기록했다.[199] 그리고 아리스토텔레스의 『천체론』에서는 "본성상 항상 원운동하는 둥근 물체"라 했다.[200] 그리고 또 '구형의 자연 본성' 혹은 '감싸는 것, 감싸인 것'이라는 표현이나 그 자연 본성에 적합한 운동이 원운동이라는 논증방식은 아리스토텔레스의 개념이나 논법의 흔적이며, 코페르니쿠스의 논의는 이걸로 끝난다.

코페르니쿠스의 자연학은 태양 중심이라는 자신의 우주체계에 저촉하지 않는 한에서 아리스토텔레스 자연학의 요소들을 사용해 만들어져 있으며, 아리스토텔레스 자연학을 근본적으로 개혁하는 것은 아니었다. 실제로 논의의 근본에서는 이원적 세계상을 부정하면서 그 이원적 세계를 전제로 하여 말해온 플라톤 이래의 원운동 도그마에 사로잡혀 있었고 아리스토텔레스 이래의 실재적 천구에 기초했다. 그런 한에서 정합적인 자연학의 형성은 처음부터 기대할 수 있었을 것 같지 않다.

코페르니쿠스가 자연학적 고찰을 전개한 곳은 『회전론』 제1권뿐이며 그 내용도 기본적으로는 여기까지로, 문제를 그 이상 깊이 파고들지는 않았다. 페이지수로 전체의 9할 가까이를 점하는 제2권 이후에 코페르니쿠스의 논의는 오로지 수학 ─궤도의 기하학)─ 에 한정되어 있다. 새로운 자연학을 전면적으로 전개하는 것은 코페르니쿠스의 본래 관심 밖이었고, 물론 버거운 것이기도 했다. 자신의 '서문'에 썼듯이 "수학은 수학자를 위해 쓰여 있다"라는 것이다.[201]

결국 코페르니쿠스가 행한 것은 태양을 중심으로 하는 우주의 수학적 기술이 가능하고 또한 현상을 잘 설명함을 보여준 것으로, 거의 그걸로 끝이다. 그의 『회전론』의 최대 특징은 단지 태양 중심의 우주상을 말한 것만이 아니라 그것을 엄밀한 수학적 논의로서 전면적으로 전개했고 자신의 것도 포함해 프톨레마이오스 이래 동시대에 이르기까지 축적된 관측 데이터로 정량적으로 검증했다는 것이다. 그것은 코페르니쿠스 이외에 누구도 할 수 없었던 것으로 실로 『회전론』은 '위대한 책'이라 불린 프톨레마이오스의 『알마게스트』 이래 1300년이 지나 비로소 출현했고 『알마게스트』에 맞설 수 있었던, 빠짐없이 갖추어진 포괄적인 천문학서였다. 이렇게 그 기술은 수학적 천문학으로서는 확실히 치밀하고 중후한 역작이다. 그러나 자연학적·철학적 우주론으로서는 부상한 문제의 크기나 심각함에 비해 너무나 불충분했다.

『회전론』 출판 직후에 조바니 마리아 토로사니는 이를 꿰뚫어 보았다.

코페르니쿠스는 수학과 천문학에서는 수완가이지만 자연학과 변증법에서는 완전히 뒤떨어져 있다. …… 학문에 충분히 능통한 사람들을 모아 그들에게 지구의 운동과 하늘의 부동성을 논하는 코페르니쿠스의 [『회전론』] 제1권을 읽어보게 하라. 그렇게 하면 그들은 틀림없이 그의 주장에는 설득력이 없고 손쉽게 논구할 수 있다고 생각할 것이다. 왜냐하면 오랫동안에 걸쳐 모든 사람들이 극히 강력한 이유 때문에 수용해 온 생각에 이의를 제기하는 자는 그 이상으로 강력하고 논쟁의 여지가 없는 증명을 사용해 반론의 근거를 완전히 처부수지 않는 한 지금까지 수용해 온 견해를 부정하는 것은 어리석은 일이기 때문이다. 그러나 코페르니쿠스는 전혀 그렇게 하지 않는다.[202]

우주론으로서 코페르니쿠스 이론을 인정한 자들도 코페르니쿠스 자연학의 불충분성은 지적했다. 1585년에 조르다노 브루노는 코페르니쿠스를 과거의 가장 뛰어난 철학자이자 통설로부터 자신을 해방시킨 인물이라고 평가하면서도 "그러나 그는 자연학보다는 수학 연구자였기 때문에per che lui più stadioso de la matematica che de la natura, 충분히 깊이 통찰할 수 없었다"라고 보충했다.[203] 독일의 초기 코페르니쿠스주의자로 케플러에게 코페르니쿠스 이론을 개안시켜 준 미하엘 메스트린은 청년시절인 1570년에『회전론』을 구입한 이래 50년에 걸쳐 그 난외에 감상이나 주석을 써넣었다고 알려져 있다. 그중에서 "코페르니쿠스는 이 책 전체를 자연학자로서가 아닌 천문학자로서 썼다non ut physicus sed ut astronomus script"라는 메모가 발견되었다.[204]

코페르니쿠스 이후에 지구가 불활성하고 천한 물질이 아니라 스스로의 안에 능동적인 활성원리를 갖춘 물질이라고 하여, 지구의 운동에 대한 자연학적 근거를 부여했다고 생각되는 것은 코페르니쿠스가 사망하고 반세기 이상이 지난 뒤에 영국의 윌리엄 길버트가 발견한 지구가 거대한 한 자석이라는 사실이었다. 이즈음의 소식에 관해서 필자는 이전의 책인『자력과 중력의 발견』에서 상술했으니 여기서는 보충을 약간 더하는 데 그치기로 하자. 길버트의 책 『자석론』이 출판된 것은 1600년인데, 그 5년 뒤에 네덜란드의 기술자 시몬 스테빈은 지구의 운동에 관해 이렇게 말했다.

이 [지구의] 운동은 코페르니쿠스가 어떠한 자연학적 논의도 증명도 없이 그저 제창했을 뿐이었으므로 그 가정으로 나는 오랫동안 고뇌했다. …… 그러나 그 뒤 윌리엄 길버트가 쓴 거대한 지구의 자기에 관한 저서가 출판되었는데, 내가 보기에 그는 여기서 이 [지구] 운동의 자연학적 근거를 지적하고 밝혔다.[205]

실제로도 케플러는 길버트의 책이 출판된 직후에 이 길버트의 발견이 "코페르니쿠스를 옹호하기 위해 나의 논의에 결락되어 있었던 것을 보충해 주는 듯 생각된다"라고 말하며 길버트의 자력을 천체 간의 인력으로 비약시켰다. 이 자력에 따른 천체 사이의 힘과 케플러 자신이 발견한 행성 운동의 법칙이 나아가서는 케플러가 제창한 자연학(물리학)으로서의 천문학을 촉진하게 되었다.[206]

어쨌든 이리하여 코페르니쿠스는 지구 중심의 행성 운동 이론으로부터 태양을 중심으로 하는(실제로는 지구 궤도의 중심을 중심으로 하는) 체계로서의 행성계 이론으로 전환했다. 그러나 코페르니쿠스의 이론은 극히 중요한 점에서 더욱 개량과 변화, 그리고 비약을 필요로 하고 있었던 것이다.

코페르니쿠스의 천문학 개혁의 중심은 물론 인구에 회자되는 지동설의 제창이지만 그 핵심은 천문학적·수학적으로는 그럼으로써 태양계 전체를 한 개의 '체계system'로서 파악했던 것에 있고, 철학적·자연학적으로는 지구를 행성의 일원으로 넣음으로써 천상세계와 달 아래 세계를 나눈 아리스토텔레스 이래의 이원론적 세계상 및 비천한 땅과 고귀한 하늘이라는 중세적 위계를 부정하고 일원적 세계로 가는 길을 열었다는 데 있다. 그것은 또한 그때까지 자연철학의 하위에 놓였던 천체 운동 예측기술로서의 수학적 천문학이 그 상위에 위치하고 있던 철학적·우주론적 문제에 직접적으로 개입함으로써, 학문적 위계 그 자체에 손을 댔음을 의미한다. 독일인 연구자 콘라트 뮐러Konrad Müller가 코페르니쿠스의 『회전론』 출판이 '근대의 참된 시작'이라고 간주할 수 있다고 평가한 것[207]은 이런 의미에서 이해할 수 있다.

그러나 궤도천문학의 수준에서 보는 한 코페르니쿠스는 원궤도와 등속회전이라는 고래의 도그마에 사로잡혀 있었다. 그는 그 틀 내에서 이론으로서의 정합성을 높여 전체의 조화를 이루도록 프톨레마이오스 이론을 고쳐 쓴 것이다. 그런 한에서 철학자 노우드 러셀 핸슨Norwood Russell Hanson이 말하듯이 "코페르니쿠스는 위대한 정통적 행성 이론의 최후에 위치한다고 간주할 수 있다".[208]

덧붙여 두자면 이 장의 소주전원을 둘러싼 논의에서 프톨레마이오스의 등화점 이론과 명확하게 비교하기 위해 "이심점 F의 위

치에 태양 S가 있다"라고 간단하게 설명해 두었지만 『소논고』에
도 '요청3'에서 "우주의 중심은 태양에 가까이 존재한다circa Solem
esse centrum mundi"라고 나오듯이,[209] 코페르니쿠스 이론에서는 행성
궤도의 이심점 위치에 있는 것은 정확히는 태양이 아니라 '평균태
양', 즉 지구 궤도의 중심이다. 코페르니쿠스에게 잔존하는, 지구
의 특별취급으로서 드레이어Dreyer가 말하듯이 "그 때문에 이 새
로운 이론에서도 지구는 예전부터 내려온 이론[천동설]과 거의 마
찬가지로 중요한 위치를 점했다".[210] 지구의 특별취급은 지구를
운반하는 구를 '큰 구[각]'이라고 한 코페르니쿠스의 표현에서도
현저하게 확인할 수 있다.

코페르니쿠스 천문학은 궤도 이론에서도 이렇게 불충분한 면
을 여럿 남겼다.

다른 한편 자연학적 측면에서는 코페르니쿠스 이론은 많은 문
제를 새롭게 제기하게 되었는데, 그 문제들을 미해결인 채로 방
치했다. 실제로 "코페르니쿠스 학설을 수용하는 것은…… 이미
해결되었다고 생각되던 여러 종류의 자연학적 문제가 돌연 미해
결 문제가 된다는 것도 의미했다"라는 것이었다.[211] 그런 한에서
"코페르니쿠스는 태양중심이론이 자연철학에 불러일으킨 귀결을
고찰하지 않았다". 아니, 무릇 "코페르니쿠스 자신조차 그의 이론
이 함의하고 있는 '지구'나 '운동'의 새로운 의미를 간신히 힐끔 엿
보았던" 것에 지나지 않았다.[212]

따라서 천문학의 참된 변혁을 위해서는 한편으로는 코페르니
쿠스가 아직도 사로잡혀 있던 원운동이라는 속박과 지구의 특별

취급으로부터 해방되어야 했고, 동시에 일원화된 세계의 새로운 우주상에 대응하여 천문학에 대한 근본적으로 새로운 시각, 즉 천문운동에 새로운 자연학적 기초를 마련하고 천문학의 새로운 학문적 신분을 확정할 필요가 있었다. 특히 원궤도에서 해방되기 위해서는 과거 데이터의 새로운 해석뿐만 아니라 새롭고 보다 정밀도가 높은 데이터, 그리고 그와 동시에 지금까지 간과해 온 현상을 새로운 입장에서 다시 보는 계기도 필요하게 되었던 것이다. 태양 중심설을 관측으로 뒷받침하는 참된 천문학 이론으로서 만들어 내는 과정은 레기오몬타누스가 시작하여 발터가 계승한 정밀하고 계통적·지속적인 관측의 전통을 더욱 발전시킨 티코 브라헤와, 그 티코의 데이터에 기반하여 행성 운동의 법칙을 발견한 요하네스 케플러에게 맡겨졌다.

> 확실히 코페르니쿠스는 부진에 빠졌던 [천체] 운동의 학문을 재흥하는데 크게 공헌했고 오늘날의 천문학은 선조들의 시대보다 훨씬 순화되어 있기는 하다. 그러나 그럼에도 우리가 사실을 철저하게 판별한다면 옛 천문학이 오늘날의 천문학과 동떨어져 있는 것 못지 않게, 기쁘고 바람직한 완전함과는 아직 멀리 동떨어져 있음을 인정하지 않을 수 없을 것이다.[213]

이렇게 말한 것은 나중에 그의 이름으로 불리는 행성 법칙을 아직 발견하기 이전의 청년 케플러였다. 코페르니쿠스의 『회전론』을 출판한 지 약 반세기 후이다.

그러나 원래 『회전론』의 전모를 이해하기 위해서도 그 반세기 동안에 걸쳐 몇몇 천문학자의 진지한 갈등과 성실한 작업이 필요했다. 좀 더 천문학의 극적인 전개에 이르기 이전의, 코페르니쿠스 직후에 시작된 『회전론』과의 격투의 궤적을 추적하기로 하자.

제6장

초기 코페르니쿠스주의자들

레티쿠스,
가서, 겜마

1. 레티쿠스와 페트레이우스

코페르니쿠스의 문경지우였던 쿨름(별명 헤움노)의 주교 티데만 기제Tiedemann Giese와 비텐베르크에서 온 젊은 수학자 게오르크 요아힘 레티쿠스의 열성적인 설득과 강한 후원으로 그는『회전론』의 출판을 결심하게 되었다. 레티쿠스는『회전론』출판에 앞선 1540년에『제1해설』을 출판하고 코페르니쿠스 이론의 개요를 최초로 인쇄물로 공표했다. 그러므로 코페르니쿠스 이론에 대한 초기 반응을 검토하기 위해, 이야기를 조금 거슬러 올라가 코페르니쿠스 이론에 최초로 가담했던 레티쿠스부터 살펴보자.

레티쿠스는 현재의 오스트리아 서부, 스위스 국경에 가까운 산악지대인 펠트키르히에서 1514년에 태어났다. 아버지는 뛰어난 의사였지만 품행이 좋지 않았던지 사기와 절도죄로 사형에 처해졌고 가족은 성姓을 박탈당했다고 전해진다. 그러나 자산가의 딸이었던 어머니 덕분에 그는 교육을 받을 수 있었다. 레티쿠스는 후에 고향 레티아에서 유래하여 자칭한 라틴어명이다.[*1] 취리히에서 수학한 뒤, 레티쿠스는 루터파 종교개혁의 총본산 비텐베르크대학에 1532년에 학생 등록을 했다. 그때 이미 18세였으므로 빠르지는 않다. 따라서 뒤의 장에서 살펴보겠지만 거기서 수학을 중시한 교육개혁을 진행하던 필리프 멜란히톤Philipp Melanchthon에게 인정받아 석사학위 취득 후인 1536년 봄에 약관 22세로 초급

[*1]   레티쿠스는 펠트키르히를 포함하는 지방의 옛 지명이다.

수학 교수로 발탁되었다. 후에 멜란히톤은 레티쿠스를 "수학 연구를 위해 태어났다"라고 평했다.[1] 상당히 수학능력이 뛰어났을 것이다.

이리하여 레티쿠스는 비텐베르크대학의 수학교수로서 커리어를 밟기 시작했으나, 조르다노 브루노나 파라켈수스 같은 방랑벽이 있었던지 같은 장소에 오래 자리 잡을 수 없었다. 1538년 10월에 레티쿠스는 대학 일을 내팽개치고 뉘른베르크로 향했다. 이것은 나중에 1542년의 서적에서 말하고 있듯이 "뉘른베르크의 요하네스 쇠너의 명성에 끌렸기" 때문이었다. 그리고 뉘른베르크에서 쇠너의 지도를 받아 그에게 천문학을 배웠다. 이때 레티쿠스는 24세, 쇠너는 61세였다.

레티쿠스가 비텐베르크에서 직장을 얻은 것은 멜란히톤이 발탁한 덕분이었으나, 쇠너가 일하고 있었던 뉘른베르크의 김나지움도 프로테스탄트 교육개혁의 일환으로서 멜란히톤이 창설한 것으로, 쇠너가 그 수학교사로 취임한 것도 멜란히톤에게 요청받아서였다. 레티쿠스는 멜란히톤에게서 쇠너의 명성을 익히 듣고 있었고 필시 쇠너에게서 코페르니쿠스 이론의 이야기를 들었으리라 생각된다.[2]*2

그 뒤 레티쿠스는 잉골슈타트로 향하여 그 땅에서 페트루스 아

---

*2   코페르니쿠스의 수고 『소논고』는 코페르니쿠스와 친한 친구들 사이에서만 회람되었고 비텐베르크에는 전해지지 않았던 듯하며, 레티쿠스는 보지 못했으리라 추측된다.

피아누스와 면회를 하고, 나아가 튀빙겐으로 발길을 뻗쳐 인문주의자 요아힘 카메라리우스Joachim Camerarius의 환대를 받았다. 그리고 1539년 초에 고향 펠트키르히를 방문한 뒤 일단은 비텐베르크로 돌아갔지만, 1539년 5월 코페르니쿠스를 방문하고자 하는 충동을 억누르지 못하고 다시금 휴가를 청해 북쪽으로 여행에 나섰다. 쇠너를 찬양한 앞의 편지에서 레티쿠스는 이어서 말했다.

> 북쪽 나라에 계신 스승 니콜라우스 코페르니쿠스의 명성을 일찍이 듣기에 이르러 저는 공적으로는 비텐베르크대학에서 이 학예의 교수로 추거받고 있는 몸입니다만, 그럼에도 저분의 가르침을 통해 얼마쯤 더 배우기까지는 이 직을 삼가 받아서는 안 된다고 생각하는 데 이르게 되었습니다.[3]

코페르니쿠스를 가까이서 접하며 지동설을 배우기 위해 폴란드로 향한 레티쿠스는 1539년 5월에 프롬보르크에서 코페르니쿠스와 만났다. 성당참사회원으로서 가톨릭교회에서 종사한 66세의 코페르니쿠스는 프로테스탄트의 성지에서 온 이 25세의 루터파 청년을 받아들여 흉금을 텄던 것이다. 레티쿠스는 현지에서 1541년 9월까지 체재하며 만년의 코페르니쿠스에게 직접 그 이론을 교수받아 고도로 수학적인 그 천문학을 놀라울 정도로 단기간에 습득했다.

이리하여 코페르니쿠스의 최초이자 최후의 제자가 된 레티쿠스는 그 학습을 하는 한편 스승에게 그 천문학 이론의 저술과 출판을 재촉함과 동시에 최초의 지동설 해설서『제1해설』을 집필하여 1540년 3월에 그단스크Gdańsk(독일어로 단치히Danzig)에서 출판했다. 그리고 기제와 함께 영향력이 있을 몇몇 인물에게『제1해설』을 보냈다.

원래『제1해설』의 출판은 기제나 레티쿠스의 생각으로는 코페르니쿠스의 책이 세상에 나왔을 때 어떻게 받아들여질 것인지를 확인하기 위한 것이기도 했고, 출판을 주저하던 코페르니쿠스의 등을 떠밀기 위한 것이기도 하여, 종합하자면 코페르니쿠스의 이론을 세상이 받아들이게 하기 위한 사전 작업을 위한 것이기도 했다.『제1해설』끝부분에 루터파의 입장을 명확하게 취하고 있던 프러시아와 프러시아공 알브레히트에게 보내는 찬사를 더했고,[*3] 1540년 4월에는 기제의 서간을 첨부해 공에게 보냈다. 프로테스탄트의 유력자를 아군으로 삼고자 하는 생각을 들여다볼 수 있다.[4]

[*3]　호엔촐레른가의 알브레히트(1490~1568)는 1519년 이후에 폴란드와 전쟁 상태에 있었던 튜튼 기사단의 마지막 단장으로, 1525년 기사단 해체 후 독일인으로서 최초로 프러시아공이 되었고 종교개혁을 받아들여 루터파 진영에 가담했다. 그는 학술연구에는 이해가 있어 나중에 쾨니히스베르크대학을 창설하여 루터파의 교육개혁에 진력했고, 또한 뒤의 장에서 살펴보겠지만 비텐베르크의 에라스무스 라인홀트가『프러시아 표』를 작성하는 것을 후원했다. 자침의 편각을 측정한 뉘른베르크의 게오르크 하르트만과도 서간을 주고받았다. 튜튼 기사단 시절에는 코페르니쿠스와 대립하는 입장에 있었지만 1541년에 병으로 몸져누웠을 때는 코페르니쿠스가 의사로서 치료에 임했다고 알려져 있다. Westman (2011), p. 145f. 참조.

『제1해설』은 이미 다음 해인 1541년에는 바젤에서 재판되었으므로 꽤 호평을 받았으리라 생각된다. 그 '평판'의 일단은 『제1해설』이 출판된 직후 그단스크의 상인 야코프 아 발텐이 의뢰하여 르반의 겜마 프리시우스에게 한 부를 보낸 코르넬리우스 데 셰퍼가 1540년 7월에 바르미아의 주교 단티스쿠스에게 보낸 편지에서 확인할 수 있다.

> 수학에 능통하지 않지는 않다고 생각되는 젊은이[레티쿠스]가 제작한, 바르미아의 성당참사회원인 토룬의 박사 니콜라우스 코페르니쿠스 씨의 작업에 대한 입문서를 야코부스 아 발텐 씨가 저에게 보내왔습니다. 이 입문서 내지 예고편 덕분에 위에서 말씀드린 코페르니쿠스 씨는 겜마 씨를 포함하여 많은 학식 있는 사람들이 그 주저 ※의 출판을 열망할 정도로 유명해져 있습니다.[5]*4

그리고 레티쿠스의 이 『제1해설』, 즉 코페르니쿠스 이론에 대한 '입문서 내지 예고편introduction siva praegustatio'이 세상에 받아들여진 것이 코페르니쿠스의 완고한 마음을 움직여 그때까지 주저하고 있던 저서의 출판을 최종적으로 결의하는 '한 원인'이 되었다고 생각된다. 아니, 영역자인 로즌은 그것이 코페르니쿠스를 설득하는 데 '결정적'이었다고까지 주장한다.[6]

이 『제1해설』은 '쇠녀에게 드리는 서간'이라는 형태로 쓰였고,

---

*4   '바르미아'(독일어로 '에름란트')는 코페르니쿠스가 일했던 교구이다.

그 표제에는 "영명 높으신 요하네스 쇠너 씨에게 아버지께 경애의 마음을 표하듯, G. 요아힘 레티쿠스가 인사를 드립니다"라고 쓰여 있다.[7] 쇠너는 레티쿠스에게 큰 영향을 미쳤다.

레티쿠스의 뉘른베르크 체재를 말할 때 같이 언급해야 하는 인물로서 나중에 『회전론』의 인쇄를 맡게 되는 요하네스 페트레이우스가 있다. 쇠너와 같은 나이인 페트레이우스는 인쇄선진도시인 바젤에서 태어나 바젤대학에서 수학하고 학예석사 학위를 취득한 후, 아담 페트리 곁에서 편집과 교정 일에 종사했다.[8] 그가 뉘른베르크로 온 것은 1523년으로 그해에 뉘른베르크의 시민권을 얻었다. 다음 해 24년에 시로부터 인쇄와 출판 자격을 교부받아 25년에 인쇄공방을 연 이래 1550년까지 4반세기에 걸쳐 그 일을 계속했다.

페트레이우스가 인쇄공방을 시작한 것은 뉘른베르크 시가 루터를 지지한다고 표명한 해로, 이런 까닭에 원래 그의 공방은 주로 종교서를 취급했다. 1527년에 에라스무스의 책을, 다음 해에는 아우구스티누스, 루터의 책이나 성서를 출판했다. 그러나 1531년에 쇠너의 『1532년까지의 에페메리스』를 다룬 이래 카메라리우스의 점성술서나 크리스토프 루돌프의 산술서를 출판하여 수학서나 자연과학서로도 규모를 확대했다. 1533년에는 레기오몬타누스의 『삼각형 총설』(『모든 종류의 삼각형에 관하여De triangulis Omnimodis』)과 중세 요르다누스 네모라리우스의 『무게의 서Liber de ponderibus』, 1534년에는 쇠너가 편집한 『산술서』나 역시 쇠너가 편집한 레기오몬타누스의 『문제집』, 1535년에는 탄슈테터와 아피아누스가 편집한 13세기 비텔로의 『광학』, 1536년에는 쇠너의 『천문표』를 차례로 출판하여 알프스 이북에서는 유수한 자연과학서 출판업자로 성장했다. 1537년에는 레기오몬타누스의 파도바 강연을 출판했다.[9]

레티쿠스는 코페르니쿠스를 방문했을 때 수학서와 천문학서 몇 권을 선물로 들고 갔다. 그중에는 바젤에서 출판된 유클리드의 『원론』과 함께 페트레이우스가 인쇄한 비텔로의 『광학』, 아피아누스의 『정현 또는 제1동자의 도구Instrumentum sinuum, seu primi mobilis』, 그리고 레기오몬타누스의 『삼각형총설』도 포함되어 있었다. 코페르니쿠스는 이 『삼각형총설』에 기초하여 『회전론』 초고의 삼각법 부분(24·25장)을 고쳐 썼다(인쇄된 판에서는 제1권 14장 XIII~XV).

레티쿠스는 또 인쇄되기 전인 레기오몬타누스와 발터의 관측기록을 갖고 갔었던 듯하며 『회전론』에는 발터의 관측 데이터도 사용되었다. 쇠너가 보관했던 발터의 관측데이터를 레티쿠스가 코페르니쿠스에게 전한 이유를 바커Barker와 골드슈타인Goldstein은 코페르니쿠스와 관측데이터를 교환할 목적으로 쇠너가 레티쿠스를 파견했다고 추리했다.[10] 지나친 생각인 것 같기도 하지만 레티쿠스의 코페르니쿠스 방문은 레티쿠스 자신이 코페르니쿠스의 이론을 배우고 싶었을 뿐만 아니라 쇠너에게서도 코페르니쿠스 이론을 배우고 오도록 의뢰받았기 때문이기도 하다는 것은 충분히 생각할 수 있다.

나아가서는 또한 소문으로 들은 코페르니쿠스의 신이론을 출판할 '계획'까지는 아니라 해도 '꿈'이 쇠너와 레티쿠스와 페트레이우스 사이에서 이야기되었다고도 추측할 수 있다. 레티쿠스가 코페르니쿠스의 원고를 뉘른베르크로 갖고 돌아가 페트레이우스의 공방에서 인쇄했을 때도 쇠너는 얼마간 원조를 했을 것이다. 코페르니쿠스의 책이 페트레이우스 아래서 인쇄되기에 이른 배경이다. 이것을 고려하면 레티쿠스가 코페르니쿠스에게 갖고 간 수권의 서적 선물은 뉘른베르크에는 충분히 신뢰하기에 족한 자연과학서, 수학서 인쇄공방이 존재함을 보여주기 위한 샘플이었다고도 생각할 수 있다.

페트레이우스 자신이 레티쿠스가 폴란드로 여행을 떠난 시점에서 코페르니쿠스의 대저작을 자신의 손으로 출판하기를 강하게 바라고 있었다. 페트레이우스가 1540년 8월 레티쿠스에게 보낸 서간은 그즈음의 소식을 웅변적으로 이야기한다.

대형께서 부를 얻기 위해 상인이 그렇게 하듯이 상품을 조달하기 위해서가 아니라, 우리 시의 가장 걸출한 인물로 학식에서 가장 칭찬할 만한 인물인 요하네스 쇠너 선생의 지혜를 얻기 위해 우리 곁에 체재하시어, 훌륭하게 천체들이 나타내는 운동체계를 선생과 함께 이야기하기 위해 현지에서 지내시고부터 이미 1년이 지났습니다. …… 이 탐구욕 때문에 대형께서는 그 뒤 요하네스의 땅 끝으로 인도되어 저 탁월한 분[코페르니쿠스] 곁으로 가셨습니다. 그리고 그분이 하늘의 운동을 관측하는 체계를 대형께서 그 훌륭한 필치[『제1해설』]로 우리에게 말해주셨습니다. 그분은 학교에서 그 학예가 가르치고 있는 통상의 체계에는 따르지 않으십니다만, 어느 날인가 대형께서 강하게 권유하셔서, 저희들이 원하고 있듯이, 그분의 관측을 우리도 접할 수 있다면 그것은 멋진 재산이 될 것입니다. …… 우리 시는 수학적 과학에 헌신하는 사람들을 끊임없이 배출하고 있습니다. …… 그리고 현지로부터 상품이 세계의 거의 모든 곳으로 수출되고 있듯이, 가장 뛰어난 사람들이 양도해 준 가장 학식 있는 인물의 책이 현지에서 세계를 향해 출판되는 것을 방해하는 일은 있을 수 없을 것입니다. 이 점에서 저는 충분히 도움이 되리라 믿고 있습니다.[11]

획기적인epoch-making 코페르니쿠스의 대저 『회전론』의 출판에는 도시 뉘른베르크가 한몫 이상을 했고, 여러 가지 의미에서 레기오몬타누스 이래 뉘른베르크는 근대 천문학의 탄생에 기여했다.

2. 레티쿠스의 『제1해설』

『회전론』 출판에 앞서서 1540년에 코페르니쿠스 이론을 서술하여 밝힌 레티쿠스의 『제1해설』에 대해 영역자 로즌Rosen은, 그것은 『회전론』이 나오기까지 코페르니쿠스 이론의 유일한 정보를 주는 것으로서 읽혔지만 『회전론』이 출판됨으로써 그 역할을 끝냈기 때문에 예정되어 있던 『제2해설』은 불필요하게 되었다고 한다.[12] 그러나 『제1해설』 그 자체는 역할을 다하기는커녕 그 후에도 계속 읽혔다. 1566년에 바젤에서 『회전론』의 제2판이 나왔을 때 『제1해설』이 그것과 합쳐져서 출판되었고, 나아가 케플러의 『우주의 신비』의 1596년판과 1621년의 제2판에도 합쳐져 출판되었다. 『우주의 신비』에 『제1해설』을 덧붙이도록 준비한 것은 케플러의 스승 메스트린인데, 그는 레티쿠스가 속편으로서 『제2해설』을 완성시키지 않았음을 애석해했다고 한다.[13] 케플러 자신이 『우주의 신비』의 서문에서 술회했다.

> 나는 일부는 메스트린의 이야기로부터, 일부는 자신의 노력으로 프톨레마이오스 이론에 비해 수학적으로 코페르니쿠스 이론이 갖는 여러 장점을 조금씩 모았다. 요아힘 레티쿠스는 『제1해설』 내에서 개개의 사항을 간략하고 명쾌하게 설명해 주었다. 그러므로 이 책을 더 빨리 읽었었다면 이러한 작업에서 간단히 해방되었을 것이다.[14]

『제1해설』은 1543년 『회전론』의 출현으로 진부해지기는커녕, 16세기 내내 『회전론』과 세트로 취급되어 방대하고 난해한 『회전론』에 대한 비교적 허들이 낮은 간편한handy 입문편 내지 참고해같이 읽을 문헌으로서 널리 읽혀, 새로운 우주론에 관해 사람들을 교화하는 데 중요한 역할을 계속 담당했다.[15]

『제1해설』의 구성을 각 절마다 붙인 소제목으로 나타내 보자.

§1　항성의 운동
§2　태양년에 관한 일반적 고찰

§7까지는 지구정지계의 논의이다. §8에서 레티쿠스는 "행성은
그 유도원의 중심을 우주 중심으로서의 태양으로 갖는다"라고 선언
하고 태양정지계로 이행하는 이유를 여섯 가지 든다. 첫 번째는
분점의 세차, 두 번째는 태양 이심률의 변화, 세 번째는 행성이 유
도원의 중심을 우주의 중심으로서 태양 가까이 갖는 것,[*5] 네 번

---

*5   로즌Rosen의 영역에서는 "명백하게 행성들은 유도원의 중심을 우주의 중심

째는 이 이론에 의해서만 행성 원운동이 일정해짐을 코페르니쿠스가 보였다는 것이다. 그리고 다섯 번째는 "자연은 아무런 목적도 없이는 행하지 않는다"라는 것, 나아가서는 "조물주는 현명하기 때문에 그 작품은 하나가 아닌 둘, 셋, 때로는 보다 많이 도움이 된다"라는 것이다. 그것은 "지구의 단 하나의 운동[공전]이 거의 무수한 겉보기를 만족시킨다"라는 것을 의미하고, "지구의 원궤도상의 운동이 달을 바라보는 모든 행성의 부등성[의 겉보기]을 낳는다"라는 것을 가리킨다.

그리고 여섯 번째는, 그럼으로써 행성계가 한 시스템으로 통합된다는 것인데, 이것이 가장 중요한 점이다.

우리 스승[코페르니쿠스]이 특히 영향을 받은 것은 다음 사실을 알았기 때문이다. 즉 천문학의 모든 불확실함의 주된 원인은 (천문학의 아버지이자 신과 같은 프톨레마이오스를 비판할 의도는 털끝만큼도 없지만) 이 학예의 거장들이 그 이론 및 천체들의 운동을 보정하기 위한 궁리를 했을 때 천구들의 서열이나 운동이 하나의 절대적 시스템absolutissmus systema으로 통합되어야 함을 고려하지 않았기 때문이다. 우리는 이 걸출한 사람들의 영예를 그에 걸맞게 완전

으로서의 태양으로 갖는다the planets evidently have the centers of their deferences in the sun, the center of the universe"라고 하며, 원문의 '태양 가까이circa solem'가 정확하게 번역되어 있지 않다. 또한 레티쿠스는 이 세 번째 이유에 "의심의 여지 없이 화성은 때때로 태양보다 큰 시차를 보인다"라는 것을 덧붙였다(TCT, p. 136f). 이 점에 관해서는 뒤에서 논한다.

히 칭송한다. 그럼에도 운동들의 질서를 수립함에서는 한 현이 느슨해지거나 혹은 단단히 죄거나 한 경우에는, 우리는 모든 것이 요구된 조화를 만들어 내고 어떠한 불협화음도 들리지 않을 때까지 충분한 주의력과 기능을 사용하여 다른 모든 현을 조율하는 음악가처럼 그 사람들에게 바라야 한다. …… 우리가 천문학 전체의 붕괴에 직면해야 했던 것은, 진실을 말하자면 이 한 규칙을 소홀히 여겨왔기 때문이다.[17]

§8에서는 이 여섯 번째에 관해서 가장 많은 공간을 할애했고, "이리하여 이심원상에서 지구가 운동한다는 가정은 어떠한 변경을 하거나 계 전체를 다시금 적절한 기반 위에 재구성하지 않고는 덧붙일 수 없는 천체 현상의 확실한 이론을 만들어 냈다"라고 결론짓는다.[18] 레티쿠스는 이것의 중요성을 매우 자각하고 있었다고 생각된다. 실제로 §13에는 다섯 행성의 운동, 특히 두 번째 부등성에 관해 다시금 "이 모든 현상은 흡사 황금사슬로 연결되어 있는 듯 멋지게 결합되어 나타나고, 각자의 행성은 그 위치와 서열 및 그 운동의 모든 부등성에 의해 지구가 움직임을 증거한다"라고 열광적으로 기술했다.[19] 그는 문제의 핵심을 이해하고 있었다.

레티쿠스가 이것을 썼을 때 그는 코페르니쿠스와 같이 생활하며 코페르니쿠스에게 직접 지도를 받았다. 1539년 5월에 프롬보르크에 도착한 레티쿠스는 이 『제1해설』의 원고를 그해 9월에 완성했는데, 그가 이전부터 코페르니쿠스 이론의 내용에 정통해 있었다고는 생각되지 않으므로 놀랄 만한 속도였다. 당연히 집필에는 코페르니쿠스 본인의 협력 내지 조언이 있었으리라고 생각된다. 이 책이 그단스크에서 출판된 것은 코페르니쿠스의 지인이자 그 시장인 요한 폰 베르덴Johann von Werden이 그 땅에서 출판하도록 레티쿠스를 초대했기 때문으로, 그 초대에 응하도록 권한 사람도 코페르니쿠스였다.[6] 이렇게 『제1해설』은 코페르니쿠스의 양해하에 출판된 것으로, 도처에 실수나 일탈은 있지만 요점은 코페르니쿠스의 견해를 대변한 것이라 봐도 좋다.[7]

실제로 레티쿠스가 말했듯이 코페르니쿠스의 이론은 지구 궤도가 '공통의 척도'가 되어 '천체의 질서'가 형성된 것으로, 그에 비해 "프톨레마이오스의 가설이나 지금까지 일반적으로 수용되던 이론에서는 하늘의 현상 간에 영속적이고 수미일관한 관련과 조화를 확립하여 그 조화를 나타내는 규칙으로 정식화하는 것은

---

[6]   요한 폰 베르덴은 1526~1554년 동안 그단스크 시장을 역임했다. 레티쿠스는 『제1해설』에서 "나의 두 번째 후원자patron는 정력적이고 존경할 만한 요한 폰 베르덴이다"라고 치켜세웠다(TCT, p. 195). 또한 『제1해설』의 인쇄를 담당한 사람은 플랑드르 출신으로 1525년부터 비텐베르크대학에서 수학한 프란츠 로데이다. 그는 루터 역 신약성서나 루터의 서적을 많이 인쇄했다고 알려져 있다. 인쇄의 경위에 관해서는 옌센Jensen(2006), Ch. 1, 프란츠 로데에 관해서는 ibid., pp. 22~28 참조.

[7]   태양의 이심률 변동을 연대기로 묶은 §4의 논의는 코페르니쿠스의 책에는 없다. 또한 "태양이나 달의 겉보기 운동에 관해서는 지구의 운동에 대해서 이야기되는 것(일주운동, 연주운동)을 부정할 수는 있지만, 세차운동의 설명에 대해서는 그것을 어떻게 천구운동으로 치환할 수 있는지 나는 알 수 없다", 즉 세차운동은 지구정지계에서는 설명할 수 없다는 레티쿠스의 주장(§13, TCT, p. 164)은 오류이다. C. A. Wilson(1975), p. 24f. 참조.

어울리지 않는다".[20] 그리고 이 설명이야말로 "코페르니쿠스 이론의 출현에 관한 설명으로서 우리가 일찍이 가졌던 것들 중에서 가장 설득력 있고 명쾌한 것"이다.[21] 메스트린도 1596년에 케플러의 책과 합쳐 출판된 『제1해설』에 덧붙인 서문에서 말했다.

종래의 가설과 코페르니쿠스의 가설을 이렇게 비교함으로써 이 중 어느 쪽이 믿을 만한지 간단히 확인할 수 있다. 왜냐하면 코페르니쿠스의 가설에서는 모든 궤도와 천구의 순서와 크기가 어느 것이나 우주 전체에 무질서를 야기하지 않고는 변경하거나 움직이거나 하는 것이 절대적으로 불가능하게 배열되어 결부되고 측정되기 때문이다. 또한 천구의 수가 불확실한 종래의 가설과 달리 [코페르니쿠스의 가설에서는] 그 위치나 순서에 전혀 의문의 여지가 없다.[22]

레티쿠스는 코페르니쿠스 이론을 지지하는 이유로 플라톤의 『파이드로스Phaidros』에 쓰여 있는 소크라테스의 말인 "누군가가 사물의 자연 본성의 성격에 따라 이것이 하나가 되는 방향을 바라봄과 동시에 또한 여럿으로 나눠지는 곳까지 볼 정도의 능력을 갖고 있다고 생각한다면, 그 사람의 뒤를 좇아야 한다"를 인용한다.[23] 코페르니쿠스의 이론을 각 행성의 고유운동을 명확하게 하면서 동시에 행성 전체를 한 체계로서 파악하는 데 성공한 것으로서 평가했을 것이다.

그러나 레티쿠스는 『회전론』에는 쓰여 있지 않은 주장도 『제1해설』에 덧붙였다.

그중 하나는 태양을 행성계의 중심에 놓는 것뿐만 아니라 행성 운동에 대한 인과적(원인적)인 역할을 태양에게 부여한 것이다.

우리 스승[코페르니쿠스]의 가설로는 항성 천구가 한계이며, 각자 의 행성 천구는 그 자연 본성에 따라 그것에 할당된 운동으로써 일 정하게 움직이고, 보다 높은 천구로부터 오는 힘^{vis}에 의해 부등성 을 강요당하는 일 없이 그 주기를 끝낸다. 덧붙이자면 보다 큰 천구 는 보다 완만하게 움직이고, 운동과 빛의 시원이라고 말할 수 있는 태양에 보다 가까운 구는 그에 적합하게 보다 신속하게 운동한다.[24]

내가 보는 바로는 지금까지의 천문학사에서 지적한 적이 없는 듯 생각되는데, 이것은 극히 주목할 만한 부분이다. '그 자연 본성 에 따라 그것[행성 천구]에 할당된 운동$^{ab\ natura\ sibi\ attributo\ motu}$'과 태 양이 '운동의 시원$^{principium\ motus}$'이라는 두 주장이 어떤 관계에 있 는지는 잘 모르겠지만, 우주의 중심에 있는 태양이 그저 단지 '빛 의 시원'일 뿐만 아니라 '운동의 시원'이기도 하며, 그 '시원'에 가 까운 행성은 보다 빨리 움직인다는 주장은 코페르니쿠스에게서 는 보이지 않는 지적이다. 실제로 코페르니쿠스에게는 구 형성이 바로 원운동의 원인이며, 『소논고』에서도 『회전론』에서도 행성 이 운동하는 데 태양에 인과적인 역할을 부여한다고 기술하지는 않았다.[25] 이 점에서 레티쿠스는 코페르니쿠스를 뛰어넘었다.

그리고 또 하나는, 코페르니쿠스의 이론에서는 태양 주변을 주 회하는 행성은 수성, 금성, 지구, 화성, 목성, 토성의 여섯 개가 되

제6장 초기 코페르니쿠스주의자들 **141**

는데 그 수가 왜 6인가라는 ―현대의 우리는 생각지도 못하는― 질문이다.

6 이외에 더 적절한 수를 누군가가 선택할 수 있을까? 세계의 창조주인 신이 전 우주를 구로 분할했다는 것을 인류에게 보다 쉽게 납득시킬 수 있는 다른 어떠한 수가 있을까? 왜냐하면 숫자 6은 신의 성스러운 예언에서도, 혹은 피타고라스주의자들이나 다른 수학자들에게도 다른 어떠한 수보다도 숭상받고 있기 때문이다. 이 [천지창조의] 최초의 가장 완전한 작업을 이 [6이라는] 최초의 가장 완전한 수로 행해야 한다는 것 이상으로 신의 작업에 어울리는 것은 없을 것이다.[26]*8

레티구스에게도 피타고라스학파와 마찬가지로 수는 '존재의 원리'라 간주되었다.

메스트린의 지도로 코페르니쿠스 이론을 수용한 청년시절의 케플러가 영향과 감명을 받은 것도 이 두 가지였다. 실제로 케플러는 코페르니쿠스의 최대 공적을 "여섯 행성 궤도의 크기와 상

---

*8   '완전수'는 자연수 m 이외의 모든 약수의 합이 m이 되는 수를 말한다. (예) $6=1+2+3, 28=1+2+4+7+14, 49=1+2+4+8+16+31+62+124+248$. 특히 6은 최초의 완전수이자 또한 $6=1+2+3=1\times2\times3$이라는 눈에 띄는 성질을 갖는다. 레티구스가 '최초의 가장 완전한 수primus et perfectissimus numerus'라 말할 때 이 사실을 가리킨다고 생각된다. 또한 '최초의 가장 완전한 작업……'은 6일 동안 행한 천지창조를 가리킨다.

호 비를 확정한 것"이라고 썼다. 그리고 케플러 자신을 최초로 사로잡은 문제 중 하나는 행성이 왜 여섯 개밖에 없느냐는 문제였고, 또 하나는 이 궤도 크기 비의 규칙성(법칙성)을 발견하고 그것을 설명하는 문제였다. 그리고 보다 중요한 것은 태양이 바로 모든 행성을 구동하고 그런 의미에서 태양계 전체에서 제1동자가 된다는 착상, 나아가서는 확신을 준 것이다. 케플러의 천문학 연구는 사실상 여기서 시작된다. 이 이상은 케플러의 장에서 다시 다루기로 하자.

갈릴레오는 코페르니쿠스의 수학적 이론은 거의 언급하지 않았지만 코페르니쿠스가 태양계를 이렇게 체계화한 것에는 역시 크게 관심을 보였다.

코페르니쿠스 자신이 다음과 같이 썼다. 그는 첫 연구에서 프톨레마이오스와 같은 가정에 기초하여 천문학을 재흥하려 했고, 보다 한층 정확하게 계산이 현상에, 또한 현상이 계산에 합치하도록 행성 운동을 정정했다. 그러나 이것은 행성을 하나하나 따로따로 채택해서였다. 나아가 덧붙여서, 그러나 나중에 개개의 건조물을 전체 구성으로 정리해 내려 하자 서로 전혀 어울리지 않고 전혀 양립하지 않는 부분들로 이루어진 괴물, 요괴가 만들어졌다. 그러므로 설령 그것이 순수하게 계산만 하는 천문학자에게는 만족할 만했다고 해도 철학적인 천문학자를 만족시키고 안심시키지는 않았다.[27]

이리하여 코페르니쿠스의 이론은 앞 장에서 보았듯이 수학적인 천문학적 내용의 개량에 머물지 않고 철학적인 우주론과 관련되며, 아리스토텔레스 자연학에 큰 문제를 제기하게 되었다.

그러나 『회전론』 출판부터 메스트린이나 케플러, 갈릴레오가 등장하기까지 약 반세기 가까이 코페르니쿠스 이론이 태양계의 체계화와 그에 따른 행성 운동에 대한 설명능력을 향상시킨 것에 『회전론』 출판 직후에 관심을 보인 자는 직제자 레티쿠스와 뒤의 절에서 볼 아킬레스 가서와 겜마 프리시우스를 빼면 눈에 띄지 않는 듯하다. 천문학자 대부분의 관심은 한결같이 코페르니쿠스의 모델이 에페메리데스(천체 운행표)의 작성에 얼마나 유용한가 하는 실용적 측면에 있었고, 다른 한편으로 이론적인 관심은 코페르니쿠스 이론이 등화점을 추방한 것과 같은, 지금의 시각으로 보자면 사소한 문제에 집중되어 있었다.

3. 우주의 크기를 둘러싸고

코페르니쿠스의 이론에서 지구의 가능성과 나란히 주목받았고 특히 아리스토텔레스주의자들에게 격하게 비판을 받은 또 하나의 논점은 우주의 크기를 둘러싼 주장이었다.

지동설에 대해 예상되는 비판 중 하나는 지구가 공전한다면 항성의 연주시차가 보일 —계절에 따라 항성이 보이는 방향이 다를— 터인데 실제로는 그러한 현상은 관측되지 않는 것 아닌가 하는 문제였다. 당시 이 연주시차는 지구 운동을 직접 나타낼 수 있는 거의 유일한 현상이라 생각되었다. 게다가 프톨레마이오스 이래 우주의 크기(중심부터 항성 천구까지의 거리)는 극히 작아서 약 2만 지구 반경으로 추측되었기 때문이다. 프톨레마이오스 이론에서는 지구 – 태양 사이의 거리가 평균 1210 지구 반경, 코페르니쿠스의 추측으로도 거의 같은 정도였고(표6.1), 따라서 만약 태양이 정지하고 지구가 그 주변을 주회한다면 연주시차 θ는

$$\tan\left(\frac{\theta}{2}\right) = \frac{1200}{20000} \qquad \therefore \ \theta \fallingdotseq 7^{\circ}$$

라는 크기를 기대했다. 이것은 당시의 기술로도 충분히 관측 가능한 값으로, 이것이 검출되지 않은 이상 지구의 연주시차를 부정해야 했다.

예상되는 이 비판에 대해서 코페르니쿠스는 연주시차가 보이지 않는 것은 『소논고』의 '요청 4'에서는 항성천[창궁]의 크기에 비해 지구의 공전궤도가 "감각 불가능할 정도로 작다"라고 하고, 마

표6.1 코페르니쿠스 이론에서 태양 – 행성 구간 거리
(Albert van Helden, *Measuring the Universe*, p. 46에서)

행성	평균치(지구 궤도와의 비)	최소치	최대치
수성	430 (0.377)	300	516
금성	821 (0.719)	801	841
지구	1,142 (1.000)	1,105	1,179
화성	1,736 (1.520)	1,569	1,902
목성	5,960 (5.219)	5,687	6,233
토성	10,477 (9.174)	9,881	11,073

(수치의 단위는 지구 반경)

찬가지로 『소논고』 제1권 10장에서도 "항성들에서는 이 현상들[연주시차]은 생기지 않는다. 이것은 이들이 터무니없이 높은 곳에 있음을 보여준다. …… 지고지선[한 조물주]의 신성한 이 건조물[항성천]은 말할 것도 없이 거대하다"라고 다시금 반론했다. 아니, 발뺌을 했다.[28]

프톨레마이오스는 지평면이 우주를 정확하게 이등분하고 또한 지구상의 다른 점에서 보아도 동일 시각에 항성이 동일 방향에서 보이는 것은 "항성천에까지 펼쳐진 공간에 비해 지구가 명백하게 점 같은 것에 지나지 않기" 때문이라고 말했는데,[29]*9 위에서 언급한 코페르니쿠스의 논의는 그것을 지구 자체로부터 지구의 공전 궤도(큰 구각)까지 확대한 것이다. 즉 "태양부터 지구까지의 거리는…… 방황하지 않는 별[항성]의 천구와 비교하면 나타나지 않게 되어버릴 정도로 우주는 거대"하며 따라서 "태양과 지구의 거리가 항성 천구에서는 우리의 시계에서 이미 소실되어 버림을 독자

---

*9   이 시각은 중세 내내 인정받았다. 5세기 보에티우스의 『철학의 위안』 제2권의 7(p. 375)에서는 "천문학자의 증명으로 당신도 알고 있듯이 지구 전체는 천공에 비교하면 한 점에 지나지 않습니다. 따라서 지구는 천구의 크기와 비교하면 전혀 어떠한 폭도 갖지 않는다고 판단될 것입니다"라고 했다. 13세기 사크로보스코의 『천구론』 제1장에서는 지표의 관측자에게는 항상 천구의 절반이 보이므로 "지구 전체의 크기는 항성에 비해 감지할 수 없을 정도의 것이다"라고 했다(요코야마橫山 역, p. 66). 레기오몬타누스의 혜성에 관한 1472년의 논고에서는 천구에 비해 지구는 "점이라 생각된다"라고 했다(뒤의 책[Ch. 9. 5]의 인용). 그리고 링그만과 발트제 뮐러의 1507년 『천지학 서설』(Ch. IV 첫머리)에는 이 보에티우스의 구절이 거의 글자 그대로 기술되어 있다.

가 명기하고 있는 한 지구의 중심이 우주의 중심이라고 한 경우와 전혀 다르지 않다"라는 것이다.[30]

보충하자면 코페르니쿠스 시대의 관측정밀도 한계가 각도로 거의 10분 정도라 생각되므로 항성의 연주시차 θ가 관측되지 않는 것은 θ가 10분 이내라는 것을 의미한다. 따라서 지구의 공전 궤도 반경을 a로 하면 지구로부터 항성천까지의 거리 l은

$$l = \frac{a}{\tan(\theta/2)} \fallingdotseq \frac{2a}{\theta} > 2a \div (\frac{\pi}{180 \times 6}) = 688a.$$

이것은 토성 궤도 반경(지구 궤도 반경의 약 9배)의 실로 약 70배 이상이며, 따라서 "가장 높은 행성인 토성에서부터 항성 천구까지 대단히 많은 것[의 공간]이 개재한다".[31]

그뿐만이 아니다. 코페르니쿠스 이론에서는 앞에서도 접했듯이 [Ch. 5. 2] 관측 데이터만으로 각자의 행성 천구[구각]의 두께와 함께 궤도 반경의 비도 일의적으로 결정된다. 코페르니쿠스에게서 태양에서부터 행성 궤도에 이르는 거리의 최소치와 최대치(행성구각의 내반경과 외반경)를 표6.1로 나타냈다. 여기서부터 알 수 있듯이 코페르니쿠스 이론에서는 항성천과 토성 천구 사이만이 아니라 각자의 행성 천구(구각) 사이에도 큰 틈이 남게 된다(그림6.1).

이전에 지적했듯이 프톨레마이오스는 『행성가설』에서 주전원 궤도를 내부에 포함하며 두께를 갖는 각자의 행성 천구(구각)가 서로 딱 접하고 있다는 자연학적 가정을 했다[Ch. 1. 8]. 프톨레마이오스는 아리스토텔레스의 "자연은 진공을 싫어한다"라는 자연학의 원리와 "신과 자연은 쓸데없는 것은 아무것도 만들지 않는

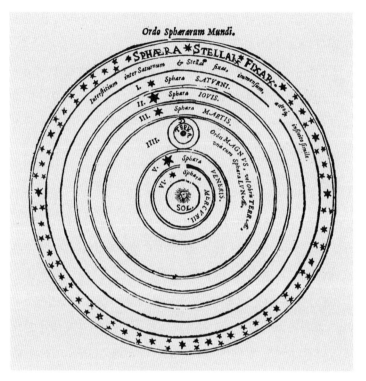

그림 6.1 레티쿠스가 그린 코페르니쿠스의 우주.
케플러의 1596년 저작 『우주의 신비』와 함께 출판된 『제1해설』에 수록된 그림. 메스트린이 작성했으리라 생각된다. 이중으로 된 원은 행성구각 사이에 틈이 있음을 나타낸다. 항성 천구와 토성 천구 사이에는 "토성과 항성 천구 사이는 광대하고 무한과 닮았다immensum, adeo infinitio simile"라고 쓰여 있다.

다"[32]라는 목적론적 자연관에 충실했다. 그리고 중세 우주론은 일관되게 이 입장을 견지했다. 예컨대 13세기 노바라의 캄파누스도 우주의 크기를 정량적으로 논했는데 그의 우주론에서도 각 행성구각은 양파처럼 서로 딱 접하고 있으며, 이뿐만 아니라 그에 따르면 "토성 구의 볼록 구면은 항성 천구의 오목 구면이다". 따라서 역시 항성천에 이르기까지 공허한 공간은 존재하지 않는다.[33]

그에 비해 코페르니쿠스의 이론에서는 이렇게 공허하고 거대한 공간이 우주에 얼마든지 있다. 그러나 코페르니쿠스 자신은 그것을 특별히 문제 삼지 않았다. 『회전론』의 '서문'에는 "수학[천문학]은 수학자를 위해 쓰여졌다"라고도, 또한 지인들이 "수학[천문학]을 연구하는 사람들의 공익을 위해" 출판을 결심하도록 격려해 주었다고도 기록되어 있다. 코페르니쿠스는 이 책의 내용이 어디까지나 주로 수학이론이며 자연학에 관련된 것은 아니라고 말하고 싶었을 것이다. 이 자세는 또한 "'우주는 유한한가, 아니면 무한한가'를 자연철학자physiologorum의 토론에 맡겨두자"라는 그의 말에서도 읽어낼 수 있다.[34] 따라서 코페르니쿠스는 우주의 거대함을 둘러싼 철학적·자연학적 논의에는 개입하지 않는다.

그러나 태양계는 대부분 무한대에 가까운 우주공간 내에 떠 있는 별들의 자그마한 집단에 지나지 않는다는 코페르니쿠스의 주장은 지금 생각하면 지구가 움직인다는 것 이상으로 놀랄 만한 통찰이었다. 아무것도 없는 광대한 공간이 우주공간에 존재한다는 것은 그것 자체가 아리스토텔레스 자연학에 저촉되는, 아니 그렇다기보다 배치되는 것이었다. 기독교의 입장에서도 신이 거하는 천상세계와 신의 자비를 청해야 하는 인간이 사는 지구가 무한에 가까운 거리로 떨어져 있다는 것은 마음의 평안을 잃어버리는 일이었다. 항성 천구의 이 거대함은 이윽고 고대 우주상을 허물어트려 가는 데 유력한 자연학적 근거를 부여하게 되었다.

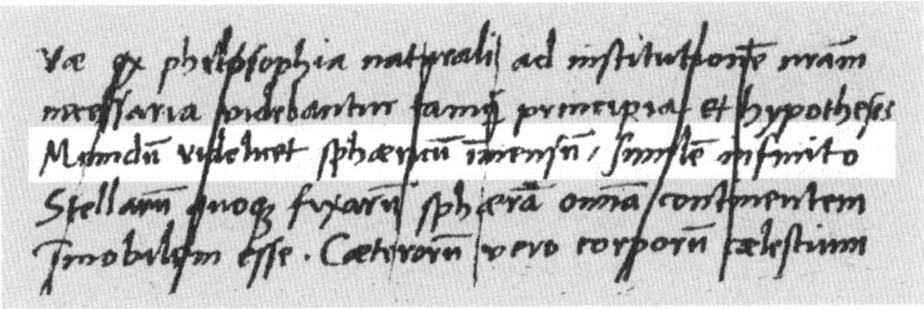

그림 6.2 코페르니쿠스 『회전론』 초고에서 삭제된 부분의 일부.
3줄째, "우주는 구형으로 거대하고 무한대에 유비적simile infinito".

이 점에 관해서는 나중에 메스트린의 논의에서 살펴보게 될 것이다[Ch. 10. 10].

코페르니쿠스 자신은 우주가 태양계에 비해 터무니없이 크다 해도 어디까지나 유한하다고 생각했다. 그러나 『회전론』의 초고에는 포함되어 있지만 1543년 초판에서는 삭제된 부분에서 "우주는 구형으로 무한대에 유비類比적"이라는 문구를 볼 수 있다[35](그림 6.2). 지구 궤도를 점으로 간주해도 좋을 정도로 항성 천구를 확대했다는 것은 실제 무한 우주라는 주장과 종이 한 장 차이다. 게다가 코페르니쿠스의 태양계 이해로는 우주가 무한하다고 해도 곤란할 것은 없었다.

아리스토텔레스가 『천체론』에서 "무한한 것이 원처럼 회전하는 일은 있을 수 없다. 따라서 우주도 무한하다고 한다면 원운동을 할 수 없게 될 것이다"[36]라고 말했듯이 천동설에서는 항성 천구는 하루 일회전하는 것인 한 유한한 크기여야 했다. 그러나 코페르니쿠스는 항성 천구를 정지시켰고, 이 점에서도 항성 천구가 유한해야 한다는 근거를 잃어버렸다. 실제로 항성 천구가 움직이지 않는다면 그것이 엄청나게 크든 오히려 깊이가 무한하든 특별히 이상할 것은 없어진다. 또한 아리스토텔레스 자연학에서는 모든 중량 물체가 향하는 지점으로서의 우주의 중심이 정해지기 위해서는 항성 천구를 필요로 했지만, 코페르니쿠스의 이론에서는 —앞 장에서 보았듯이— 지상의 물체는 지구로 향할 뿐으로 태양은 태양계의 중심에 있기만 하면 된다. 따라서 우주 전체의 중심이 결정될 필요도 없고 그 방면에서도 유한한 항성 천구를 필요로 하지 않는다. 그런 한에서 "세계의 무한성의 옹호자로서 코페르니쿠스를 해석하는 것이 오히려 자연스럽다"라는 알렉상드르 쿠아레Alexandre Koyré의 견해는 수긍할 수 있다.[37]

레티쿠스는 코페르니쿠스의 이 주장을 아슬아슬한 곳까지 확장했다. 일찍이 "우주와 이 천공은 하나의 신, 영원하고 무한한 것, 존재하기 시작한 적도 없고 무너져 사라지는 일도 없는 존재라 믿는 것이 적절하다. …… 그것은 신성, 영원, 무한한 것, 모든 전체자 속에 있는 것, 아니 오히려 그 자신이 전체자이자 유한자이며 무한자와 닮은 것finitus et infinitis similis"이라 말한 사람은 고대 로마의 플리니우스였다.[38] 레티쿠스는 이 플리니우스가 말한 구절을 인용하며 말한다.

우주는 그 오목한 면에 이르기까지 헤아릴 수 없고immensus, 확실히 무한과 닮았다vere infinito similem esse. 이것은 천공에 가장 가깝게 최대의 원을 주회하는 토성을 포함하는 행성을 빼면, 모든 천체가 깜빡이며 보인다는 것에서부터 알 수 있다. 그러나 이 결론은 우리

스승의 가설로부터 더 확실히 연역된다. …… 지구상의 모든 수평
면은 우주의 대원으로 항성 천구를 동일한 크기의 부분으로 나눈
다. …… 따라서 항성 천구는 무한과 극히 닮았다 orbium stellarum
maxime infinito simile esse . 왜냐하면 그것과 비교하면 큰 천구[지구천
구]는 소멸하고 모든 현상은 지구가 중심에서 정지하고 있는 듯 보
이기 때문이다.[39]

코페르니쿠스 자신은 어떤 근거가 있어서가 아니라 지구가 공
전하면 있어야 할 항성의 연주시차가 관측되지 않는다는 것을 변
명하기 위해 난처한 나머지 우주를 확대한 듯 생각되지만, 레티
쿠스는 그 주장을 적극적으로 확대해석했다. 그리고 그것은 사실
상 코페르니쿠스의 주장으로 수용되었다. 철학자 요한 하위징아
Johan Huizinga 가 말하듯이 "코페르니쿠스는 세계의 무한이라는 개
념을 만들었다"라는 것이다.[40]

어쨌든 『제1해설』은 널리 읽혔기 때문에 이 책에서 때때로 보
이는, 스승 코페르니쿠스의 주장을 사실상 뛰어넘는 레티쿠스의
해석도 태양 중심설의 일부로서 수용되었으리라고 생각된다.

『제1해설』의 사실상 마지막 절인 §15의 끝부분 근처에는 다음
과 같이 기술되어 있다.

"작업의 일부는 남아 있지만 수고로운 부분은 완수했다. 이쯤에서
닻을 내리고 배를 멈추지 않겠는가." 이 시인의 말로 이 『제1해설』
을 끝내기로 하자.[41][*10]

이것으로 판단하건대, 이 시점에서 레티쿠스는 『제2해설』을 구상하고 있었을 것이다.

4. 아킬레스 가서

레티쿠스의 『제1해설』은 초판이 나오고 겨우 1년 후에 바젤에서 제2판이 출판되었다. 제2판을 출판한 사람은 아킬레스 가서 Achilles Gasser였다. 제2판에서는 저자가 레티쿠스임을 처음으로 명기하고 가서 자신이 지동설에 대한 열렬한 찬가를 덧붙였다. 이것은 코페르니쿠스가 『회전론』을 출판할 결의를 굳히는 데 그 나름대로 영향을 끼쳤다고 생각된다. 그뿐 아니라 가서는 『회전론』 출판 이후에도 코페르니쿠스의 이론에 찬동한다고 표명했다. 이런 의미에서는 코페르니쿠스 이론의 수용을 추적하는 데 무시할 수 없다. 그럼에도 레티쿠스의 전기를 쓴 다니엘슨Danielson에 따르면, 가서는 "과학사가로부터 놀랄 정도로 약간의 주목밖에 받지 않았다".[42] 실제로 드레이어Dreyer나 파네쿡Pannekoek이 쓴 천문학 통사는 물론이고 토머스 쿤의 『코페르니쿠스 혁명』이나 도로시 스팀슨Dorothy Stimson이 기술한 코페르니쿠스 이론의 수용과정

---

*10   인용은 오비디우스의 『아르스 아마토리아Ars Amatoria』의 한 구절로, 나중에 케플러가 『신천문학』 제3부 끝부분에서 인용하게 된다. Rosen의 영역에서는 '수고로운laboris'이 번역되어 있지 않다.

에 관한 전공논문monograph에조차 가서는 등장하지 않는다. 그러므로 여기서는 가서와 그 코페르니쿠스 이론에 관한 견해를 살펴보자.

1505년에 독일 남서부 보덴호湖 북쪽 기슭의 링다우에서 태어난 가서는 비텐베르크, 빈, 몽펠리에, 아비뇽에서 수학한 의사이자 동시에 점성술사이기도 했고 역사가이기도 했다. 레티쿠스가 자란 펠트키르히에서 의료에 종사했는데 그것은 사형을 당한 레티쿠스의 아버지가 이전에 했던 일이었다. 손다이크의 책에는 가서가 비텐베르크의 멜란히톤의 영향하에 있었다고 기록되어 있다. 실제로 9세 연하인 레티쿠스 소년의 능력을 인정하고 자신이 일찍이 수학했던 비텐베르크대학에 진학시킨 사람이 가서이다. 그 뒤 가서는 아우구스부르크와 링다우에서 의사로 일했다. 의학이나 천문학을 포함한 자연학 전반에 관심을 가졌던 듯하며, 1530년대에는 혜성에 관한 보고나 천문학과 지리학의 소론 등을 발표했다. 아우구스부르크에서는 시의 연보를 집필했고 또 1558년에는 서유럽에서 첫 실험물리학 논문이라 간주되는 13세기 페트루스 페레그리누스의 『자기서간磁氣書簡, Epistola de magnete』을 출판했다. 동물학자 콘라트 게스너Conrad Gessner와는 친교가 있었고 1551년에 출판된 게스너의 『동물지Historia animalium』를 집필하는 데에도 협력했다. 그리고 1544년부터 1547년까지 세 가지 점성술적 예언을 공표했다고 알려져 있다.[43]

레티쿠스는 비텐베르크대학의 초급수학 교수가 된 후 1538년에 뉘른베르크, 잉골슈타트, 튀빙겐으로 여행을 했는데 이때 펠트키르히를 방문하여 가서와 재회했다. 레티쿠스가 코페르니쿠스가 사는 곳으로 여행을 떠난 것은 그 뒤이다.

막 인쇄한 『제1해설』의 일부에는 저자명을 넣어서 가서에게 보냈고, 가서는 그것을 1520년대에 비텐베르크에서 함께 수학했으며 콘스탄츠에 거주하던 의사 게오르크 푀겔리에게 부디 읽고 주변에게도 추천해 달라고 청하는 서간을 첨부해 보냈다. 가서는 다음 해 『제1해설』 제2판을 인쇄했는데, 이때 푀겔리 앞으로 보낸 그 서간을 서문으로서 인쇄했다.[44] 이것은 레티쿠스 이후 처음이자, 『회전론』 출판 이전에 『제1해설』 자체를 빼고 유일하게 공표된 열렬한 지동설 지지 표명으로 극히 귀중하므로 거의 전문을 수록한다.

배계拜啓 고명하신 대형께, 헤라클레스의 돌[자석]과 함께 이 소저小著를 보냅니다. 이 책은 새로운 것으로 아직 그렇게 알려져 있지 않을 뿐만 아니라 (제가 잘못 생각하고 있는 것이 아니라면) 거의 믿기 힘들 정도로 대형을 경탄시킬 것이기도 합니다. 자유학예 석사로서 비텐베르크의 수학교수를 역임했던, 그리고 저와 동향으로 아주 좋은 벗이기도 한 게오르크 요아힘 레티쿠스 씨는 그단스크에서 아래 사항에 관한 뉴스로 넘치는 서간과 함께 이 책을 보내주었습니다. 이 책의 방식은 지금까지 가르쳐 왔던 것과는 확실히 다릅니다. 전체적으로 이것은 학교에서 가르쳐 온 통상의 이론과는 정반대처럼 보이고 (수도사들에게는) 이단적으로까지 보일지도 모릅니다. 그럼에도 이것은 의심의 여지 없이 올바른 천문학 체계의 회복

—이라기보다 오히려 재생—을 불러오리라 생각됩니다. 왜냐하면 이것은 세계의 극히 학식 있는 수학자들만이 아닌 위대한 철학자들 사이에서도 오랫동안 격하게 논의해 온 문제들, 즉 천구의 수, 천체들까지의 거리, [우주에서] 태양의 군림, 행성들의 위치와 궤도, 1년의 정확한 길이, 지점과 분점에 관한 지식, 그리고 마지막으로 지구 자신의 위치와 운동에 관해 그 외의 곤란한 문제들도 포함하여 충분한 근거 있는 주장을 전개하고 있기 때문입니다. 그리고 저는 이 인물이 자신의 논의와 그 결론을 뒷받침하기 위해 의심의 여지 없이 일련의 논증을 제시하기 때문에, 설령 그 증거가 극히 최근에 제시된 것이라고 해도 그의 논의를 논박하거나 비난하거나 깔보거나 할 수 있는 자가 이 시대의 학식 있는 사람 중에 있다고는 생각되지 않습니다. 오늘날에는 수학을 그럭저럭 배운 사람들조차, 그리고 실제(말하자면) 에페메리데스 제작자들조차 (그 원과 계산의 오류 없는 정확함 때문에 가장 정밀한 과학이어야 할) 천문학 작업에서 역산이나 천체 운동 관측의 각 사례에 결함이 있을 뿐만 아니라, 특히 항상 정확함을 요구받는 기하학의 기대에 응하지 못하고 있습니다. 이런 까닭이므로, 우리 친애하는 게오르크 대형, 천문학의 많은 곤란에서 해방되어 그 난제가 해결됨을 기대하며 이 책을 주의 깊게 읽고 그 내용을 자세히 음미하여 대형이 검토한 결과를 수학 애호가 모두에게, 특히 대형과 친하게 지내시는 분들에게 전하시도록 간절히 바랍니다. 그분들에게도 이 책을 읽도록 추천해 주십시오. 그렇게 하면 더욱더 완전한 설명[이 이루어진 책]이 세상에 나오는 것이 빨라질 뿐만 아니라 (그 내용이 이 책에 대략적으로 설명되어

있는바) 그 흔치 않고 신기에 가까운 저작도 또 보다 잘 알려지게 되어 그 저작을 구하는 큰 흐름이 그 저자 곁에 도달하게 될 것입니다. 그 저자[코페르니쿠스]는 의심의 여지 없이, 비할 바 없이 박식하고 헤라클레스, 아니 아틀라스도 능가하는 노력의 인물이며 오늘날 존경할 가치가 있는 그 저자에게 그 모든 연구성과를 개시하도록, 저의 벗[레티쿠스]은 참을성 강한 진력과 부단한 노력으로 탄원해 왔습니다.

그렇지만 의심의 여지 없이 위대한 자연과학의 숙달자인 대형께 부탁드리고 싶은 것은 설령 세속인들이 비판의 눈길을 보내도, 다음 세대의 사람들이 감사의 마음을 갖고 성장하여 경험을 쌓은 사람들이 보다 간지지 않고 보다 보람찬 형태로 진리를 해방할, 그러한 기회를 이 극히 고귀한 학문의 신봉자인 친구분들에게 제공해 주십사 하는 것입니다. 대형께서는 이것을 공표하기 위해 무엇이 필요하고 그것이 약속하고 있는 포상이 얼마나 큰 것인지를 잘 알고 계시기 때문입니다. 이러한 까닭이므로 이 책이 풍부한 예고를 하는바, 훌륭하고 자양이 풍부한 음식을 빼앗겨 먹을 기회를 놓쳤다고 나중에 후회하게 되지 않도록, 여느 때의 대형처럼, 그 외의 고귀한 정신과 함께 이 소저를 환영하여 수용해 주시기를.

그리고 마지막으로 우리 벗이여, 이 건에 관해 민중이 이러쿵저러쿵 말한다고 해도 일소에 부쳐주십시오. 왜냐하면 결국 이 새로운 이론이 유용하고 찬동할 수 있는 것으로 모든 학식 있는 사람들이 불평 없이 받아들이게 될 것은 전혀 의심할 수 없는 바이기 때문입니다.[45]

막 출판된『제1해설』과 코페르니쿠스가 집필했다고 알려져 있는『회전론』이 설명하는 지동설은 지금까지 "학교에서 가르쳐 온 통상의 이론과는 정반대usitatis scholarum theoricis contrarius"로 신학적으로는 '이단적haereticus'으로 보이기까지 하고 '민중vulgus'에게 조소받으며 '세속인들plebes'로부터는 비판받을지도 모르지만 '학식 있는 사람들docti'은 결국 그것을 수용할 것이라는 것이 가서의 확신이었다.『제1해설』에는 상세한 수학이론이 전개되고 있지 않으므로 가서가『회전론』제2권 이후 코페르니쿠스 이론의 수학적 측면을 배운 뒤 말한 것은 아닐 것이다. 그러나 가서는 태양중심 이론(지동설)이 옳다고 확신했다. 이『제1해설』제2판에는 가서의 서간에 따라 뢰겔리가 만든 시가 속표지에 인쇄되어 있다. "과거에도 알려지지 않았고, 지금 시대의 사람에게도 놀랄 만한 것이 이 책의 내용이다. 여기에서 별들은 새로운 질서에 놓이고 한때는 움직이지 않는다고 생각되던 지구는 지금은 서둘러 주회한다"라고 시작하는 이 시의 전문은 프로베Prowe의 책이나 대니얼슨Danielson의 논문과 책에 기록되어 있다.[46] 뢰겔리도 코페르니쿠스 주장의 핵심적 부분을 파악하고 있었음을 알 수 있다.

가서의 이 확신이 어디에서 오는지는 명확하지 않다 하더라도 가서의 서간이나 뢰겔리의 시는『제1해설』이 코페르니쿠스 이론을 소개하는 데에는 극히 뛰어난 것이었음을 방증한다.

그리고 가서의 이 확신은『회전론』이 출판된 뒤에도 변하지 않았다.

가서는『회전론』출판 후 1546년에 점성술 예언집을 출판했는데, 그 독일어판과 라틴어판 각자에 티롤의 귀족 카스파어 텐첼과 레티쿠스에게 보냈던 1545년 7월 27일자 서간을 서문으로 붙여 다시금 코페르니쿠스 이론에 대한 지지를 표명했다.

아래 텐첼에게 보내는 서간에는 코페르니쿠스 이론을 지지한다는 표명뿐만 아니라, 코페르니쿠스를 몰랐으리라 생각되는 독자에게 그 내용을 소개하는 내용도 간단하게나마 포함되어 있어가서 자신의 이해를 알기에도 흥미롭다.

이 학예[천문학]의 거장들은 1700년 동안 항성이나 행성의 운동이 그들의 장치나 계산에 의하면 실로 그들의 매일의 경험과도 조리가 맞지 않고 불완전하다는 것을 발견해 왔습니다. 이 때문에 히파르코스나 프톨레마이오스나 알 자칼리나 알 바타니나 알 비트루지나 쿠자누스나 레기오몬타누스, 그리고 베르너에 이르기까지 뛰어난 구조나 교묘한 착상으로 상황을 개선할 수 있다고 계속 희망해 왔습니다. 이리하여 그들은 각자 타인의 이론을 수정하여 어떤 자는 새로운 구를 고안하고 이어서 오래된 구를 폐기해 그를 대신하는 것을 도입하며 차례차례로 원이나 주전원이나 구실을 한도 없이 생각해 내왔습니다. 그러나 마침내 극히 최근에 우리 시대가 드디어 멀리 프러시아 땅에서 극히 학식이 풍부한 경이로운 인물, 니콜라우스 코페르니쿠스 박사가 이 작업에 이처럼 진지하게, 근면하게, 그리고 끊임없는 노력으로 몰두함으로써 천문학의 확립과 부활을 향한, 지금까지 아무도 들은 적 없는 완전히 참신한 기초를 쌓는 데 이르렀습니다. 그렇다기보다도 오히려 박사는 다른 학자들이 채택한 적 없던(태양이 모든 창조를 위한 빛이자 우주 전체의 중앙에 움직이지 않고 머물고 다른 세 원소[물, 공기, 불]를 동반한 이 땅의 세계는 달의 구와 함께 행성인 금성과 화성 사이에서 다중의 회전운동[자전과 공전]을 행하며 또 토성의 저편에 있는 천구로 보이는 항성들은 이미 움직이지 않고 그것을 둘러싼 또 다른 천구는 존재하지 않는다 등의) 가설을 정립하도록 강요받았으며, 이렇게 하여 수학자들 사이에서 자신의 이론을 성공적으로 증명할 수 있었을 뿐만 아니라 고난 끝에 천문학을 바른 길로 되돌린 것입니다. 그러나 이미 이단을 범한 것으로 간주되어 실제로 이 사실을 이해할 능력이 없는 많은 자들로부터 벌써 규탄받고 있습니다.[47]

이것은 독일어로서는 코페르니쿠스의 이름이 등장한 최초의 문헌이다. 끝부분에 "이단ein ketzerey을 범한 것으로 간주되어, …… 벌써 규탄받고 있습니다schon verurtheilet ist"라고 했는데, 이 시점에서 그에 해당하는 어떠한 사실이 있었는지는 명확하지 않다.
  다른 한편으로 라틴어판 예언집에 덧붙인 레티쿠스에게 보낸 서한에서는 코페르니쿠스 이론을 알기 쉽고 명쾌하게 해설하는 서적의 집필을 재촉했다.

행성들의 운동이 통상의 계산으로 결정될 수 있다고 해도 몇 가지 잘 설명되지 않는 예외도 있을 뿐만 아니라(불확실하다고는 해도 우리가 매년 예언을 행할 때 기초하고 있는) 분점[의 움직임]과 1년의 정확하고 신뢰할 수 있는 길이, 그에 더해 천구의 수, 이것들이 아직도 관측에 의해 충분히 확립되어 있지는 않다는 것, 이 사실들을 군이 부정 내지 무시하는 수학자는 존재하지 않는 이상 만약 귀하가 통상 수용되고 있는 가설을 전도시켜 이 아홉 여신[천구들]에 대해 처음으로, 그것에 의해 우리가 사는 곳의 태양을 우주의 중심에 정지시키고 다음으로 그 위에 우리가 사는 지구를 행성들 사이에 놓아 그 자신의 다중 운동을 행하게 하며, 마지막으로 모든 것을 감싸며 가장 높은 위치에 있는 항성 천구를 정지시킨다면, 결코 후회할 일은 없으며 모든 학식 있는 사람들이 이후 영원히 감사하게 될 위업을 달성하게 될 것입니다. 이때 귀하는 이것에 더해 외행성의 운동에 아직도 결여되어 있는 점을 보충하고 나아가서는 행성들의 모든 현상의 해명에, 혹은 학교에서 말하는 수고로운 작업에 훨씬 용이하면서 좋은 전망을 갖고 착수하게 될 것입니다.

이때 귀하에게는 이 성과를 주의 깊게 교묘하게 써서 명료하게 제시하는 일이 남아 있습니다. 아직 거기까지 모든 것이 무르익지 않았다면 적어도 새 이론의 기본적인 곳까지라도 우리에게 보여주었으면 합니다.[48]

이것은 『제2해설』의 집필을 권하는 말일 것이다. 그러나 이 시점에서 레티쿠스는 이미 정열을 잃어버렸는지, 이러한 가서의 요청에 응하지 않았다. 이는 레티쿠스가 썼던 코페르니쿠스 전기를 파기한 것과 더불어 대단히 유감스러운 일이었다.

5. 겜마 프리시우스

『회전론』이 세상에 나올 때 레티쿠스가 맡은 역할은 확실히 컸지만 실은 어쩌면 레티쿠스에 앞서서 코페르니쿠스를 방문하여 코페르니쿠스에게 그 저서의 출판을 재촉했을지도 모를 인물이 있었다. 레티쿠스보다 네 살 위인 겜마 프리시우스Gemma Frisius이다(그림6.3). 겜마는 이 시대의 천문학과 지리학에 중요한 위치를 점하고 있는데, 코페르니쿠스와의 관계는 거의 알려져 있지 않으므로 조금 상세하게 살펴보자.

겜마 프리시우스는 1508년에 네덜란드 북단 프리슬란트의 작은 마을 도쿰에서 태어났다.[49] 유년기에 부모와 사별하여 흐로닝언의 친척이 그를 길렀다. 태어날 때부터 다리가 좋지 않아 목발을 사용했는데 6세 때 성 보니파티우스를 모시는 교회에 참배하러 갔을 때 돌연 완치되었다는 전설이 남아 있다. 당시 네덜란드 북부 프리슬란트나 흐로닝언은 남부 브라반트나 플랑드르의 경제적 발전에 비해 뒤쳐진 가난한 지방이었다. 그러나 겜마는 당시 네덜란드에서 유일한 대학이었던 루벤대학에 진학할 수 있었다. 필시 어릴 때부터 능력이 뛰어났을 것이다. 이리하여 그는 1526년에 루벤대학에 학생 등록을 했고 1528년에는 학예학부를 마치고 석사학위를 취득했다. 나중에 의학부에 진학하여 1536년 경에는 의학부를 나와 의료에 종사했고, 1541년에 의학 박사학위를 취득하여 이후 루벤대학 의학부에서 교단에 섰다. 덧붙여 이 종교개혁의 시대에 루벤대학은 교황파의 아성이었다.

그림 6.3 겜마 프리시우스(1508~1555)

의학사의 세계에서는 겜마는 루벤대학의 동료이자 해부학의 혁신자로서 유명한 안드레아스 베살리우스가 해부학 연구에 이바지하기 위해 시외의 형장에서 시체를 훔치는 것을 도운 인물로서 무대의 끝에 등장한다. 동시대인 베살리우스의 책 『인체의 구조에 관하여De Humani Corporis Fabrica』에는 겜마가 "저명한 의사로서 견줄 자가 얼마 되지 않는 수학자"라 기록되어 있다.[50] 의사로서의 평가도 높았고 만년에는 카를 V세를 비롯한 네덜란드 사회의 지체 높은 사람들에게 종종 불려 갔다고 전한다.[51]

이렇게 겜마의 본업은 의사로 그 방면에서도 알려져 있었지만 관심은 주로 수학, 천문학에 있었다. 수학이나 천문학에 종사하는 사람이 학문상의 관심보다는 경제상의 이유(더 높은 수입 확보) 때문에 의학에 진학하는 것은 당시 자주 보이던 현상이었다.[52] 아들인 코르넬리우스 겜마에 따르면 겜마는 자신의 의료 활동을 상세히 기록하여 남겼다고 하므로,[53] 언젠가 의학서를 집필할 생각이었을지도 모르지만 현실에서는 의학 방면에서 특별히 이렇다 할 것을 공표하지 않았다. 생애에 걸친 학문적 저술도 오로지 천문학, 지리학, 지도학, 측량술, 수학으로서 이 방면에서는 많은 것을 남겼다. 그리고 1555년에 루벤에서 사망했다. 카를 V세가 퇴위하고 네덜란드의 지배권을 펠리페 II세에게 양도한 해이다.

이 시대의 네덜란드에 관해서는 그다지 알려져 있지 않으므로 조지 키시George Kish의 겜마 전기에서 인용해 두자.

겜마가 살았던 시대의 네덜란드는 카를 V세가 지배하는 제국의 일부였다. 헨트에서 태어난 카를은 부르고뉴와 합스부르크와 스페인의 세 지배적 가계의 통일을 일신에 체현하고, 일찍이 없었던 거대한 제국을 계승했다. 당시 카를이 지배한 땅에서는 [발견된 신세계를 포함하여] 결코 태양이 지지 않았다고들 했다. 그의 통치 초기에는 브뤼셀에 궁전을 두어 수도로 삼았다. 제국이 빛나고 있던 이 짧은 기간 동안 세계의 구조에 관한 학문, 즉 지리학이나 천문학 연구에 전념하는 데 네덜란드 이상으로 적합한 땅은 없었을 것이다. 브뤼셀에는 천문학자나 수학자나 지리학자의 이론적 고찰을 만족시키기에 족할 만큼의 항해나 발견의 뉴스나 실천적이고 실제적인 지식이 집중되어 있었던 것이다.[54]

조금 더 시대를 한정하면 "더욱 높은 학업에 힘써야 할 1520년대 초기에 루벤으로 간 겜마는 그 시대에 사용되던 천문학, 수학의 과학에 관한 최신 데이터를 모아 익힐 온갖 기회가 제공되던, 극히 자극적인 전문적 환경 속에 자신이 서 있음을 발견했다".[55]

이전에 말했듯이[Ch. 4. 10], 1524년에 출판된 페트루스 아피아누스의 『천지학의 서』가 널리 읽히게 된 것은 겜마가 제작한 교정판이 1529년에 출판되었기 때문이다. 그가 이 책의 개정을 안트베르펜의 출판사에 제의한 것은 루벤대학 학예학부를 마친 직후인 약관 21세 때였다. 이리하여 "겜마 프리시우스가 주의 깊게 개정하여 모든 오류가 개정되었다"라고 표지에 기록된 아피아누스 저 겜마 교정의 『천지학의 서』가 1529년에 출판되었다. 이전의 읽기 힘든 고딕체 활자가 명료한 로만체 활자로 변경되었고 도판도 몇 군데가 새롭게 추가된 이 책은 네덜란드어, 프랑스어, 스페인어로도 번역되어 16세기 내내 많은 판을 거듭한 베스트셀러가 되었다.

그리고 1530년에 겜마는 판데르헤이던Van der Heyden의 협력을 얻어 지구의와 천구의가 하나가 된 '제8천구의 중요한 별들을 동반한 지구의'를 제작했다. 지구의에 천구의 적도, 황도, 자오선, 자침 등이 장착된 것이다(그림6.4 왼쪽). 그 설명서인 『천문학과 천지학의 원리에 관하여De principiis astronomiae et cosmographiae』(이하 『원리』, 전체 제목은 그림6.4의 표제 참조)에 "고대의 저술가 및 스페인인과 포르투갈인의 항해에 따라 그렸다"라고 기술되어 있듯이 아프리카와 아메리카에 관한 새로운 지리학상의 발견을 받아들였다. 판데르헤이덴은 루벤의 금속 장인으로 과학기기 제작자이기도 했고 1520년대에는 몇 개의 지구의를 만들었다고 알려져 있다. 당시 네덜란드의 지구의, 천구의 제작사를 주제로 한 전공논문monograph에 따르면 "그는 극히 유능한 직인으로 금속공예 전문가expert인 데다 어느 정도 수학 교육을 받았다"라고 한다. 이른바 '고급 직인'의 한 사람으로 봐도 좋다. 1520년대 해외진출에 강한 관심을 기울였던 각국의 왕후, 로마교회, 대상인들의 지구의 수요가 높아졌고, 그에 응한 것이 뉘른베르크의 요하네스 쇠너와 네덜란드의 판데르헤이덴이었다.[56]

겜마는 1536년에도 판데르헤이덴과 지구의를 만들었다.[*11] 이때는 네 살 연하인 라틴명 메르카토르Mercator, 즉 헤라르트 크레머

---

*11 그림6.4에 그려진 겜마의 지구의나 1515년에 만들어진 쇠너의 지구의는 16세기 지구의의 표준적인 형태로, 지축 주변으로 회전할 수 있는 구조로 되어 있었다. 물론 이것은 그 제작자들이 지구 자전의 가능성을 인정하고 설계한 것은 아니었지만 제작자나 사용자에게 지구 자전의 현실적인 감각을 다소 주었으리라고 충분히 생각할 수 있다. Mosley(2006), p. 194.

그림6.4 왼쪽: 『겜마 프리시우스 천문학과 천지학의 원리에 관하여 및 동일인물이 공표한 글로브[천구의와 지구의]의 사용법, 그리고 세계의 분할과 근년 들어 발견된 도서와 토지에 관하여』(1530).
오른쪽: 겜마 프리시우스가 고안한 적도 천구의. 아피아누스 『천지학의 서』(1539)에서.

르Gerard de Kremer도 제도공으로 협력했다. 훨씬 뒤인 1569년에 메르카토르 도법을 고안한 메르카토르에게 이것은 지도 제작에 나서는 첫걸음이었다.[57] 1537년에는 같은 멤버로 천구의를 만들었다. 이 천구의는 뒤러Albrecht Dürer, 하인포겔Konrad Heinfogel, 스타비우스가 만든 1515년 천구의의 '3차원 복제품copy'이라고 불렸다.[58]

겜마는 대학 교육을 받지 않았지만 이렇게 수작업을 싫어하지 않았고 스스로도 제작에 종사했던 실무가였다. 워터볼크Waterbolk의 논문에 나오듯이 "그가 지향하는 것은 실천이었다".[59] 이것은 그가 천구 관측 기기 개량에 착수하여 이 방면에서 이름이 알려져 있었던 것에서도 알아차릴 수 있다. 겜마가 당시까지 사용되던 천구의를 개량하여 만든 세 구로 이루어진 적도천구의(그림6.4 오른쪽. 그림6.3의 오른쪽 아래에도 그려져 있다)는 나중에 티코 브라헤가 완성하여 사용했다. 이에 관한 설명은 1534년에 쓰였고 아피아누스의 『천지학의 서』의 1539년 이후 판에 덧붙여졌다.[60]

1545년에 겜마는 『천문학의 자막대』를 안트베르펜에서 출판했는데 이것은 "크로스스태프(십자간)에 관해 지금까지 쓰인 것 중에서 가장 포괄적인 것"이라고들 했다.[61]*12 이 책에서 그는 '천문학 내지 기하학의 자막대radius astronomicus seu geometricus'라 명명된 다목적 십자간을 제창했는데, 이것은 레기오몬타누스나 발터나 아피아누스의 것을 개량하여 가로목의 길이를 조절 가능하게 한 것으로 그 세기의 천체관측과 토지측량 실무에 널리 사용되었다.[62] 16세기 후반 최대의 천체관측자 티코 브라헤는 1598년의 책 『새로운 천문학의 기계Astronomiae instauratae mechanica』에서 자신이 천문학에 발을 들여놓았던 독일 유학 시절을 회고하며 "1564년에 나는 겜마 프리시우스의 지시로 만들어진, 나무로 된 천문학의 자막대를 남몰래 입수했다"라고 기록했다.[63]*13 1585년에는 잉글

---

*12 이 책은 코페르니쿠스의 『회전론』 2년 뒤에 나온 것으로 겜마 스스로가 크로스스태프를 사용하여 행한 관측에 기반하여 달 운동론에서는 프톨레마이오스가 틀렸고 코페르니쿠스가 옳다고 지적했다.

*13 '남몰래'라는 것은 동행한 가정교사로부터 법률 학습에 전념하도록 지시받았기 때문이다.

랜드 남부 레딩의 도구제작업자 존 블레그레이브가 『수학의 보석』을 출판했다. 그 제3권은 천체관측에 해당하는데 이것은 거의 전면적으로 젬마 프리시우스에 의거한 논의이다.[64]

그리고 또 뒤에서 논하겠지만 젬마는 1533년에 삼각측량의 원리를 제창함과 동시에, 그때까지 천체관측에 사용되던 십자간이나 사분의를 평지에서 측량하는 데 전용하는 방법이나 개량도 이야기했다. 『천문학의 자막대』 서문에는 "천문학의 자막대로 사람들은 이 단일하고 뛰어난 장치로 성간 거리와 행성 운동을 극히 정확하게 조사할 수 있을 뿐만 아니라 하늘과 땅 전체를 측정하는 것도 가능하다"라고 명언했다.[65] 천체관측 기기를 지상에서 사용하기 시작한 것이다.

『천문학의 서』에는 또한 어둠상자(카메라 옵스큐라)를 사용한, 일식 시 태양관측의 '모든 것 중에서 가장 간단하고 가장 정확한 방법'이 도판과 함께 설명되어 있다(그림6.5).

> 모든 창이나 틈을 닫고 태양광선을 작은 원형의 구멍으로 실내에 넣어 그 광선을 평평한 면으로 받아들인다. 명확하게 여기서 태양이 먹히는 정도가 자신이 하늘에 있는 것처럼 곤란 없이 완전히 볼 수 있다. …… 그러나 태양광선에 의해 그 면 위에 출현하는 일식은 실제로 하늘에서 생기는 것과 반대방향이 된다는 것, 즉 빛의 이론이 요구하는 바에 따라 상하가 역전되어 있음을 알아야 한다. 이리하여 우리는 1544년에 루벤에서 일식을 관측했다.[66]

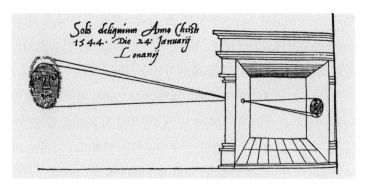

그림 6.5 카메라 옵스큐라로 행한 일식 관측(1544년 1월 24일).
겜마 프리시우스 『천문학의 자막대』(1545)에서.

청년 티코 브라헤는 일식을 관측하는 데 이 방법을 사용했고, 이
것은 티코의 제자였던 케플러의 결상^{結像} 이론 형성으로 연결된다.

또한 겜마의 아스트롤라베^{astrolabe}에 관한 유고^{遺稿}는 1556년에
아들 코르넬리우스가 출판했는데, 이것도 동시대에는 높은 평가
를 받았다.[67]

6. 경도결정법을 둘러싸고

겜마 프리시우스는 의사로서 카를 V세의 신뢰를 받았는데, 그
뿐만이 아니었다. 1536년 레티쿠스의 강연에는 "황제 카를 V세는
하늘의 과학에 관하여 거의 전문가와 같이 이해하고 애호했으므
로, 휴가 때는 게임이나 오락이 아니라 이 가장 좋아하는 학문에
관해 이야기를 나눔으로써 마음을 달랬다고 알려져 있다"라는 말

이 있다.[68] 코르테스가 아즈텍 제국을 정복한 것이 1521년, 피사로가 잉카 제국을 정복한 것이 1533년이다. 이렇게 유럽인의 프런티어를 확대하고 있던 신세계를 지배하에 두고, 점성술도 포함하여 천문학이나 지리학에 대한 관심이 높았던 카를 V세는 이 방면에서도 겜마를 특별 대우하여 종종 궁정으로 불러들였다.[69]

확대되는 원양항해 관계자의 요청에 응해 겜마는 관측 기기를 제작하거나 개량했고 지도나 지구의도 제작했지만 그 자신도 실제 항해로부터 점차 생겨나는 최신 정보에 강한 관심을 가졌다. 이 때문에 그의 지구의는 "그 이전의 것과 비교하여 신세계에 관한 한 뚜렷하게 개량되었으므로 새롭게 발견된 나라들에 관한 지식의 중요한 기록document이 되었다"라고 평가받았다.[70] 예를 들어 1558년에 프랑스인 앙드레 테베가 저술한 『남극 프랑스의 특이한 것들』은 주로 새롭게 발견된 남아메리카에 관해 기록한 것인데 그 끝부분에 프랑스인 자크 카르티에가 쓴 그 세기 전반기(1534년, 1535~1536년, 1541~1542년)에 막 탐색한 캐나다에 관한 기술이 있으며, 여기에서 다음 문장을 확인할 수 있다.

테르 누브Terre Neuve는 캐나다의 쑥 튀어나온 끝에 있는 한 지방으로 강이 하나 흐르는데 아주 폭이 넓고 넉넉해서 바다인 듯 생각될 정도이다. …… 이 강은 캐나다의 토지와 테르 누브 땅을 나누고 있다. 오늘날 어떤 사람들은 이것을 마젤란 해협처럼 대[서]양에서 태평양으로 통하는 해협이라고 생각하고, 실제로 겜마 프리시우스는 그 자신이 수학에 깊이 통달해 있음에도 요즈음 문제가 되고 있는 강이 해협임을 우리에게 납득시키고 싶어 한다는 오류를 범해, 이 것을 북쪽 해협이라 명명하여 그 세계지도에 기입했을 정도이다.[71]

세부에서 틀렸다고는 해도 겜마가 항해나 탐색에 관한 최신 정보에 주목하고 있었음을 알 수 있다.

이러한 항해에 관한 관심의 연장선상에서 겜마는 관측이나 계측 방법의 개량에 중요하고 원리적인 기여를 했다. 앞에서 말했듯이 그는 1530년에 판데르헤이덴과 협력하여 지구의를 제작했는데, 거기에 설명서로 겜마가 제작한 『원리』가 덧붙여져 판매되었다. 이 『원리』는 겜마 자신의 최초의 책으로 천체관측과 그 계산 지침으로서 널리 읽혔으며 몇 판이나 인쇄되었다. 이것은 제1부 '천지학의 원리', 제2부 '글로브[천구의와 지구의]의 사용에 관하여', 제3부 '세계의 분할' 즉 기술지리학으로 이루어졌고, 제2부의 1·2장은 입문적인 설명, 3장은 글로브의 올바른 설치 방법, 그리고 4장에서 23장까지는 이하의 구체적인 문제를 다루었다.

제4장　태양 위치의 결정

제5장　위도

제6장　별의 경도와 위도 및 적경과 적위

제7장　하루의 길이 및 태양과 별의 짐

제8장　새벽과 일몰

제9장　천구의 위에 새겨진 별의 인식

제10장　이것이 낮 내지 밤의 시각을 가르치다

이 17장, 18장에 새로운 경도결정법의 원리가 쓰여 있다. 17장
에서는 크로스스태프를 사용해 달 위치를 정확하게 결정하는 방
법과 이전에 베르너가 제창했던 월거법이나 월식을 이용하는 경
도결정법의 원리를 실제로 설명했다. 그리고 그 뒤에 당시의 에
페메리데스가 그렇게 정확하지 않았다는 것, 또 월식은 그렇게
빈번하게 있지 않다는 것을 이유로 그 실용성을 부정하고 "따라

서 많은 지역, 특히 스페인이 발견한 지역의 경도는 우리에게는 불확실하거나 아니면 완전히 미지이다"라고 결론지었다. 경도 결정은 필시 대항해 시대가 만들어 낸 문제였을 것이다.

그리고 젬마는 18장에서 자신이 고안한 방법을 설명한다.

오늘날 여행자에게 짐이 되지 않는 작고 정묘한 만듦새의 시계가 제작되었음이 알려져 있다. 이것들은 종종 24시간에 걸쳐 연속적으로 움직이고, 그럴 목적으로 다루면 언제까지고 계속 움직일 것이다. 이러한 시계를 사용하면 경도[차]는 다음과 같이 발견할 수 있다. 우선 출발할 때 그 시계를 출발지점의 시각에 정확하게 맞추도록 주의해야 한다. 다음으로 여행하는 동안에 시계가 멈추지 않도록 배려한다. 15마일 내지 20마일을 나아간 지점에서 출발점에서부터 경도로 어느 정도 나아갔는지를 알고 싶다면 시계의 침이 어떤 시각을 정확하게 가리키기까지 기다리고, 동시에 아스트롤라베나 천구의로 그때의 그 위치의 시각을 관측한다. 만약 그 [천체관측에 의한] 시각이 시계의 침이 가리키는 시각과 분 단위까지 일치한다면 우리가 아직 동일 자오선상, 즉 동일 경도의 위치에 있어 정남이나 정북으로 나아갔음은 확실하다. 그러나 1시간이나 몇 분의 차가 있다면 앞 장에서 설명했듯이 그 차는 각도나 각도의 분[의] 차으로 변환되고, 이리하여 경도[차]가 결정된다.[73]

간단하게 말하자면 출발점에서 맞춘 시계가 오후 1시를 가리켰을 때 태양이 남중했다면 출발점에서 서쪽으로 15도 나아간 셈이 된다. 원리는 단순하다.

문제는 그렇게 사용하는 데 견딜 수 있는 시계가 만들어졌는가일 것이다. 겜마 자신이 1545년의 『천문학의 자막대』에서 "경도 결정은 극히 어려운 작업이다"라고 말하며 시계를 사용한 그 결정법을 언급하면서, "항해 원정에서 그것은 극히 유용하지만 충분히 정확한 시계를 필요로 한다"라고 말했다.[74]

태엽을 동력으로 하는 시계 자체는 이미 15세기 초에 만들어졌었다. 회중시계의 출현은 15세기 말 내지 16세기 초기로 추측된다. 태엽이 풀릴 때의 구동력 감쇠를 보충하는 퓨지fusee(원뿔도르래)가 그 시기에 발명되었으므로 태엽시계는 꽤 장기간에 걸쳐 어느 정도 일정하게 움직일 수 있게 되었다. 따라서 겜마가 말했듯이 1530년 시점에서는 동작이 그럭저럭 안정된 여행용 소형 시계 Horologium는 존재했던 듯하다. 그러나 그래도 격하게 흔들리는 배위에서 며칠 동안이나 원양 항해에서 놓고 사용하기에는 도저히 견딜 수 없는 물건이었다.[75] 겜마 자신이 『원리』의 1553년 이후 판에서 다음과 같이 보충했다.

시간을 앎으로써 경도를 결정하는 몇 가지 다른 방법을 앞에서 기술했지만, 그것은 시계가 확실히 뛰어나서 그 작동이 날씨 변화에 따라 변동하지 않아야만 잘 되는 방법이다. 따라서 장기간의 여행, 특히 항해에서는 모든 여정 내내 정확히 측정할 수 있는 큰 클렙시드라clepsydra, 또는 물시계 내지 모래시계를 사용하는 것이 유용하다. 이 시계들을 병용함으로써 다른 시계의 오류를 정정할 수 있다.[76]

실제로는 그래도 아직 사용하기에는 모자랐다. 영국에서 존 해리슨과 그 아들 윌리엄이 해상에서 정확하면서 안정적으로 장기간 움직이는 시계를 만들어 오랜 항해에 사용한 것은 실로 2세기 뒤로,[77] 이 겜마의 방법이 실용화된 것은 19세기 중기였다. 그러나 겜마의 이 제안이 그러한 시계의 제작을 동기 부여하고 촉진한 것은 틀림없다. 이 시대에 천문학과 지리학과 시간계측기술은 밀접히 관련되어 있었던 것이다.

7. 삼각측량과 겜마의 학문 방법

지도학과 지도 제작법에서 겜마는 삼각측량의 기본을 제창했다는 점에서 두드러진다. 이것은 아피아누스의 『천지학의 서』의 1533년판 부록의 책자 『토지의 합리적 기술에 관한 소책자』로 발표되었다.[78]

처음 지상의 두 점을 기준으로 삼고 자침磁針을 장착함으로써 방위를 정확히 지킬 수 있는 판 위의 용지에 그 두 점 간을 묶는 직선에 평행하게 임의의 길이의 기선基線을 긋고, 그 두 점 간의 거리를 보측步測으로 측정한다. 동시에 그 두 점에서 목표지점 방향(자오선과의 각도)을 측정하고 종이 위의 그 두 점에서 그 방향으로 향하는 두 직선을 그으면 그 교점이 목표지점의 위치를 나타낸다. 이때 보측으로 구한 기선의 길이와 도상의 길이의 비에서 자동적으로 전체의 축척을 알 수 있다. 따라서 역으로 작도로 종이 위에서 얻은 길이로부터 실제 거리를 구한다. 이리하여 삼각형의 그물눈으로 토지를 덮어감으로써 원리적으로는 축척이 일정하고 정확한 방위를 가진 지도를 만들 수 있다. 실제 거리의 직접적인 측정은 이 기선에 대해서만으로도 좋고, 나중에는 모든 각도의 측정만으로 족하다는 것이 뮌스터의 방법과 비교해 개량된 점이었다.

겜마는 그 예로 브뤼셀과 안트베르펜을 기준점으로 잡은 지도를 들었다. 그리고 실제로 관측 방법으로는 교회의 종루처럼 그 땅의 가장 높은 점에 올라가 목표지점과 마찬가지의 점을 조망하도록 조언했는데, 그러한 넓은 영역을 한 번에 전망하는 방법은 토지가 평탄한 네덜란드에서만 잘 되었으리라 생각된다. 그렇다고 해도 현재 실행되는 삼각측량의 기본은 여기에서 모두 설명하고 있다. 측량사 전문서에 나오듯이 "겜마 프리시우스의 삼각측량 방법은 이 시대에 개발된 측량 방법에 가장 중요한 기여"를 했다.[79][*14]

[*14] 겜마 자신이 실제로 삼각측량을 행했는지는 알 수 없지만 그가 제창한 방법으로 나중에 덴마크의 천문학자 티코 브라헤와 네덜란드의 물리학자 빌브로드 스넬Willebrord Snellius이 각자 측량을 행했다고 알려져 있다. 티코가 1578년부터 1579년에 걸쳐 행한 측량에 기반하여 만들어진, 그의 측량기지가 있는 벤섬의 지도는 저작 『새로운 천문학의 기계』에 실렸는데 그 이전인 1588년에 한 번 인쇄되었다. 스넬의 것은 1617년의 『바타비아[네덜란드]의 에라토스테네스Eratosthenes Batavus』에 공표되었다. 이것은 네덜란드의 중심부를 측량함으로써 위도 1도에 대응하는 길이를 구하고 지구의 크기를 정확히 정하는 것을 목적으로 한 것이었다. Haasbroek(1968); Van Berkel(1985), p. 20; Thoren(1990), pp. 208~210 참조.

수학 방면에서 겜마는 1540년에 『실용산술의 쉬운 방법Arithmeticae practicae methodus facilis』을 안트베르펜에서 출판했는데 이것도 널리 읽혔다. 1661년까지 라틴어, 프랑스어로 74판 이상 인쇄되었다.[80] 이 책은 원래는 라틴어로 쓰인 것이었지만 그때까지 아카데미즘의 세계에서는 무시받던 상업수학도 다룬 것으로, 지배 엘리트를 위한 교육을 목적으로 한 라틴어 학교의 교과서에 상업수학이 등장한 것은 '사건'이었다고까지 평가받았다. 그리고 "이 책은 적어도 라틴어 학교를 위한 것으로서는 16세기에 가장 대중적인 popular 산술서"였다. 그 배경에는 당시 남네덜란드가 상업의 선진 지대였고 네덜란드 수학사가인 스트루이크Struik가 말했듯이 "수학학습의 주요한 추진력은 점차 상업의 직접적이고 간접적인 필요성에서 유래했다"라는 사정이 있었다.[81] 또한 뒤에서 논하겠지만 실용수학을 중시한 독일의 프로테스탄트계 대학에서 겜마의 이 책이 교과서로 사용되었음도 알려져 있다[Ch. 8. 4].[82]

겜마는 또한 자택에서 수학과 천문학을 교수했다.[*15] 그에게 수학과 천문학을 배운 사람 중에는 나중에 지도학자, 지도 제작자로서 이름을 드높인 뤼펠몬데 출신의 게라르두스 메르카토르, 브라반트 출신으로 1556년에 처음으로 코페르니쿠스 이론에 기

또한 데벤데르의 야코프Jacob van Deventer가 1536년에 겜마와는 독립적으로 삼각측량을 행했다고 알려져 있다. Lammens(2002), I, p. 41; Struik(1985), p. 38, 영역 p. 27 참조.

[*15] 대학 밖에서 개인적으로 교수하는 것은 루벤대학에서는 인정되지 않았지만 그는 예외적으로 허용되었던 듯하다. lammens(2002), I, p. 20f.

반하여 에페메리데스를 작성했고 1565년부터 1569년까지 루벤에서 수학을 가르친 요하네스 스타디우스, 프톨레마이오스의 『네 권의 책』이나 『하르모니아』를 라틴어로 번역한 안토니오 고가바, 『이론과 경험에 기반한 점성술 논박』을 저술하여 경험적 증거에 기반하여 점성술을 부정한 프리슬란트의 식스투스 헤밍거, 그리고 영국에 수학적 과학의 씨앗을 심은 존 디를 들 수 있다.[83] 나중에 디는 회상했다.

> 1547년 5월, 나는 몇몇 학식 있는 사람들, 주로 겜마 프리시우스나 게라르두스 메르카토르, 가스파 아 미리카Gaspar à Myrica, 안토니우스 고가바Antonius Hermannus Gogava와 같은 수학자와 이야기를 나누기 위해 도항하여 몇 개월간 네덜란드에 체재하고 나서 귀국했다. 이때 겜마 프리시우스가 발명하여 최초로 만든 황동제 천문학의 자막대[크로스스태프]나 게라르두스 메르카토르가 제작한 두 큰 지구의, 그리고 겜마 프리시우스가 최근 고안한 황동제 천문학자의 고리ring를 갖고 돌아갔는데, 나중에 나는 그것들을 트리니티 칼리지의 동료나 학자들이 사용하는 데 도움이 되도록 빌려주었다.[84]

존 디는 1548년 6월에 다시금 루벤을 방문하여 1550년 7월까지 체재했다. 1570년에 그는 유클리드 『원론』의 영역에 덧붙인 '수학적 서문'에서 수학적 과학의 중요성을 호소했는데, 여기에는 이 네덜란드에서 겪은 경험이 크게 영향을 끼쳤다.

메르카토르와의 관계에 관해서는 니콜라스 크레인Nicholas Crane

의 메르카토르 전기에서 인용해 둔다.

> 메르카토르는 다른 누구보다도 겜마에게 많은 빚을 지고 있다. 삼
> 각측량에 관한 겜마의 작업 덕분에 정확한 측량과 그로 인한 정확
> 한 지도 제작이 가능해졌다. 겜마의 천구의와 그의 측정기기 개발
> 은 메르카토르에게 그 직업의 규범적 틀을 제공했다. 이 가난한 태
> 생의 두 청년이 1530년대에 루벤에서 만나지 않았다면 메르카토르
> 는 지도 제작에 필요한 수학적 열쇠를 얻을 수 없었을 것이다.[85]

이렇게 보면 겜마는 이론에도 통달했지만 동시에 그 실제적 적
용에 강한 관심을 가졌던 유능한 수학적 실무가였음을 알 수 있
다. 실제로 그가 저술한 논고는 대부분 관측 기기나 교육적 교재
의 개량이나 사용법에 관한 것이었다. 이 점에서는 아피아누스와
통한다. 『천문학의 자막대』에서 겜마는 1544년 10월 31일 19시
루벤에서 관측한 화성의 경도 316도 20분을 기록했다. 『알폰소
표』에서 계산한 그 값은 319도 2분, 슈테플러의 에페메리데스에
따르면 1544년 11월 1일의 값이 319도 3분, 그에 비해 현대 천문
학자 브라이언트 터커먼Bryant Tuckerman의 1964년 계산으로는 316
도 21분이었다. 물론 이 일례만으로는 결론지을 수 없다 해도 겜
마가 꽤 뛰어난 관측자로서 그 관측이 상당한 정밀도로 행해졌을
가능성이 높다.[86]

이렇게 경험과 관측의 중시가 그의 자연을 대하는 자세를 특징
짓는다. 그것은 아들로서 아버지와 같은 길을 걸었던 코르넬리우

스 겜마가 쓴, 아버지 겜마가 남긴 수고에 관한 메모에서 알아차 릴 수 있다.

그가 남긴 몇 개의 수고 중에 그의 근면함의 위대한 증거가 되는 것, 즉 두 권으로 이루어진 대형 노트가 남아 있다. 그 한 권에는 온 갖 의료이론에 관한 그의 경험, 그가 진료한 환자의 모든 경과, 그 가 어떤 사람에게 상담을 받았는가 등에 관한 기술이 포함되어 있 고 질병과 그 징후, 치료의 성공과 그 상이점이 기록되어 있다. 또 한 권에 그는 거의 30년간에 걸쳐 별의 배치와 매일의 날씨 변화에 관한 모든 사항을 기록했다. 사물을 아는 데 특히 열심이었으며 그 를 위해 어떠한 노력도 꺼리지 않은 나의 아버지는 이 사항들이 흡 사 우리 학예 원리의 출발점인 듯, 이 사항들에 우리 학예의 장래가 맡겨져 있다는 듯이 이 사실들을 정확히 기술하고 오류가 없는 관 찰로 기초를 세웠다.[87][*16]

겜마 프리시우스는 의학이나 자연점성술에 관한 어떤 저작의 집필, 이론 제창을 의도했을지도 모른다. 당시의 의료종사자로서 점성술을 믿는 것은 보통이었지만 여기서 보이는 그의 방법은 사 변적인 것이 아니라 어디까지나 경험적이고 실증적인 것이었음

[*16]   코르넬리우스 겜마는 1535년에 태어나 1549년에 루벤대학 학예학부에 학 생 등록을 했고 그 3년 뒤에 의학부에 진학하여 의학을 배워서, 나중에 아버지의 뒤를 이어 루벤대학 의학부 교수가 되었다. Van Nouhuys(1998) p. 163.

을 알 수 있다. 그와 동시에 그가 이 방면의 저작을 남기지 않은 것은 30년에 걸쳐 관측을 해왔음에도 충분히 납득할 수 있을 만큼 발견을 할 수 없었다는 점도 시사할 것이다.

겜마는 경험과 관측을 중시했지만 그것은 어디까지나 수학적인 이론으로 분절화되는 경험이었고 수학적 개념에 의해 파악되는 관찰이었다. 『천문학의 자막대』 서문에서 겜마는 "이 과학들, 즉 천문학과 지리학은 이들 스스로가 산술과 기하학에 따르고 있으며 관측과 경험에 특히 기초하고 있다"라고 명확히 말했다.[88] 여기서 그는 천문학에서 발단하여 천지학으로서 지상의 과학에도 적용된, 새로운 수학적 자연과학의 방향성을 말하고 있다.

8. 『회전론』 출판 전후

겜마가 브뤼셀의 궁정에 출입했다는 것은 앞에서 말했는데, 그 관계로 그는 프러시아의 인문주의자이자 폴란드 국왕의 대사였던 요하네스 단티스쿠스의 대접을 받았다. 1485년생인 단티스쿠스가 브뤼셀을 방문한 것은 1531년 초로, 1532년에 귀국한 뒤 그는 크룸의 주교를, 그리고 1538년부터 1548년에 사망하기까지 바르미아의 주교를 역임했다. 겜마는 그와 알게 된 1531년에는 아직 20대의 젊은이였지만 이미 아피아누스의 『천지학의 서』를 교정한 것으로 이름이 알려져 있었다.

단티스쿠스는 전부터 코페르니쿠스와는 아는 사이였다. 겜마의 능력을 인정한 그는 폴란드에 와서 코페르니쿠스에게 협력하도록 겜마에게 요청했다. 1531년의 일이다.[*17] 단티스쿠스에 따르면 코페르니쿠스는 혁명적인 대저작을 썼지만 출판에는 신경질적이었다고 한다. 크레인의 『메르카토르 전기』에 따르면 겜마는 꽤 동요한 뒤 결국 거절하고 루벤으로 귀환했다고 한다. 헨리 데 포흐트Henry de Vocht의 책에서는 겜마는 건강상의 이유와 정확한 국토 지도를 제작할 계획을 갖고 있었기 때문에 단티스쿠스와 동행하기를 거절했다고 한다. 워터볼크 및 라멘스Lammens의 논문은 조금 더 상세하다. 1531년에 겜마는 단티스쿠스와 함께 폴란드로 갈 작정이었지만 그 전에 가족이나 친구와 만나러 프리슬란트로 한 번 귀향한 뒤 1532년에 브뤼셀로 돌아갔을 때 단티스쿠스는 나중에 오라고 전언을 남기고 이미 출발해 있었다. 그러나 겜마는 건강상의 이유 그리고 결혼하여 자식이 생겼다는 개인적인 사정, 나아가서는 단티스쿠스가 사망했다는 소문이 전해졌기 때문에 폴란드행을 단념했다는 것이다.[90]

어쨌든 겜마는 폴란드로 가지 않았다. 만약 가서 코페르니쿠스와 만났다면 천문학의 역사는 조금 바뀌었을지도 모른다.

[*17] 단티스쿠스는 바르미아 주교 시절에는 코페르니쿠스가 ─아내를 두는 것을 금지했던 당시 가톨릭의 성직자에게는 종종 보였던 일인 듯한데─ 공공연하게 '가정부'로 간주되는 여성과 사실상의 내연관계가 되었음을 비난한 일로 알려져 있다. 그리고 또 프로테스탄트인 레티쿠스와 우의를 맺었기 때문에 코페르니쿠스에게 나쁜 감정을 갖고 있었다고도 전한다.[89] 그들 사이의 알력이 어느 정도였는지는 확실하지 않지만 1531년 시점에서 양자의 관계는 나쁘지는 않았던 듯하다.

『회전론』 출판 이전에 겜마는 코페르니쿠스의 이론을 필시 『소논고』로, 혹은 단티스쿠스와의 대화로 어느 정도 알고 있었으리라 생각된다.[91] 레티쿠스의 『제1해설』이 출판된 뒤인 1541년 7월 단티스쿠스에게 보낸 서간에서 겜마는 다음과 같이 기술했다.

주교님께서는 지구나 하늘의 운동에 관해 일찍이 개인적으로 이야기를 나눴을 때 제가 있는 곳에서 이 저명한 저자에 관해 말씀하셨습니다. …… 우리의 천문학은 얼마나 많은 오류나 눈가림이나 미궁에 발목이 잡혀 있고, 스핑크스의 것보다 훨씬 곤란한 수수께끼가 얼마나 많이 따라다니고 있습니까? 실제로 지금까지 소인이 만족할 수 없었던 많은 사항을 열거할 수 있습니다. 예컨대 천문표에 기반하는 가장 정확한 계산에서조차 화성의 운동이 종종 황경으로 3도나 어긋나 있음을 관측해 왔습니다. 혹은 달의 크기가 우리의 눈에는 이 이론의 가장 저명한 저자들이 말한 정도의 변화는 보이지 않습니다. 1년의 길이가 완전히 올바르게 결정된 적도 없습니다. 현재로서는 아주 올바르다고는 생각되지 않고 많은 사람들로부터 조롱받고 있는 항성 천구나 원일점의 운동에 관해서 저는 아무것도 말할 생각은 없습니다. 그리고 또 저는 거의 모든 별의 경도와 위도에 관한 몇 가지 다른 사항에 관해서는 주교님을 지긋지긋하게 만드는 실례를 범하지 않도록 언급하지 않겠습니다. 만약 이야기하신 그 저자가 이 사항들을 해결해 주신다면 ―이 점에 관해서는 그분이 먼저 보내주신 서언이 뛰어난 예고가 됩니다만― 그때에는 새로운 지구, 새로운 천공, 새로운 세계가 열리지 않겠습니까? ……

저는 그 연구가 어떻게 결실을 맺게 될지 부디 지켜보고 싶다고 바라고 있습니다. 저와 마찬가지로 원하고 있는 학식자가 어디에나 적지 않게 있을 터이겠지요.[92]

여기에는 코페르니쿠스의 이름은 쓰여 있지 않다. 그러나 여기서 말하고 있는 '저명한 저자'가 코페르니쿠스라는 것, 또한 '서언 prooemium'이 레티쿠스의 『제1해설』인지 코페르니쿠스의 『소논고』인지는 연구자 사이에서 견해가 갈려 있다 해도,[93] 그것이 코페르니쿠스 이론을 가리켰음은 틀림없다. 실제로 겜마는 1543년 4월 7일의 편지에서 "인쇄에 걸려 있는 중이라고 에우스타치우스 씨가 저에게 알려주신 지고하신 분 니콜라우스 코페르니쿠스 씨의 수학서를 매일같이 애태우며 기다리고 있습니다"라고 다시금 표명했다.[94][*18]

앞의 1541년 편지에서는 그때까지 받아들여졌던 이론과 관측된 사실이 불일치한다는 것을 극히 구체적인 형태로 지적했다. 측문한 코페르니쿠스의 신이론에 대해 겜마는 그것이 달이나 행성의 예측에 당시까지도 항상 따라다니던 부정확함이나 오류를

─────

[*18]   이 편지는 그해 1월 단티스쿠스가 겜마에게 보내는 다음 편지에 답한 것이다. "작년은 다망하여 대형에게 편지를 쓸 시간이 없었으므로 저는 대형이 저에게 써서 보내주신 수학서[코페르니쿠스의 『회전론』] 건에 관해 크노벨스도르프의 에우스타치우스 씨가 대형에게 전달해 드리도록 의뢰했습니다. 왜냐하면 그 저자, 제 교회의 성당참사회원 니콜라우스 코페르니쿠스 씨는 최근 마비로 생명이 위독하신 상태에 있어 그 출판을 어떤 젊은 수학자에게 맡겼기 때문입니다."[95]

일소해 주지 않을까 하는 뜨거운 기대를 가졌다. 그러나 동시에 1541년의 서간에서는 다음과 같이 표명했다.

저는 그[코페르니쿠스]가 증명을 위해 사용한 가설들에 관해서는 그것들이 어떠한 종류의 것인지, 그것들이 얼마나 진리를 포함하는 지에 관해 논의할 마음은 없습니다. 별들의 운동과 그 운동들의 시간 간격에 관해 충분히 정확한 지식을 얻는 한, 그리고 그 양자가 완전히 정확한 계산에 맡겨지는 한, 그가 지구는 움직인다고 주장하는지 그렇지 않으면 움직이지 않는다고 선언하고 있는지는 실제로 저에게는 어떻게 되어도 좋은 일입니다mea enim non refert.[96]

겜마는 이 시점에서는 대단히 실용주의적인pragmatic 입장에서 코페르니쿠스 이론을 보았던 듯하다. 이 부분은 겜마가 천문학의 수학적 개념이나 모델에 대해 극히 도구주의적인 시각을 취했고 코페르니쿠스 이론의 우주론적 주장에 관해서는 무관심했었음을 나타내는 것으로 뒤엠Duhem이나 손다이크의 책에 기술되어 있다.[97]

그렇지만 코페르니쿠스의 『회전론』을 실제로 읽은 뒤 겜마의 태도는 변화했다. 그 상세한 바는 다음 절에서 살펴보겠지만 우선 달이나 행성 운동의 예측, 그리고 관측과의 일치에서 코페르니쿠스 이론이 프톨레마이오스를 웃돈다고 겜마가 판단했음을 확인해 두자. 『회전론』 출판 후인 1545년 겜마의 『천문학의 자막대』의 제16장 「천공에서 성간 거리의 변화와 빛나는 물체의 시직경에 관하여」[98]에서는 1544년 10월 27일의 관측에서 달의 시직경이 각도로 31분이었음에 입각해서 다음과 같이 말했다.

저는 프톨레마이오스가 기재한, 그리고 코페르니쿠스를 예외로 하고 다른 모든 사람들이 추종해 온 달의 이심률을 믿을 수가 없습니다. 코페르니쿠스는 제2의 프톨레마이오스와 같이 강력한 논거로 이 고대 이론과 대결하여 뛰어난 용기를 갖고 새로운 이론을 증명했습니다. 확실히 요하네스 레기오몬타누스는 그 『적요』 제5권 22장에서 여기에 무언가 오류가 있다고 지적했습니다만 그는 독자에게 자신의 놀람을 경고로서 알렸을 뿐으로, 아무것도 바꾸려고 하지는 않았습니다. 이렇게 위대한 스승[프톨레마이오스]이 명백한 경험에 반하는 것을 수용했다는 데 놀랐다는 점에서는 그는 확실히 옳았습니다. 왜냐하면 예전부터 일반적으로 수용해 온 달 이론에서는 반달일 때는 그 시직경이 만월이나 태양과 합일 때의 배가 된다는, 실제로는 지금까지 누구도 경험한 적 없는 것이 되기 때문입니다. 코페르니쿠스의 뛰어난 저서를 읽고 우리는 자막대[크로스스태프]의 도움을 빌려 같은 것[예전부터의 이론이 잘못되어 있는 것]을 종종 발견해 왔습니다. 코페르니쿠스의 저작이 출판되기 이전에도 그것과 같은 것에 놀랐었습니다. 예컨대 1542년 12월 15일의 저녁 무렵 우리는 달의 직경이 30분에 지나지 않음을 관측했습니다만 고대[프톨레마이오스의] 이론에 따르면 그것은 50분을 조금 밑돌 뿐이었으므로 2배 가까이 되어야만 했던 것입니다. 왜냐하면 이때 달은 원주상의 지구에 가장 가까운 부분에 있고 그 거리는 [지구 반경을 단위로 해서] 겨우 39단위였습니다만 다른 때에는 그 거리가 65

단위나 됩니다. 따라서 투시법 이론에 따르면 이때의 달은 크게 보일 터이기 때문입니다.[99]

이 문제는 태양중심이론에 직접 관련되는 것은 아니지만 직접적 관측에 기반하여 코페르니쿠스 이론을 최초로 지지한다고 표명한 것이었다. 그리고 이 책에는 식의 예측에 관해 "이 문제를 클라우디오스 프톨레마이오스가, 또 포이어바흐의 표나 그 외의 것이 상세하게 설명하고 있지만 모든 것 중에서 가장 뛰어난 것은 코페르니쿠스의 것이다"라고 하며[100] 이 문제에서도 코페르니쿠스의 책에 대한 신뢰를 표명했다.

지동설과 천동설을 둘러싼 논의와는 별개의 논점으로 겜마는 코페르니쿠스 이론을 프톨레마이오스 이론보다 높이 평가했다.

9. 코페르니쿠스의 이론으로 경도되다

『천문학의 자막대』는 이미 1545년 시점에서 겜마가 『회전론』을 배웠음을 보여주지만, 그 후 1555년에 사망할 때까지 10년간 겜마가 『회전론』으로 코페르니쿠스 이론을 본격적으로 세세한 곳까지 연구했음은 그가 소유했던 『회전론』에 남겨진 상세한 메모로 알 수 있다. 실제로 오언 징거리치는 네덜란드 북부 레이와르던에 있는 프리슬란트 주립도서관이 소장 중인, 일찍이 겜마가 소유했었다고 생각되는 『회전론』에 쓰여 있는 주석comment이 현존하는 『회전론』에서 보이는 모든 메모 중에서 "가장 상세한 것"이라고 썼다.[101] 겜마가 쓴 이 주석은 신디 라멘스^{Cindy Lammens}가 2002년에 헨트대학에 제출한 학위논문의 제2부에 전문이 영역과 함께 다시 기록되어 있다.*[19] 이것을 읽어보면 겜마가 『회전론』을 연구하는 과정에서 태양중심이론으로 강하게 경도되었음을 선명하게 알아차릴 수 있다.

겜마 주석의 한 특징은 코페르니쿠스의 『회전론』에서 우주론적 주장을 전개하는 제1권에 거의 글자 뜻 그대로에 가까운 형태로 수많은 메모를 했다는 것이다. 이것은 다음 장 이후에서 살펴보겠지만, 『회전론』의 제1권에는 관심을 보이지 않았던 라인홀트 등 비텐베르크학파의 것과 현저한 대조를 이룬다.

『회전론』 제1권 6장의 "지구라는 극히 작은 것보다도 오히려 우주라는 저토록 거대한 것 쪽이 24시간에 회전한다면 우리는 오히려 그것에 놀라움을 느끼지 않을까"라는 코페르니쿠스의 주장에 대한 겜마의 코멘트는 단적으로 "우주가 정지해 있고 지구가 움직이는 쪽이 보다 그럴 듯하다"라고 했다(I-64). 마찬가지로 제8장에서 지구가 회전하면 지구나 지상의 온갖 것들이 뿔뿔이 흩어지게 된다는 프톨레마이오스의 논의에 대해, 그렇다면 지구보다도 더 큰 하늘에 대해서는 마찬가지의 일이 일어남이 그 이상으로

---

*19   Lammens(2002), II에는 『회전론』의 각 권마다 겜마의 주석에 번호가 붙여져 있다. 이하 이 주석을 인용할 때는 『회전론』의 권과 겜마가 붙인 주석(코멘트)의 번호를 로마숫자-아라비아숫자로 표기한다. 볼드체 강조는 야마모토^{山本}가 한 것이다.

의심스럽지 않은가 하는 코페르니쿠스의 반론에 대해서도, 겜마는 "그는 프톨레마이오스의 논의를 격파했다^{solvit}"라고 코멘트했다(I-86). 제10장의 "우리는 [행성 궤도의] 이 순서매김하에서 우주의 놀랄 만한 균형과 천구 크기의 확실하게 조화로운 결합을 발견했다"라는 코페르니쿠스 이론의 최대 성과에 대한 겜마의 코멘트는 '이 균형 잡힌 순서매김$^{concinnatas\ huius\ ordinationis}$'이라 하며 이 점에 대해서도 긍정적인 평가를 부여했다(I-155). 그 외 코페르니쿠스가 태양과 항성천의 정지, 지구의 운동을 언급하는 부분에는 "마찬가지로 행성은 여러 운동을 갖기 때문에 지구도 그러한 운동을 갖는다", "태양은 우주의 중심에 있다", "항성 천구는 움직이지 않는다" 등이 확인하기 위해 기입되어 있다(I-119, 122, 152).

그리고 『회전론』 제3권 '제15장 태양 겉보기 운동의 비일정성을 증명하기 위한 예비적 정리들'에는 "태양 주변의 지구 운동은 지구 주변의 태양 운동과 동일한 효과를 야기한다"라고 코멘트했다(III-238). 제4권의 달운동론에서는 "고대인의 이론으로부터 유도되는 것은 이치에 맞지 않는다^{absurda}", "그[코페르니쿠스]는 달의 거리에 관한 프톨레마이오스나 다른 이론을 논구했다"라고 기술했다(IV-23, 280). 또한 제5권 '제1장 그것들[행성들]의 회전과 평균운동에 관하여'에는 '역행운동, 유^{留} 등은 지구 운동 때문에 생긴다', '참된 위치는 천구들의 중심으로서의 태양에 관해 주어진다'(V-5, 6)는 코멘트가 있다. 나아가 같은 권 '제3장 지구 운동에서 기인하는, 겉으로 보이는 비일정성의 일반적 설명'에서는 지구에서 본 행성 운동의 제2의 부등성, 즉 유나 역행운동, 그 이외의 한 방향으로 가는 운동에 대해서는 코페르니쿠스가 부여한 '시차운동motus commutationis'과 '고유 운동motus proprii'의 구별을 답습했고(V-9, 10, 27, 28, 65, 65), 그다음 "고대 천문학자가 주전원으로 설명하려고 한 각 행성의 모든 겉보기 운동이 지구의 단일 운동에 의해 생긴다는 것이 다시금 제시되었다"라는 『회전론』의 본문에 대해서는 "지구 운동 단 하나가 교묘한 방식으로 행성의 여섯 주전원을 대체한다"는 코멘트를 했다(V-62).

이 겜마의 방대한 주석comment에 기반하여 라멘스는 "태양중심이론을 겜마가 수용한 것을 그저 도구주의적이라고 특징지을 수는 없다. 오히려 겜마는 태양중심가설의 우주론적 올바름을 수용하는 방향으로 기울었고, 그의 수용방식은 [수학적 개념에 대해] 실재론자의 것이라 생각되어야 한다"라고 결론짓는다.[102] 이것은 극히 타당한 결론이라고 말할 수 있다. 만년의 겜마는 코페르니쿠스 이론을 행성 운동 예측을 위한 단순한 수학이론으로 이해하지 않고 우주론적·물리학적 주장으로 이해하고 수용한 것이다.

겜마의 최종견해는 제자 스타디우스가 만들어 1556년에 켈른에서 출판한 『에페메리데스』의 서문에서 유용한, 겜마 생전 마지막 해(1555년)의 서간에 명확하게 나타나 있다. 스타디우스의 1554년부터 1570년까지의 『에페메리데스』는 1556년까지의 것이었던 슈테플러의 『에페메리데스』를 계승하는 것이며 당시 "필시 가장 널리 사용되었다"라고 보인다.[103] 그리고 영국의 존 필드의 1557년의 것과 함께 1551년에 출판된 『프러시아 표』에 기초한 최초의 『에페메리데스』기도 했다. 프톨레마이오스 모델에 기반하는『알폰소 표』와 코페르니쿠스 모델에 기반하는『프러시아 표』
가 공존하는 가운데, 겜마는 코페르니쿠스 이론의 우위를 확신하
고『프러시아 표』에 기초한 에페메리데스를 두려워하지 않고 출
판하도록 스타디우스를 격려했다. 덧붙여 영국에서 존 필드가
1557년의 에페메리데스를 작성했을 때 역시『프러시아 표』를 참
고하도록 조언한 사람이 겜마의 제자 존 디였다.[104]

이 1555년의 서간, 즉 스타디우스의『에페메리데스』서문에서
겜마는 적어도 지구의 일주운동(자전)과 연주운동(공전)에 관해서
는 코페르니쿠스가 올바르다는 것을 확인했다.

일견 프톨레마이오스의 가설은 코페르니쿠스의 것보다도 타당한
듯 생각됩니다만, 그럼에도 전자는 적지 않은 불합리에 기반하고
있습니다. 왜냐하면 프톨레마이오스의 가설에서는 별[행성]이 그
원 주위를 일정하지 않은 형태로 움직인다고 이해될 뿐만 아니라
그것은 현상에 대해 코페르니쿠스의 가설과 같은 명쾌한 이유
evidentis causae를 갖지 않기 때문입니다. 예컨대 프톨레마이오스는
세 외행성이 충opposition의 위치에 있을 때 —[지구를 끼고] 태양과
반대 측에 있을 때— 항상 그 주전원 위의 근일점에 있다고 가정합
니다. 즉 프톨레마이오스는 이것을 사실로서 그렇다고 말하는 것입니
다. 그에 비해 코페르니쿠스의 가설은 이 동일 사실을 필연적인 것으
로서 결부하고 왜 그러한가를 설명합니다. 이것들은 자연 운동에 모
순되는 어떤 것에도 의거하지 않습니다. 또 거기서부터 행성의 거
리에 관한 보다 풍부한 지식이 유도됩니다만 이것은 종래의 가설로

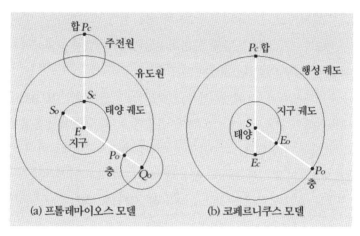

그림 6.6 외행성의 합conjunctin과 충oposition
*P*는 행성, *S*는 태양, 첨자 *c*, *o*는 각자 합과 충을 나타낸다.

는 유도할 수 없었습니다. 그러나 만약 바란다면 최초의 두 운동[지구의 자전과 공전]을 빼고서 그가 생각하고 있는 지구 운동[시차운동]을 하늘로 돌리고, 또한 계산을 위해 동일한 계산수순cannon을 사용할 수 있습니다.[105]

손다이크가 "코페르니쿠스 이론에 대한 강력한 옹호"[106]라고 평가한 이 서간에서 겜마는 코페르니쿠스 이론의 급소, 즉 행성 궤도의 크기를 관측치로부터 유도하는 데 성공하여 태양 – 행성 간의 거리에 관해 '보다 풍부한 지식amplior cognition'을 만들어 내며 행성의 충과 근일점의 관계(그림 6.6)를 합리적으로 설명한 것 등을 정확하게 파악했다. 겜마는 바로 코페르니쿠스가 태양계를 단순히 행성 궤도를 뭉뚱그려 놓은 것으로서가 아니라 한 체계system

로서 파악하고, 그때까지는 '사실의 지식'일 뿐이었던 행성 운동의 제2의 부등성의 특징을 '근거의 지식'으로 전환시킨 것이라는 점을 간과하지 않았던 것이다.

스타디우스의 『에페메리데스』로부터 약 반세기 뒤인 1608년에 네덜란드의 기술자 시몬 스테빈은 천문학 교과서 『천계의 운행에 관하여』를 저술했다. 그 제1부는 스타디우스의 『에페메리데스』에 기반하여 행성과 항성의 운동을 구하는 방법의 설명, 제2부는 '지구를 움직이지 않는 것으로 하는 본연적이지 않은 이론', 즉 부적절한 프톨레마이오스의 이론, 그리고 제3부가 '움직이는 지구라는 본연적인 이론', 즉 적절한 코페르니쿠스 이론의 해설이다. 이 제3부의 요약으로는 "[행성의] 경도 운동에 관해서는 가동지구이론도 고정지구이론도 수학적으로는 동일한 결론에 도달한다는 것이 증명되어 있다. 유일한 차이는 고정지구이론에서는 기이하게 생각되고 놀라움을 자아내는 사항이 가동지구이론에서는 그것이 자연에서 실제로 생긴다는 것에 기반하고 있기 때문에 놀라움을 자아내지 않는다는 사실에 있다"[107]라고 명언했다. 겜마 프리시우스의 영향을 확인할 수 있다.

10. 학문 간의 서열을 둘러싸고

개개의 행성 운동을 뭉뚱그려서 기술해 놓은 덩어리일 뿐이었던 프톨레마이오스 이론에 비해, 코페르니쿠스 이론은 태양계를 전체 체계로 파악하는 데 성공했고 행성 운동의 몇 가지 현상에 대해 '사실의 지식'을 '근거의 지식'으로 변환했다. 레티쿠스와 겜마는 재빨리 그 의의를 파악했다. 그 설명능력의 우위성에 기반하면 코페르니쿠스의 모델이 계산을 위한 단순한 수학적 구성물이 아니라 참된 우주구조를 나타내고 있는 존재론상의 진리라고 주장하고 싶어진다. 그러나 이것은 당시까지의 스콜라학에게 학문적 구성(학문 간의 서열) 그 자체를 뒤흔드는 문제를 제기했다.

이 책 제1장에서 자연학과 천문학이 같은 천체 현상을 말할 때에도 개별 문제 설정에 기반하여 개별 목적으로 말하고 있다는, 두 학문의 차이에 관한 게미누스Geminus of Rhodes의 견해를 인용했다[Ch. 1. 3]. 실은 게미누스는 그 병렬적 구별을 말했을 뿐만 아니라 그 상하 서열도 말했다.

> 무엇이 그 자연 본성상 정지의 위치에 적합하고 어떤 물체가 운동하는 경향이 있는가를 아는 것은 [자연학자의 작업이지] 천문학자의 작업은 아니다. 천문학자는 어떤 물체가 정지하고 다른 이런저런 물체가 운동한다는 몇 가지 가설을 도입하여 하늘에서 실제로 관측되는 현상이 어떤 가설에 적합한가를 고찰한다. 그러나 천문학자는 그 제1원리, 즉 별의 운동은 단순하고 일정하여 질서정연하다는 원리에 관해서는 자연학자에게 배워야 한다.[108]

천문학은 자연학에 종속되어 있었던 것이다. 20세기 초에 피에르 뒤엠Pierre Duhem은 다음과 같이 썼다.

천문학의 가설이 기하학자가 천체 운동을 계산하기 쉽게 할 목적으로 짜 맞춘 수학적 허구라 해도, 현실에서 실현되고 있는 구체적인 물체 운동의 기술이라고도 볼 수 있다. 전자의 경우는 그것들이 현상을 구제하는 것만이 요구된다. 후자의 경우 천문학자의 지적 자유도는 보다 좁아진다. 왜냐하면 만약 천문학자가 하늘의 몇몇 본질을 안다고 말하는 철학을 주장하는 자라면 그 [천문학의] 가설을 그 철학의 교의와 타협해야 하기 때문이다.[109]

즉 행성 운동 예측기술로서의 수학적 천문학만을 보는 한, 코페르니쿠스 이론과 프톨레마이오스 이론은 상대적이지만 그것을 철학, 즉 자연학으로 기초가 되어야 한다고 주장한다면 자연히 그 어느 쪽으로 한정된다는 것이다. 이때 아리스토텔레스의 자연학을 취하는 한 이원적 세계상에 입각한 지구 중심 체계(천동설)만이 허용된다.

따라서 역으로 수학적 천문학자가 행성 운동을 설명하는 데 성공한 태양 중심설(지동설)이 우주의 실재구조를 나타낸다고 주장한다면, 그것은 수학적 천문학을 존재론적 자연학과 철학적 우주론의 상위에 둠을 의미한다. 바로 이것이 코페르니쿠스 혁명의 결정적인 점이었다. 1962년에 에드워드 그랜트Edward Grant는 코페르니쿠스가 지구의 운동이라는 가설을 수학적 허구로서가 아니라 실재로서 제창했다고 한 다음 문제의 요체를 지적했다.

코페르니쿠스는 또 하나 중요한 개혁을 했다. 그는 자연학을 천문학 아래에 두고 고대와 중세의 전통을 전도시켰다. …… 이때 자연학은 올바른 천문학의 기본적 요청에 따라야 하지만 그것은 거의 신성화되고 있던 전통과 꺼림칙하게 단절됨을 의미했다.[110]

신디 라멘스의 학위논문은 더욱 적확하게 말한다.

코페르니쿠스가 자연학을 천문학의 하위에 두었다는 것에서 고대 및 중세 전통으로부터 또 하나의 중요한 이반이 일어났음을 알아차릴 수 있다. 중세 사상에 따르면 자연학은 원인과 근본적인 원리를 다루고, 그에 비해 천문학은 단지 하늘의 현상들에 대응하는 가설을 고안함으로써 "현상을 구제하는" 데 지나지 않는다. 그렇지만 코페르니쿠스가 그의 천문학상의 가설이 새로운 우주론적 진리를 나타내고 있다고 정말로 간주했었다고 한다면 그것은 지구 운동을 설명할 수 있고 새로운 우주론과 조화하는 새로운 자연학 이론을 창출해야만 했었음을 의미한다. 이것은 자연학이 천문학의 새로운 필요성에 적합해야 했다고 바꿔 말할 수 있다. 따라서 코페르니쿠스는 수학적 천문학은 그 학습이 오로지 자연학 분야에서만 행해졌고 세계의 어떤 질서 매김에 관련되는 어떠한 주장도 하지 않으며 계산을 위한 도구^{device}를 잘 제공해야 한다는, 일반적으로 수용해 온 아리스토텔레스의 위계를 거부해야 했던 것이다. 바꿔 말하면 코페르니쿠스는 세계의 체계에 관한 완전한 재검토를 요구했을 뿐만 아니라 과학들의 체계에 관해서도 마찬가지 것을 요구한 것이다. 코페르니쿠스를 과학혁명의 최초의 주도적 인물로 간주할 수 있다고 한다면 그것

은 필시 이 점 때문일 것이다.[111]

가톨릭교회 내부에서도 재빨리 이 점을 간파하고 이 문제가 내포하는 위험성을 깨달은 인물이 있었다. 1544년부터 1547년에 걸친 트렌트 공의회 때 도미니코회 신학자 조바니 마리아 토로사니는 제기했다.

하위 학문은 상위 학문이 증명한 원리들을 수용한다. 실제로 하위 학문은 상위 학문을 필요로 하고 이것들이 서로 돕는 방식으로 모든 학문은 서로 관련되어 있다. 실제로 천문학자는 우선 최초로 자연학을 연구하지 않으면 완전할 수 없다. 왜냐하면 점성술[천문학]은 천상의 물체의 자연 본성과 그것들의 본성의 운동을 전제로 하기 때문이다. [그리고 또한] 사람은 논리학을 통해 논쟁에서 참과 거짓을 분별하는 방법을 습득하고 의술, 철학, 신학, 그 외의 학문에서 필요로 하는 논의 방식을 익히지 않으면 완벽한 천문학자나 철학자가 될 수는 없다. 그런 까닭으로 자연학 및 논리학을 이해하고 있지 않은, 앞서 말한 코페르니쿠스라는 인물이 이 학문들에 대한 무지 때문에 이 [피타고라스학파의] 견해를 오해하고 오류를 올바르다고 생각했다고 해도 놀랍지는 않다.[112]

코페르니쿠스 자신이 자각하고 있었는지는 별개로 『회전론』의 주장은 당시까지 받아들여 온 자연학과 수학(천문학)의 경계설정을 넘어섰고, 나아가서는 그 상하관계를 전도시킬 위험성을 품고 있었던 것이다. 따라서 당시의 스콜라학의 입장에서 본다면 수학을 우선시킴으로써 지금까지 인정받아 온 자연학의 원리에 반하는 주장을 하는 코페르니쿠스의 『회전론』은 허용하기 힘들어진다. 이 토로사니의 논의는 『회전론』이 야기한 문제점의 핵심을 꿰뚫고 있었으며, 『회전론』에 대한 스콜라학의 입장에서 취할 수 있는 가장 원리적인 비판이었다. 그러나 이 소론의 끝부분에는 "교황궁 정신학 고문이 이 책을 단죄하려고 했지만 병환과 그에 이은 사망 때문에 그 의도를 달성할 수 없었다"라고 한다.[113] 다른 한편으로 에드워드 로즌이 말했듯이 "바티칸[로마 교황청]은 [확대되는 종교개혁을 앞에 두고 큰 행사인 트렌트 공의회에 몰두하고 있었기 때문에 『회전론』은 공적인 주목을 면했다"라고 한다.[114] 결국 토로사니의 이 소론은 수도회의 아카이브에 사장되었다. 그 후 가톨릭교회가 이 토로사니의 문제 제기를 채택하여 그 입장에서 『회전론』을 문제시했다는 증거는 없는 듯하다.

*

코페르니쿠스의 『회전론』 출판 직후에 코페르니쿠스 지동설에 찬성의 뜻을 표명한 레티쿠스, 가서, 겜마는 코페르니쿠스 이론을 단순한 수학적 가정으로서가 아니라 우주론적 진리로 이해했다.

코페르니쿠스 개혁은 천문학적으로는 태양계를 시스템으로 파악하고, 그럼으로써 행성 운동에 관한 많은 사실에 처음으로 합리적인 설명을 부여한 것으로 평가받는다. 이 코페르니쿠스의 주장을 우주론적·자연학적 주장으로 파악한다면 그 핵심은 지구를 행성의 일원으로 넣은 것에 있고, 그것은 아리스토텔레스 이래의 이원적 세계상의 파괴를 의미한다. 나아가서 그것은 당시까지 하위 학문이라 간주되던 천문학의 결과가 상위 학문으로서의 자연학의 원리를 뒤엎음으로써 그때까지 수용되었던 학문 간 서열을 전도시켰다. 가톨릭의 토로사니는 그 위험성을 가장 빨리 깨달았다. 그러나 이 시점에서 가톨릭은 대체로 코페르니쿠스에게 무관심했다.

다른 한편 프로테스탄트 측에서는 레티쿠스와 가서를 예외로 하면『회전론』출판 후 거의 4반세기 동안 코페르니쿠스 이론의 우주론적·자연학적 함의에는 눈을 감고 그 수학적 측면만을 연구했던 것이다. 이 점은 장을 바꿔서 살펴보기로 하자.

제7장

불가지론과 상대론

오시안더와

루터

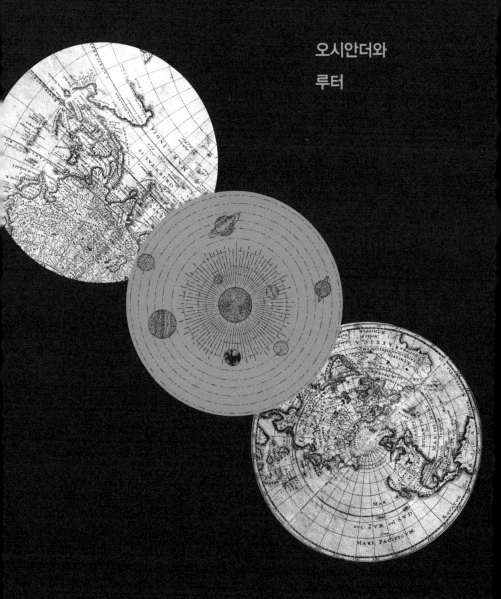

1. 『회전론』의 익명의 서문 「독자에게」

코페르니쿠스의 『회전론』에 대한 최초의 인쇄된 평가 내지 해석을, 『회전론』그 자체의 첫머리에 붙인 「독자에게 이 저술의 가설들에 관하여」(이하 「독자에게」)라는 익명의 짧은 글에서 볼 수 있다. 이 짧은 글은 레티쿠스를 대신해 『회전론』의 인쇄를 감독한 안드레아스 오시안더Andreas Osiander가 저자의 양해 없이 삽입했다고 한다.

뉘른베르크에서 『회전론』은 당초 레티쿠스 감독하에 인쇄되었지만, 1542년 11월에 레티쿠스가 라이프치히대학에 부임했기 때문에 오시안더가 계승하게 되었다. 곧 뒤에서 살펴보겠지만 오시안더는 이미 1541년 봄에 『회전론』의 집필방침을 둘러싸고 코페르니쿠스와 레티쿠스에게 편지를 보냈으므로 『회전론』 출판에 일찍부터 관여했던 듯하다. 레티쿠스가 뒤를 맡긴 것은 오시안더와 쇠너 두 사람, 혹은 오시안더와 쇠너와 하르트만이라는 설도 있다. 특히 쇠너는 레티쿠스의 스승으로 수학자이자 천문학자이기도 하여 가장 적임자라고 생각되었지만, 무슨 까닭인지 오시안더만이 인쇄 감독자이자 「독자에게」의 집필자로서 알려졌다. 그 머리글에서 오시안더는 다음과 같이 이야기를 꺼낸다.

나는 지구를 움직이고 나아가 우주의 중심에 움직이지 않는 태양을 둔 이 책의 신기한 가설에 관해서는 이미 소문이 퍼져 있으므로 어떤 학자들은 대단히 분개할 것이고, 또 이미 오랜 시간에 걸쳐 적당히 확립되어 온 자유학예가 혼란에 빠지게 되어서는 안 된다고 생각할 것임을 의심하지 않는다. 그러나 사항에 보다 깊이 들어가 숙고한다면 이 책의 저자가 질책받을 만한 일은 아무것도 하지 않았음을 그 사람들은 발견할 터이다.

그 판단의 근거로 천문학의 과제와 역할에 관한 고찰이 이어진다.

천문학자의 책무는 숙달된 주의 깊은 관측으로 천계들의 운동 기록을 수집하는 것, 다음으로 이 운동들의 원인이나 그에 관한 가설을 궁리하여 가정하는 것이다. 왜냐하면 천계운동의 참된 원인에는 어떤 방법으로도 결코 도달할 수 없으며, 그 설정에 따라 과거 및 미래에 걸쳐 그 운동들이 기하학의 원리들로 정확하게 계산되는 종류의 것이기만 한다면, 어떤 원인이나 가설도 허용되기 때문이다. …… 왜냐하면 그 가설들이 참일 필요는 없고 또 정말일 것 같을 필요조차 없으며, 오히려 관측에 맞는 계산을 할 수 있는가 하는 한 가지로 충분하기 때문이다.[1][*1]

이 인용 바로 뒤에서는 '금성의 주전원'을 "금성이 태양보다 뒤

---

*1   '궁리하여 가정하는'의 원문은 'excogitare & confingere'로, congingere에는 '날조하다'라는 의미가 있다. Rosen역에는 'conceive and device', 월리스[Wallis] 역에는 'think up or construct', Prowe역에는 'ausdenken und zusammenstellen'으로, 모두 '가정하다, 날조하다'의 뉘앙스가 엷어져 있다.

서거나 앞서거나 하는 원인^{causa}", 혹은 "외견상 부등한 운동의 원인"이라 말한 것에서 알 수 있듯이, 여기서 말하는 '운동의 원인'은 동력학적 구동인(동력인)이 아니라 단지 유나 역행의 겉보기를 만들어 내는 구조 혹은 이유를 가리킨다.[*2] 그리고 그 참된 구조나 이유를 알 수 없다는 것이 오시안더의 주장이다.

그는 여기서 가설의 진리성 내지 현실성에 관한 이런 부정적인 천문학적 시각의 한 근거로서 프톨레마이오스 이론이든 코페르니쿠스의 이론이든 금성 - 지구 간의 거리변화가 관측되는 밝기변화에 비해 너무 크다는 사실을 들었다.

그다음 오시안더는 천문학 이론의 상황과 위상에 관해 말한다.

이 학문에는 그 외에도 적지 않게 이치에 어긋나는 점이 있는데 그것을 여기서 자세하게 살필 필요까지는 없다. 왜냐하면 그 학예가 외견상 비일정한 운동의 원인에 관해 철저하게 무지하다는 것이 충분히 알려져 있기 때문이다. 그리고 그 원인들을 상상으로 고안한다고 해도 ─그리고 확실히 몇 가지 고안된 것이 있지만─ 그것은 그것들이 참이라는 것을 확실히 납득시키기 위해서가 결코 아니라 그저 오로지 그것들이 계산에 도움이 되는 발판을 제공해 주기 때문이다.

[*2]   "[비텐베르크대학의 수학교수로 오시안더보다 13세 연하인] 라인홀트나 그 동시대인의 책에서 종종 보이는 표현인 천체 '현상의 원인'의 의미는, 조합시킴으로써 겉보기 운동이 생기는 단순한 운동 이상도 이하도 아니다." Duhem(1908), p. 70. 라인홀트의 사용 사례는 Ch. 8. 8, p. 678의 인용에 있다.

실은 『회전론』의 편집과 인쇄 과정에서 1541년 4월 20일에 오시안더가 코페르니쿠스와 레티쿠스 각자에게 보낸 편지가 남아 있다. 코페르니쿠스에게 보낸 것은 그 전년 7월에 코페르니쿠스가 보낸 편지에 대한 답신이었다.

가설에 관해 말씀드리자면, 저는 평소 가설은 신앙의 신조^{articulo} ^{fidei}가 아니라 단지 계산을 위한 발판^{fundamneta calculi}이며 설령 그것이 사실이 아니라고^{falsus} 해도 그것이 운동의 현상을 정확히 재현하는 한에서 그다지 문제가 되지 않는다고 생각하고 있습니다. 왜냐하면 프톨레마이오스의 가설에 따르는 경우 태양의 불규칙한 운동은 이심원에 의해서도 주전원에 의해서도 생길 수 있으므로 그것이 실제로는 그중 어느 쪽인지 우리가 확실히 할 수가 없기 때문입니다. 그런 까닭으로 이 문제에 관해 귀하의 서문에서 한마디 언급해 두는 것이 좋지 않을까 하는 것이 부족하나마 제 의견입니다. 그렇게 하면 이론異論을 주장하지 않을지 귀하가 염려하시는 소요학파 사람들[아리스토텔레스주의자]이나 신학자들을 달랠 수 있지 않겠습니까.²

코페르니쿠스의 첫 편지는 남아 있지 않지만 이 내용으로 미루어 보아, 1540년 7월 시점에 코페르니쿠스가 아직까지 출판을 주저하고 있었다고 추측할 수 있다. 그렇다면 코페르니쿠스에게 보낸 이 편지의 역점은, 염려되는 외부의 잡음에 대한 대처법을 제안함과 함께 코페르니쿠스의 등을 떠밀어 출판을 결단하게 하는 것이기도 했다고 볼 수 있다.

오시안더는 같은 날에 레티쿠스에게도 다음 편지를 보냈다.

아리스토텔레스주의자나 신학자들에 관해서는 동일한 겉보기 운동에 몇 가지 가설이 대응할 수 있다는 것, 그것들은 실재를 확실히 나타내는 것으로서 제창되고 있지 않고 오히려 외견상의 복잡한 운동을 가능한 한 적절하게 계산하기 위한 방편이라는 것, 다른 사람들이 다른 가설을 생각할 수 있다는 것, 어떤 사람이 적절한 어떤 조합을 제창하고 또 어떤 사람이 더욱 적절한 조합을 제창하며, 또 그 쌍방이 동일한 겉보기 운동을 낳을 수 있다는 것, 나아가서는 보다 좋은 가설을 고안하는 것이 누구에게나 허용되어 있고, 순조롭게 성공한다면 그것은 좋은 일이라는 것을 이해시키면 그들을 손쉽게 달랠 수 있을 것입니다. 이렇게 하면 그들도 완고한 마음을 열고 탐구의 기쁨에 마음이 열리게 될 것입니다. 우선 그들은 적개심을 잃어버리고 마침내 그들 나름의 방식으로 진리를 탐구할 수 없게 되며, 이리하여 저자[코페르니쿠스]의 견해에 동의하게 될 것입니다.[3]

유감스럽게도 이 각자의 편지에 대한 코페르니쿠스와 레티쿠스의 답신도 남아 있지 않으므로, 그들이 오시안더의 이 제안에 동의했는지 반대했는지는 명확하지 않다.[*3] 어쨌든 이 직후에 레

---

*3   프로베의 책에는 "오시안더의 견해는 코페르니쿠스의 동의를 얻지 않은 것이다", "그들[코페르니쿠스와 레티쿠스]이 그 제안을 거절한 것을 우리는 다른 것

티쿠스는 코페르니쿠스를 설득하여 『회전론』 출판에 동의하게 만드는 데 성공했다.

　『회전론』 첫머리의 이「독자에게」에 대한 더 빠른 반응은 티데만 기제가 막 인쇄한 『회전론』을 받아든 직후에 레티쿠스에게 보낸 서간이다.[4] 격노한 기제는「독자에게」를 첫머리에 삽입한 것을 '비열한 행위falgitium'라고 꾸짖었다. 기제는「독자에게」의 저자가 누군지를 몰랐었지만 그 책임은 인쇄업자인 페트레이우스에게 있다고 생각, 뉘른베르크시에 항의하여 다시 인쇄하도록 호소했다.

　「독자에게」의 집필자가 코페르니쿠스일 리 없다고 최초로 지적한 것은 조르다노 브루노였다. 1584년의 저작 『성회일의 만찬 La cena de le ceneri』의 제3대화에서 브루노는 이「독자에게」의 대부분을 이탈리아어로 번역하고, 그것이 저자 코페르니쿠스 본인이 쓴 것이 아니라 '저자를 무죄로 만들어 저자를 지원'하여 독자를 현혹시키는 '무지하고 건방진 바보'가 쓴 것이라고 지적했다.[5] 브루노는 이것을 영국 체재 중에 썼는데 영국에서는 이미 1576년에 토머스 디게스가 "코페르니쿠스는 지구 가동성의 이 논의를 누군가가 그를 위해 어리석게도 변명하려 한some haue [sic] fondly excused him 가상의 것으로서, …… 제기하려고 생각하지는 않았다"라고 말했다.[6] 명시적으로는 제시되고 있지 않지만 틀림없이 이것은

　에서부터 알 수 있다"라고 기록되어 있지만(NC, I-ii, p. 523) 그 근거를 대지는 않았다.

오시안더의 「독자에게」를 가리킨다.

　「독자에게」의 집필자가 오시안더임을 최초로 폭로한 것은 케플러이다. 1602년의 논고 『우르수스에 대한 티코의 옹호Apologia pro Tychone contra Ursum』에서 케플러는 오시안더가 이 「독자에게」를 썼음을 기록하고 그다음 그것을 "코페르니쿠스의 극히 진지하고 표리가 없는 견해를 은폐하는 것"이라 평하며, 나아가서는 "코페르니쿠스는 스스로에게 엄격한stoic 결의로, 설령 그 과학에 불리해져도 스스로의 견해를 숨기지 않고 표명해야 한다고 믿었다"라고 표명했다.[7] 그러나 케플러는 그 판단을 뒷받침할 증거를 들지는 않았다. 실은 케플러의 이 논고는 인쇄된 것이 훨씬 뒤인 1858년으로, 17세기에는 공표되지 않았다. 그러나 1609년에 출판된 케플러의 『신천문학』에서는 그 첫머리에 내건 라무스에게 보낸 서간에서 「독자에게」가 오시안더가 쓴 것이라고 다시금 기술했고, 이리하여 그 참된 집필자가 비로소 공공연히 밝혀졌다. 그렇게 케플러 자신은 입수한 『회전론』에 있던 뉘른베르크의 히에로니무스 슈라이버Hieronymus Schreiber의 메모를 통해 「독자에게」의 참된 집필자를 알았던 것이다. 마찬가지로 비텐베르크의 프레토리우스나 튀빙겐의 메스트린이 소유했던 『회전론』에도 오시안더가 그 집필자임이 적혀 있다.[8] 그리고 케플러는 1607년 8월 지인에게 보낸 서간에서 "코페르니쿠스의 책에 무서명 서문을 쓴 오시안더"라고 이미 잘 알려져 있는 사실로서 담박하게 썼다.[9] 결국 이것은 중부 유럽의 루터파 천문학자들 사이에서는 이미 상당히 널리 알려져 있었다고 봐도 좋다.

또한 『회전론』의 인쇄가 끝났을 때 코페르니쿠스의 임종은 경각에 달려 있었고, 케플러가 라무스에게 보낸 서간에는 인쇄된 『회전론』이 코페르니쿠스에게 도착했을 때에는 "코페르니쿠스는 이미 사망했거나 아니면 이것을 전혀 몰랐던 것이 확실하다"라고 기록되어 있다.[10] 다른 한편으로 프레토리우스가 『회전론』에 쓴 메모에는 "레티쿠스는 이 서론(「독자에게」)을 오시안더가 덧붙였다고 단언했다. 그러나 그것을 코페르니쿠스가 승인하지 않았다"라고 한다.[11][*4] 프레토리우스는 비텐베르크에서 레티쿠스에게 배웠고 1569~1570년에 그단스크로 레티쿠스를 방문했다고 알려져 있으므로 이 이야기를 레티쿠스에게 직접 들었을 것이다. 그리고 프레토리우스의 1609년 서간에는 『회전론』의 인쇄 시에 "최초의 수 페이지는 코페르니쿠스에게 보냈는데 그 뒤 머지않아 코페르니쿠스는 전체를 보지 못하고 타계했습니다. 오시안더의 이 서문은 코페르니쿠스에게는 명백하게 불쾌한 것으로 그는 화를 낼 만한 상황이 아니었다고 레티쿠스는 늘 강한 말투로 말했습니다"라고 한다. 이것은 쾨슬러의 책에 의한 것인데, 그는 코페르니쿠스가 「독자에게」를 보지 않았다는 케플러의 기술과 죽기 전에 보았다는 프레토리우스의 메모가 서로 어긋난다는 것에 관해 이 시대의 독일천문학사에 통달한 지너Zinner에게 문의한 결과, "코페르니

---

*4   마찬가지로 글래스고대학에서 소장 중인 『회전론』에 남아 있는 스넬의 메모에도 "오시안더의 짧은 글, 이것을 코페르니쿠스가 본 것은 사망 수일 전으로 그때 그는 중병으로 누워 있었고 꽤 분노했다고 레티쿠스는 프레트리우스에게 말했다고 한다"라고 되어 있다. Gingerrich, (2002), p. 291.

쿠스가 오시안더의 서문을 확실히 알고 있었다고 생각해도 지장은 없다"라는 회답을 얻었다고 기록했다.[12]

프레토리우스가 전하는 레티쿠스의 증언을 신용하는 한 「독자에게」는 코페르니쿠스의 뜻에 반하는 것이었다고 생각할 수 있다. 그리고 "가설에 관해 코페르니쿠스나 레티쿠스를 움직였으리라 생각되는 견해와 정면으로 반하는 이론을 지지하는 견해"[13]를 코페르니쿠스의 동의 없이 오시안더가 단독으로 삽입했다는 것이 지금까지 많은 과학사가가 말하는 바이다.

그러나 뒤엠은 코페르니쿠스 자신이 『소논고』에서 지구의 가동성을 단지 요청postulats으로서 말하고 있다고 파악하고 오시안더의 생각은 적어도 『소논고』의 가설을 취급하는 데 따른 것이라고 판단했다.[14] 그리고 네덜란드의 과학사가 데익스테르하위스Dijksterhuis는 오시안더의 생각이 현대 실증주의 입장으로도 평가할 수 있는 것으로, 꼭 코페르니쿠스의 뜻에 반하는 것은 아니라고 하며 오히려 긍정적으로 파악했다.[15] 그러나 그들의 시각은 현대적인 관점에서 본 것으로 과학사에서는 소수파에 머무른다.

2. 「독자에게」를 둘러싸고

이리하여 이 「독자에게」는 코페르니쿠스의 생각에 반해 천동설에서 지동설로 전진하는 것을 방해하는 것으로서, 즉 '코페르니쿠스 혁명'에 대한 의도적인 '반혁명'으로서 종종 부정적으로 혹은 스캔들로서 이야기되어 왔다. 그것만이 아니라 오시안더가 코페르니쿠스의 진의를 뒤튼 짧은 글을 코페르니쿠스의 동의 없이, 게다가 익명으로 사실상의 '서문'처럼 저서 첫머리에 덧붙인 불성실함, 아니 교활함이 지금까지 종종 윤리적으로도 비난받아 왔다. 이것은 프로베의 책에 있는 "그 기만die Täuschung"이라는 표현에서도 짐작할 수 있다.[16]

그러나 역사적인 사실의 학문적 판단이나 윤리적 평가는 그 역사적 배경도 고려하지 않고 현대의 기준에 비추어 운운할 만한 것은 아니다. 실제로 천문학 모델을 계산을 위한 방편이라 파악하고 주전원이나 이심원이라는 기하학적 도구device를 실재로 간주하지 않는다는 방식은, 그 시대의 방법론상의 규준과 수용 가능한 천문학적 설명을 판단하는 척도에 따르면 오히려 보통이라고 판단할 수 있다.[17]

무릇 유럽인들은 고대 천문학을 배운 13세기 시점에서 아베로에스Averroes가 프톨레마이오스 천문학의 주전원이나 이심원은 아리스토텔레스 자연학에서는 용서할 수 없다고 하며 격하게 비판했음을 알았던 것이다. 그럼에도 행성 운동의 정량적 예측이라는 점에서는 아리스토텔레스의 동심구 이론이 프톨레마이오스 이론에 크게 뒤떨어져 있다는 현실을 앞에 두고, 철학자들은 프톨레마이오스의 개념장치를 천문학자가 사용하는 것을 '현상을 구제하기' 위한 방편으로서 묵인해 왔던 것이다.

중세 스콜라학의 일인자로 간주되는 13세기 토마스 아퀴나스는 천문학에서 이심원이나 주전원을 가정하는 것은 그럼으로써

"천체 운동에 관한 여러 가시적인 현상이 구제된다"라는 것 때문이지만 그러한 논의는 "완전한 의미의 증명력을 갖지 않는다"라고『신학대전』에서 말했다.[18] 동일 현상(겉보기 운동)이 그것과는 다른 기하학적 구성으로 설명될 가능성이 부정되지 않기 때문이다. 아리스토텔레스의『천체론』에 대한 토마스의 주석에서도 마찬가지로 이심원이나 주전원의 가상성을 말하고 있다.[19]

14세기 초에 영국 천문학자 월링포드의 리처드가 자작한 천상(알비온Albion)의 설명서로 쓴『천상의 논고Tractatus Albionis』에는 이심원과 주전원을 이용한 행성 운동에 대한 기술이 뒤에 기록되어 있다.

> 하늘의 물체들 안에는 그 자신의 목적을 위해 천문학자가 고안한 수학적 공상imagination mathematica —교육받은 사람에게는 겉으로라도 진리라고는 생각할 수 없는 것— 으로서의 이심원이나 주전원에 글자 뜻 그대로 대응하는 것은 존재하지 않는다.[20]

거의 1세기 뒤에 프랑스의 피에르 다이Pierre d'Ailly도 주전원을 천문학자의 상상에 지나지 않는다고 말했다.[21]

코페르니쿠스는『회전론』첫머리의 파울루스 II세에게 보낸 서간에서 "별의 현상을 기술하기 위해 어떤 원이라도 허구로 만들어도 좋을 자유를 나보다 이전 사람들은 인정했었다"라고 기술했는데,[22] 그것만이 아니다. 스스로도『회전론』제3권 15장에서는 지구 궤도 —천동설에서는 지구 주변의 태양 궤도— 가 이심원도 주전원도 설명할 수 있다는 것, 즉 "외견상의 비일정한 운동이 [태양을 중심으로 갖는] 공심원상의 주전원에 의해서도, 공심원에 동등한 [크기의] 이심원에 의해서도 생기며 이때 이것들의 [두 원의] 중심 간의 거리가 주전원의 반경과 동등한 한 그 사이에 차이는 없다"라는 것을 인정하고, "그중 하나가 하늘에 실재하는가existat in caelo를 판정하는 것은 용이하지 않다"라고 기록했다.[23] 코페르니쿠스 자신은 이 두 모델 중 한쪽의 실재성을 믿고 있었으리라 추측된다. 그러나 이런 한에서는 지구를 중심으로 볼지 태양을 중심으로 볼지에 관계없이 주전원도 이심원도 '현상을 구제하기' 위한 수학적 가정이라 볼 수 있다.

프란시스 베이컨의 『우상론』 한편에는 『회전론』 출판 직후인 1545년에 시작된 트렌트 공의회에서 고위 성직자의 "현상들을 잘 설명하기 위해 이심원이나 주전원, 또 이런 종류의 보조원이 존재하지 않음을 알고 있었는데도 만들어 낸 천문학자"라는 발언이 기록되어 있다.[24] 겜마 프리시우스의 『아스트롤라베에 관하여』에는 "그들[유능한 사람들]은, 천구나 주전원이나 그 외 이런 종류의 구성물이 고안된 것은 그것들이 자연에 존재한다고 믿을 수 있기 때문이 아니라 오히려 계산을 가능하게 하기 위해서임을 자각하고 있었다. 이것은 또한 프톨레마이오스가 동일 운동을 주전원으로도 이심원으로도 설명할 수 있다고 보여주었을 때 허용된 것이기도 하다"라고 한다.[25]

레티쿠스에 관해 말하자면, 레티쿠스 자신이 이 오시안더의 주장을 정말로 반대했었는지도 실제로는 잘 알 수 없다. 로즌은 『회전론』의 영역에 단 주에서 "레티쿠스는 오시안더의 서문을 강하게 공격했다"라고 기술했다.[26] 확실히 레티쿠스는 『제1해설』에서는 코페르니쿠스의 태양중심이론을 수학적일 뿐만 아니라 우주론적·자연학적으로도 옳다고 했다. 그리고 레티쿠스는 발행처에서 보내준 『회전론』의 「독자에게」에 페이지 가득 크레용으로 큰 X 표를 썼다.[27] 이런 한에서 레티쿠스는 뒤엠이 말했듯이 "좋은 천문학 체계는 하늘의 현상들을 구제하고 천체 운동들을 올바르게 계산할 수 있을 뿐만 아니라 그 이상으로 사물의 그 본성에 기반하는 가설 위에 수립된 체계여야 한다"[28]라고 생각했다고 판단할 수 있다.

그러나 레티쿠스는 『최초의 옹호』의 어떤 곳에서는 확실히 "지구 운동은 논증이 끝난 진리comperta veritas라 생각해도 좋다"라고 말했지만 다른 곳에서는 "우리는 관측된 현상과 정확히 대응하는 계산방법을 갖는 것으로 충분하다"라고도 기술했다.[29] 후자의 입장은 「독자에게」의 오시안더의 주장과 다르지 않다. 원래부터가 레티쿠스는 1540년 9월 오시안더가 보내온 편지를 통해 코페르니쿠스 이론에 대한 오시안더의 입장을 알고 나서 그에게 인쇄 감독을 부탁한 것이다. 그리고 기제가 인쇄된 『회전론』을 보고 그「독자에게」가 코페르니쿠스의 뜻에 반한다는 이유로 다시 찍도록 레티쿠스에게 의뢰했을 때 레티쿠스는 아무런 행동도 하지 않고 기제의 의뢰를 보류했다. 이것만이 아니다. 가설이 없는 천문학을 주장했던 페트루스 라무스Petrus Ramus는 「독자에게」를 레티쿠스가 썼다고 믿고 레티쿠스에게 보낸 편지에서 "제가 틀리지 않았다면 코페르니쿠스의 책 첫머리에 실려 있는 귀하의 서간epistola tua은, 금성의 주전원과 관련하여 주전원이나 이심원을 사용하는 가설은 오류이며 부조리한 허구임을 확실히 나타내고 있습니다"라고 썼다.[30] 그러나 이에 대한 레티쿠스의 1558년 회신은 「독자에게」가 자신이 쓴 것이 아니라고 부정하지 않았다. 만약 레티쿠스가 오시안더와 다른 견해라면 라무스의 오해를 적극적으로 바로잡았을 것이다.[*5]

그런데 「독자에게」가 익명이었다는 점에 대해서는 최초로 케플러가 그것을 '위조simulation'라고 단정한 이래,[31] 20세기 과학사 논문에서도 '위조forgery'라는 표현이 많이 보이며,[32] 이것이 코페르니쿠스 본인이 작성한 것이라는 오해를 의도적으로 불러일으키려는 전략인 듯한 판결도 종종 내려졌다. 예를 들어 『회전론』의 영역자 에드워드 로즌은 문자 그대로 "오시안더의 책략Osiander's maneuver"이라 썼다. 제럴드 스트라우스Gerald Strauss가 쓴 뉘른베르크 역사서에서는 "오시안더의 사기Osiander's trick"라 했다. 그리고 20세기 물리학자 쿠르트 멘델스존Kurt Mendelssohn은 "이 비열한 방식"이라 말하며 "오시안더 서문의 음험한 특징은 그것이 책의 저자[코페르니쿠스]가 썼다고 독자가 믿도록 되어 있다는 점이다"라

[*5]   이 점에 관하여 라이츠먼Wrightsman(1970)은 「독자에게」가 오시안더와 레티쿠스의 합작 내지 레티쿠스가 합의했을 가능성을(pp. 212, 216f), 손다이크도 오시안더와 레티쿠스의 합작일 가능성을 지적했다(HMES, V, p. 413n. 33). 그리고 쿠아레Koyré는 "레티쿠스가 사태를 기제와는 완전히 다른 방식으로 보고 있었음은 충분히 있을 수 있는 일이다"라고 기술했다(1961, p. 37).

고 최고조로 비난했다.[33]

　그러나 이 점에 관해서도 역시 시대배경을 생각해야 할 것이다. 그를 위해 절을 바꿔서 지금까지 과학사에서는 악역 취급하여 논하는 일이 적었던 오시안더에 관해 좀 더 상세하게 다뤄보자.[34]

3. 안드레아스 오시안더

　안드레아스 오시안더(그림7. 1)는 뉘른베르크의 남서 35마일 거리에 있는 작은 마을 군첸하우젠에서 1498년에 태어나 1515년에 잉골슈타트대학에 학생 등록을 했다. 당시 잉골슈타트대학은 전통적인 스콜라학 커리큘럼에 비해 인문주의 학습을 도입하려 한 콘라트 셀티스가 제창한 운동을 둘러싼 항쟁이 한창이었다. 오시안더는 여기서는 스콜라학 학습을 거부하고 요하네스 뵈센슈타인Böschenstein이나 요하네스 로이힐린Johannes Reuchlin이라는 인문주의 학자 밑에서 수학했다. 학습은 인문주의적인 성서 해석학과 유대문헌, 그리고 르네상스 철학자의 저작에 이르렀다. 뵈센슈타인은 헤브라이어 교사였는데 초등 산술 교과서를 썼다고도 알려져 있으며, 오시안더는 그에게서 수학을 배웠을 것으로 생각된다.[35]

　그는 로이힐린에게 헤브라이어를 배운 것 외에도 탈무드와 신비주의적 유대사상으로 인도되었다. 그 외 영향을 받은 사상가는 니콜라우스 쿠자누스와 피코 델라 미란돌라였다.[36] 어쨌든 오시안더는 4년간 잉골슈타트에서 학습했으나 어떠한 학위도 취득하

그림 7.1
안드레아스 오시안더
(1498~1552)

지 않았다. 그는 정식으로 신학 교육을 받지는 않았다.

비텐베르크대학의 신학교수이자 아우구스티누스회 수도사 마르틴 루터는 1517년에 종교개혁의 발단이 되는 『95개 논제』를 발표하고, 1519년에는 라이프치히에서 잉골슈타트대학 학장이자 교황파인 요한 에크와 토론에 임했다. 이것은 오시안더의 잉골슈타트 재학 중에 일어난 일로 그에게 큰 영향을 끼쳤다. 루터의 반란에서 1521년의 보름스 국회까지 이르는 이 기간은 아직 순전한 신학논쟁 단계로 종교개혁의 전국화, 사회화로 도움닫기를 하는 기간에 해당했는데, 이미 이 시점에서 오시안더는 루터와 공명하여 인문주의 학습에서 신학 학습으로 중심을 전환했다. 에크와 가졌던 토론에서 루터가 교황청과 대결할 자세를 대담하고 명확하게 내세운 것을 이어받아 오시안더의 사유는 스콜라학에 대한 인문주의라는 대항축에서부터 가톨리시즘에 대한 복음주의라는 대항축으로 이동했고 루터의 영향하에 신학사상을 형성했다.

1519년 오시안더는 뉘른베르크의 아우구스티누스회 수도원에 헤브라이어 교사로 취임했다. 연구자에 따르면 종교개혁에 가장 재빠른 반응을 보인 것은 도시, 그중에서도 제국자유도시라 한다.[37] 그 하나가 뉘른베르크였다. 오시안더가 이 시에 부임한 시점에 거기에는 이미 라자루스 슈펭글러나 빌리발트 피르크하이머나 카스파어 뉘첼Kaspar Nützel 등이 통솔했던 리버럴하고 개혁을 지향하는 지적인 인문주의자 서클이 형성되었다. 실제로 콘라트 셀티스도 사랑했던 뉘른베르크는 16세기 초부터 독일 인문주의 운동의 한 거점이었고 이것은 이 시가 재빨리 종교개혁을 받아들이는 토양이었다.

이 시대 아우구스티누스회 독일 총대리이자 작센 관구장 요한 폰슈타우피츠Johann von Staupitz는 비텐베르크대학 창립 이래 신학교수를 역임했고, 1512년에 루터를 이 대학의 신학교수로 발탁하여 그에게 큰 영향을 주었다고 알려져 있다. 슈타우피츠는 또한 뉘른베르크의 슈펭글러 등의 서클과도 친하게 지냈다. 이런 연유로 『95개 논제』가 발표된 뒤 뉘른베르크시 참사회 서기 슈펭글러는 속인으로서 최초로 루터 옹호론을 썼고 피르크하이머는 루터와 서간을 주고받았으며 뉘첼은 『95개 논제』를 독일어로 번역했다.[38]

1520년에 종교개혁의 선언적 문서인 루터의 『독일 국민이 기독교 귀족에게 보내는 글』과 『그리스도인의 자유』가 공표되었고 다음 해 보름스 국회에서 카를 V세가 개혁운동에 강압적으로 나선 이후 이 서클의 관심은 문학에서 종교적·정치적인 방향으로 향했으며, 비텐베르크 밖에 있는 개혁의 주요한 거점으로서 시의 인쇄업자와 협력하여 초기 루터의 저작을 인쇄해 독일 전국으로 확장시키기 시작했다. 또한 그들은 시의 참사회에 시의 주요한 교회나 종교시설에 개혁파를 배치하도록 재촉했다.

그리고 뉘른베르크의 이 지도적 인문주의 서클의 신임을 얻은 오시안더를 시 참사회가 성 로렌츠 교회의 설교사로 임명했다. 뉘른베르크의 역사서에는 "오시안더가 [취임 후] 거의 바로 틀림없이 루터파의 방식으로 설교를 시작, 교황과 교회의 교의를 정력적으로 공격했을 때 시참사회는 당황했지만 그를 침묵시키려고는 전혀 하지 않았다"라고 한다.[39] 가톨릭 의식의 대부분을 폐지한 루터가 설교를 일요예배의 중심으로 자리매김한 것도 있고, 특히 글을 읽을 능력이 없어 스스로 책을 읽을 수 없거나 독서 습관이 없는 대부분의 직인들에게 설교사가 미친 영향은 컸으리라 생각된다. 이리하여 오시안더는 —라이츠먼의 논문이 아래에서 말하듯이— 이 시의 종교개혁에 극히 중요한 역할을 하게 된다.

그 비타협적인 반교황 자세 때문에 오시안더는 급속히 명성과 영향력을 얻었다. 1522년 시의 두 가장 중요한 교회 중 하나(성로렌츠 교회)의 설교사로 추대되었고 그때부터 27년간에 걸쳐 강하게 개혁을 지향하여 점점 반로마색을 강화하는 메시지를 소리 높여 계속 주장했다. 그 뒤 그의 주요한 관심은 종교에 있었다. 그의 지적인 관심은 널리 여러 방면을 향했지만 모든 것은 개혁으로 향했다. 독일의 종교적·정치적 상황이 결정되는 세월 동안 그는 뉘른베르크의 장래를 종교개혁으로 향하게 만드는 데 걸출한 역할을 했다. 그리고 신성로마제국 황제 카를 V세가 확대되는 종교반란에 대항하려고 했던 보름스 이후의 결정적 시기 내내 뉘른베르크가 몇몇 중요한 제국의회의 소재지 중 하나였기 때문에 그는 설교와 저술을 통해, 또 국회의 정치적 교섭이나 종교적 협의 기간, 선제후(신성로마제국 황제는 전통적으로 선거로 선출되었는데, 이 선거권을 가진 신성로마제국 내의 영주들을 가리킨다. _옮긴이)나 의원들의 심의에 큰 영향을 미쳤다.[40]

오시안더는 1527년에는 뉘른베르크의 구두 직인(장인)이자 직공 시인詩人(마이스터징어)인 한스 작스와 공동으로 교황을 비판하는 시를 첨부한 팸플릿을 발행하여 온건한 개혁노선을 취한 시참사회로부터 인쇄금지 처분을 받았다.[41][*6] 나중에 프러시아공으로서 에라스무스 라인홀트가 코페르니쿠스의 『회전론』에 기반하는 천체표 『프러시아 표』를 만들 때의 후원자patron가 된 튜튼 기사단 단장인 호엔촐레른가의 알브레히트를 루터파로 개종시킨 것도 오시안더였다. 이것은 사회적으로는 큰 충격impact을 남긴 일이었다.

---

*6 　"뉘른베르크에서는 직공 시인들은 명백하게 개혁파로 전환한 최초의 사람들로 꼽혔다. 그들의 시 표현은 그들이 얼마나 빨리 루터의 저술에 반응했고 얼마나 꼼꼼히 그것을 학습했는지를 보여준다." Strauss(1966), p. 268, 또한 藤代(2006), Ch. 6을 보라.

그리고 또 그는 영국이 로마교회로부터 이탈하는 계기가 된 국왕 헨리 VIII세의 이혼 문제를 대륙의 신학자들과 협의하기 위해 독일을 방문했던 토머스 크랜머Thomas Cranmer와도 친교를 맺었다.

이리하여 기치를 선명하게 밝힌 오시안더는 열렬한 개혁자이자 전투적이고 비타협적인 반로마주의자로서 이름을 드날렸다. 그와 동시에 그는 신학사상에 독자적인 부분이 있었고, 자신의 사상을 소리 높여 고취했으며 날카로운 성격이었기 때문에 가톨릭의 에크나 교황의 사절이 적대시했을 뿐만 아니라 비교적 온건한 뉘른베르크의 개혁파 일부도 그를 점차 꺼리게 되어, 루터 사후에는 멜란히톤의 지지자와도 대립하게 되었다. 이 시대의 종교사 전문서적에는 "논쟁을 좋아하고 고상한 안드레아스 오시안더"에 대해 "유능한 설교사였지만 그다지 친해질 수 있는 사람은 아니었다. 그 설교는 야심에 넘쳤기 때문에 회중의 머리 위를 지나쳐 가는 듯한 것이었다"라고 한다.[42] 머리가 좋지만 민중을 내려다보았기 때문에 대중이 꺼리는 인물상이 떠오른다. 코페르니쿠스의 지동설이 존재론적인 의미에서 진리성을 주장하는 것은 아니라고 말한 오시안더에 대해 "참으로 소심한 성직자"라 평한 논문도 있지만,[43] "소심하다timid"라는 인물평은 필시 맞지 않을 것이다.

터키의 군사적 압력을 받으며 카를 V세와 프로테스탄트 진영 사이에서 맺은 1532년의 뉘른베르크 휴전협정(잠정적 종교평화)가 지속되는 세월 동안 황제와의 협의를 둘러싸고 오시안더와 그의 루터파 친구들 사이에 알력이 생겼고, 그 대립은 나아가서는 뉘른베르크 시의회의 친구들 사이로까지 확대되었다. 이리하여 항쟁의 장에서 배제된 오시안더는 1540년대 전반에는 학구 생활로 복귀하여 신약성서 연구나 종교적 저작에 몰두하게 되었다.

그 뒤 1540년대 말에는 뉘른베르크에 있을 수 없게 되어 동프러시아의 알브레히트 공의 지원으로 쾨니히스베르크대학의 교수직에 앉았지만 멜란히톤의 제자들과 격한 논쟁에 휘말렸고 그 과정에서 사망했다. 이런 경위 때문에 그는 사후 프로테스탄트의 본류로부터는 이단 취급받았고 그가 종교개혁에서 실제로 행한 역할에 비해 부당하게 낮게, 부정적으로까지 평가받게 되었다. 이것이 과학사상 그의 명예롭지 못한 평가에 영향을 끼쳤을 가능성은 부정할 수 없다.

오시안더가 과학서의 인쇄출판에 종사한 것은 1540년대 전반으로 페트레이우스 아래에서 1541~1543년에 코페르니쿠스의 『회전론』 인쇄를 감독했고 1544~1545년에는 카르다노의 대수학책 『위대한 기술Ars Magna』에 관해 같은 종류의 역할을 했다. 결국은 특별한 천문학과 수학 교육을 받지 않았지만 그 나름의 강한 관심과 상당한 지식을 갖고 있어야 했고, 그것을 동시대인들에게 인정받았음을 보여준다.

그도 그럴 것이다. 인쇄 감독이라고는 해도 전문성이 높은 천문학서나 수학서의 교정이나 도판 체크는 내용을 이해하지 못하면 맡을 수 있는 일이 아니다. 실제로 자신의 저서 『위대한 기술』을 뉘른베르크에서 인쇄할 때 그 감독을 오시안더에게 위탁한 카르다노는 서문에서 "가장 학식 있는 안드레아스 오시안더"라 부르며 "나는 대형이 헤브라이어나 그리스어나 라틴어 문학에 관해서뿐만 아니라 수학에 관해서도 남의 갑절의 지식을 갖고 계신 것을 알고 있으며……"라고 기술했다.[44] 나중에 코페르니쿠스의 이론에 기반하여 『프러시아 표』를 작성한 에라스무스 라인홀트 는 알브레히트 공에게 보낸 편지에서 오시안더를 "수학에서 그 학 식 때문에 오늘날 큰 명성을 가진 인물"이라고 썼다.[45] 오시안더는 1520, 1530년대에는 뉘른베르크의 천문학자나 수학자와도 긴밀 하게 교제하여 루터파 교육개혁의 일환으로서 신설된 뉘른베르크 김나지움의 수학교사로 쇠너를 취임시키는 데에도 큰 힘을 미쳤 다. 프로테스탄트로 개종하고 결혼한 쇠너가 1528년에 태어난 자 식에게 붙인 안드레아스라는 이름은 오시안더에게서 딴 것이다.[46]

그렇다면 레티쿠스가 오시안더에게 『회전론』 인쇄의 감독을 의뢰한 것도 그렇게 틀린 판단은 아니며 기이한 것도 아니다.

문제의 「독자에게」에 관해서 말하자면, 그것이 무서명이라는 것은 종교개혁에 대한 오시안더의 입장과 당시의 사정을 고려하 면 '비열하다'라는 부정적인 시각과는 다른 해석이 가능하다. 왜냐 하면 1540년대는 종교개혁에서 가톨릭과 프로테스탄트의 대립이 군사적인 충돌을 야기할 정도로 격화되었던 시대이며, 이때의 교 황 파울루스 III세는 종교개혁에 대해 극기 강경하게 대결하는 자 세를 내세웠다. 『회전론』 출판 전년인 1542년에 검사성성Congregatio Sancti Officii seu Inquisitonis을 창설하고 이단 심문을 강화한 파울루스 III세는 1545년에는 트렌트 공의회를 소집하고 본격적으로 종교 개혁 대책에 나섰다. 나중에 종교개혁에 대항하는 중추실전부대 가 되는 예수회를 1540년에 공인한 것도 그였다. 그게 아니어도 오시안더는 루터파 프로테스탄트의 급진적인 논객이자 비타협적인 지도자의 한 사람으로서 가톨릭 진영이 주시mark했던 것이다. 그의 이름을 꺼내면 『회전론』은 쓸데없이 가톨릭 측을 자극하여 교황청으로부터는 적의에 찬 눈으로 엄격하게 조사받고 탄압받을 위험성이 높아졌을 것이며, 적어도 그 수용을 보다 어렵게 만들었을 것이다. 실제로 "공공연히 '독자에게'가 오시안더 본인과 결부되어 있었다면 『회전론』에 대한 비난은 더 빨라졌을 것"이라고 생각된다.[47]

가톨릭교회 참사회원인 코페르니쿠스 본인에 대해서도 프로테스탄트와 내통하고 있지 않은가 하는 혐의가 갔을 위험도 생각할 수 있다. 기우라고는 말할 수 없다. 실제로 이탈리아인이자 가톨릭 신자인 카르다노는 『위대한 기술』 제2판이 출판된 1570년에 종교재판소에 의해 체포되어 볼로냐에서 투옥되었는데, 이것은 카르다노가 『위대한 기술』의 서문에서 오시안더와의 교우관계를 밝혔던 것이 한 원인이 아닌가 하는 추측도 있다.[48] 생각할 수 없는 일은 아니다. 따라서 오시안더가 자신의 이름을 기록하지 않았던 것은 '비열한' 것이기는커녕 당시로서는 현명하달까 오히려 지극히 당연한 배려라고 생각된다.

그리고 또 「독자에게」를 오시안더가 『회전론』에 "슬쩍 집어넣었다smuggled in"라고 하며 그것은 "서명 없이 코페르니쿠스 본인이 썼다는 인상을 주었다"라고들 때때로 말하지만,[49] 그런 종류의 비판도 적합하지 않다. 실제로는 『회전론』의 사실상의 '서문'은 코페르니쿠스가 쓴 「교황 파울루스 III세에게 드리는 서한」이며, 오시안더 자신이 인쇄를 감독한 1543년판에서는 이「서한」의 페이지 상부header에는 '저자 서문PRAEFATIO AUTHORIS'이라 인쇄되어 있는데,「독자에게」의 페이지에는 그러한 인쇄가 없다. 또한「독자에게」에서 자신의 생각을 서술하기 위해 1인칭으로 쓴 문장과 코페르니쿠스에 관해 말할 때의 '이 책의 저자author huuis operis'를 주어로 하는 문장은 명확하게 구별된다.『회전론』이 출판된 지 아직 얼마 지나지 않은 트렌트 공의회(1544~1547) 기간 중에 토로사니가 쓴 코페르니쿠스 비판문에는 이「독자에게」와 관련해서 다음과 같이 기술되어 있다.

> 그 이름이 남아 있지 않지만「독자에게 이 저작의 가설에 관하여」를 말하는 그 필자는 앞단에서는 코페르니쿠스에게 아첨하고 있지만, 그 마지막 쪽에서는 문제를 올바르게 파악하여 아첨하지 않고 [가설을 참이라고 받아들이지 않는 듯이] 말하고 있다.[50]

「독자에게」의 필자가 코페르니쿠스와는 다른 사람이었음을 충분히 분별하고 있다. 그냥 읽어보면 틀릴 리 없었던 것이다.[*7] 케플러의 스승이었던 메스트린이 소유했던『회전론』에는 입수 직후인 1570년경에 메모로 "이 서문은 누군가가 덧붙였다. …… 실

[*7]　이 점에서는 "16세기 독자가 이 [오시안더의] 서문을 코페르니쿠스 자신의 것이 아니라고 알 도리가 없었다"라는 토렌Thoren의 지적(1990, p. 90)은 적합하지 않다. 또한 "많은 사람들은 나중에 그것이 코페르니쿠스 자신의 것이라고 해석해 버렸다"라는 디어Dear의 기술(2001, p. 42, 일역 p. 74)도 수긍하기 힘들다.

제로 그 문체의 단순함이나 단어 사용을 보면 이것이 코페르니쿠스가 작성한 것이 아님을 알 수 있다"라고 하며, 나아가 필리프 아피아누스에게서 전해 들은 것인데, 오시안더는 「독자에게」를 "자신의 판단으로 덧붙였다고 공연히 인정했다"라고 기술했다.[51] 오시안더에게 숨은 의도가 있었다고는 도저히 생각할 수 없다.

4. 상대성과 불가지론

천문학의 가설이 진실인가 허구인가 하는 문제는 코페르니쿠스 이전에는 주전원이나 이심원이 실재 궤도냐 계산을 위한 도구 device에 지나지 않느냐 하는 수준의 문제에 머물렀고, 아리스토텔레스의 이원적 세계상 그 자체에 관련되지는 않았다.

코페르니쿠스가 지동설을 제창한 단계에서 사정은 달라졌다. 오시안더는 가설을 관측사실을 정리하여 계산하기 위한 것으로 그것이 참일 필요는 없다고 말할 때의 '가설'에 주전원 모델이나 이심원 모델이라는 개개의 궤도 모델만이 아니라 코페르니쿠스가 말하는 태양을 중심으로 하는 태양계 이론도 포함시켰다. 이것은 「독자에게」 첫머리의 "지구를 움직이고 나아가 우주의 중심에 움직이지 않는 태양을 둔 이 책의 가설"이라는 표현을 살펴봐도 명백할 것이다. 주전원이나 이심원을 진실이라 보느냐 아니냐 하는 문제와 태양중심이론(지동설)을 진실이라 보느냐 아니냐 하는 문제는 근본적으로 차원이 다르다. 태양중심이론의 진실성에 대한 질문은 아리스토텔레스 자연학의 옳고 그름과 우주구조의 이해에 관련되는 중요한 문제이기 때문이다. 태양중심이론에 대해서는 그것을 계산을 위한 방편으로 보는 한 우주론과 천문학의 ─철학과 수학의 ─ 당시까지의 상하관계를 유지했기 때문에, 당대의 아리스토텔레스의 이원적 세계에 기반하여 자연학과 우주론을 존속시킬 수는 있었다. 그러나 그것을 실재라고 보는 것, 환언하자면 존재론의 차원에서 진리라 보는 것은 천문학의 논의에 기반하여 지금까지의 자연학과 우주론을 전환할 것을 강요하고, 나아가서는 수학과 철학의 상하관계를 전환시키는 것으로 이어진다. 즉 그것은 단적으로 우주의 구조와 학문 체계의 동시적인 전환을 의미하는 것이다.

오시안더의 「독자에게」는 객관적으로는 『회전론』에, 그때까지 부담해야 했던 짐을 지우지 않는 예방선을 그은 셈이다. 철학적 관점에서 보면 쿠아레의 지적처럼 이 오시안더의 주장을 "극히 근대적이고 대단히 흥미롭게 보이는, 실증주의적이고 실용주의적pragmatic인 인식론"으로 파악할 수 있다. 피에르 뒤엠은 "우리는 오늘날 오시안더나 벨라르미노에게 가세하여 물리학의 가설은 현상을 구제하기 위한 단순한 수학적 고안물에 지나지 않는다고 믿는다"라고 말했다.[52]

그러나 이것은 버클리나 밀이나 마하를 배운 현대인의 해석이며, 오시안더의 진의는 보다 본질적인 종교적(기독교 원리주의적) 불가지론에 있었다. 그는 지동설을 거부한 것은 아니다. 그는 앞의 인용에서 천체 운동의 부등성의 원인에 관해 천문학은 '철저하게 무지'하다고 말했는데, 원래부터가 태양이 정지지구 주변을 주회하고 있는지 그렇지 않으면 지구가 정지태양 주변을 주회하고 있는지에 관하여 천문학은커녕 철학도 그것을 판정할 권능은 갖고 있지 않다고 생각했다.

「독자에게」의 후반은 다음과 같다.

한 동일 운동에 관하여(예컨대 태양 운동에서 이심원[모델]과 주전원[모델]과 같이) 때때로 다른 가설이 제창되는 일이 있는데, 천문학자라면 이해하는 데 가장 용이한 쪽을 채택할 것이다. 철학자라면 필시 보다 진실 같은 쪽을 오히려 요구할 것이다. 그러나 천문학자든 철학자든 신으로부터 계시받은 것이 아니라면 확실한 것을 어느 정도 이해하지도, 혹은 말하지도 못할 것이다. 이러한 연유이므로 우리는 고대의 조금도 정말일 것 같지 않은 가설들과 견주어, 이 새로운 가설들도 알려지도록 허용하기로 하자. 왜냐하면 이것들은 찬탄할 만한 것임과 동시에 명쾌한 것이기도 하며 극히 정치한 관측이라는 큰 보물을 만들어 내기 때문이다. 가설에 관련해 말한다면 누구든 어떤 확실한 것을 천문학에 기대하는 일이 없도록 하라. 천문학은 결코 그러한 것을 제공할 수 없기 때문이다. 다른 용도를 위해 만들어진 것을 참된 것으로 해석하고 들어갔을 때보다 훨씬 어리석어지는 이 학문으로부터 나가는 일이 없도록. 안녕히.[53]

여기서는 천문학의 신구 가설을 함께 신학의 하위에 병치하고 상대화하여 그 판정을 신에게 맡겼다. 오시안더는 지구 운동이 오류라고 말하지 않았고 코페르니쿠스 우주론을 부정하지도 않았다. 움직이는 것이 지구인지 태양인지를 인간은 판단할 수 없다는 것이 그의 진의였다.

마찬가지 생각은 서유럽 세계에서는 이미 존재했다. 12세기 유대인 철학자 마이모니데스는 이전에 보았듯이 한편으로는 주전원이나 이심원이 철학 원리에 반한다고 보았지만 다른 한편으로는 천문학자가 "현상을 구제하기" 위한 방편으로서 그것들을 이용하는 것은 이해했다[Ch. 1. 9]. 그 밑바탕에 있는 것은 뒤엠이 썼듯이 마이모니데스의 "하늘의 사물들에 관한 지식은 그 본질이나 그 본성에서 인간의 능력capacity이 미치지 않는 것이다"라는 불가지론이었다. 실제로 마이모니데스는 "하늘은 야훼[신]를 위한 하늘"이라는 『시편』의 한 구절을 언급하며 "하늘만이 하늘에 관한, 즉 그 본성과 본질, 그 운동과 그 원인에 관한 완전하고 올바른 지식을 가질 수 있다"라고 설명했다.[54]

학생시절에 유대사상을 배운 오시안더에게 마이모니데스가 얼마나 영향을 미쳤는지는 잘 알 수 없다. 브루스 라이츠먼Bruce Wrigtsman은 오시안더의 이 인식론상의 상대주의와 불가지론의 기원을 니콜라우스 쿠자누스에게서 찾았다.[55]

쿠자누스는 1440년에 쓴 주저 『무지의 지』에서 운동의 상대성을 명확하게 말하며 지구 운동의 가능성을 지적했다. 쿠자누스에 따르면 "우주는 한계가 없는 것"으로 무한한 것에는 중심이 있을 수 없으므로 우주에 중심이 있고 거기에 지구가 정지하고 있다는 아리스토텔레스 이래의 주장은 무의미하다. 이리하여 쿠자누스는 "지구가 운동함은 명백하다"라고 단언한다. 그런데 운동은 상대적이다. 배의 운동은 육지와의 위치관계 변화를 의미하고 배 안에 있으면서 육지를 보지 않으면 배의 운동은 파악할 수 없다. 따라서 "누구라도 —설령 그가 땅 위에 있든 태양위에 있든 다른 별 위에 있든— 그에게는 그 자신이 움직이지 않는 중심이라고 불리는 곳에 있고 다른 사물이 모두 운동하고 있는 듯 언제나 생각된다"라고 하며, 결국 "사람은 어디에 있어도 자신이 중심에 있다고 믿고 있는 것이다".[56] 쿠자누스는 코페르니쿠스의 『회전론』이 세상에 나오기 1세기 이상 전에 이 지점에 도달했다.

그리고 쿠자누스에 따르면 우리 인간은 기지의 사실과 비교하는 유한한 사고과정이 축적되어야만 사물을 알 수 있기 때문에 무한한 신, 절대적인 진리에 도달하는 것은 불가능하다. 그런데 "세계는 무한한 것은 아니지만 그 내부에 세계를 가두는 한계들이 결여되어 있기 때문에 유한한 것으로서는 파악할 수 없다". 그렇다면 절대적인 세계인식은 불가능하게 될 것이다. 요컨대 "우리는 참된 것이 그 있는 그대로의 모습으로 엄밀하게 파악될 수는 없을 것이라는 것밖에 모른다"라고 하며 "진리의 엄밀성은 우리의 무지의 어둠 속에서 파악될 수 없는 방식으로 빛나고 있다"라고 한다. 이렇게 쿠자누스는 인간의 유한한 사고의 한계를 명백하게 하고 나서 그 뒤에 신앙에 의해서만 도달할 수 있는 인식을 둔다. 즉 "다가갈 수 없는 것에 우리를 다가가도록 하는 것은 우리의 힘이 아니라 …… 그[신]의 힘이다". 세계(우주)의 참된 모습은 신의 힘으로만 파악할 수 있는 것이다.[57] 그렇다면 인간에게 가능한 것은 우선 관측되는 현상을 가설적인 이론을 통해 보다 잘 설명하는 것에 그치게 된다.

이것과 함께 14세기 월리엄 오컴에게서 시작하는 유명론의 조류가 오시안더에게 영향을 미쳤으리라고 생각된다.

오컴은 아리스토텔레스의 논증적 형이상학이나 자연학의 확실성을 거부하고 철학과 신학을 분리하여 "신은 완전히 자유로운 작용자이며", "세계는 추측 불가능한 신의 의지에 전면적으로 의존한다"라고 생각했다. 따라서 창조된 이 세계는 인간에게 우연적인 사실들의 관련일 뿐이다. 즉 우리의 감각으로 파악되는 이 세계는 우연성이 지배하는 세계이며 이 세계에 대한 유일하게 확실한 지식은 감각을 통해 개체를 파악함으로써 얻을 수 있는 지식이다.[58] 이렇게 학문에서는 경험주의자였던 오컴과 그 후계자인 유명론자에게 우리가 도달할 수 있는 인식은 절대적인 것이 아니라 개연적인 것일 뿐이었다.

이 오컴의 사상은 그 뒤 유명론자들에게 계승되었다. 14세기 파리의 철학자 장 뷔리당의 책에는 지구의 자전을 둘러싸고 "천문학자는 사실이 어떻든 현상을 구제할 방법을 설명하면 그걸로 충분하다. 그런데 [항성천이 정지하고 지구가 자전한다고 해도 지구가 정지하고 항성천이 일주회전한다고 해도 그] 어느 쪽 방법으로도 [현상은] 구제된다. 따라서 천문학자는 보다 마음에 든 방법을 고를 수 있다"라고 했다.[59]

그리고 뷔리당에게 배운 니콜 오렘은 "천계에서가 아니라 오히려 땅[지구]이 일주회전운동을 행한다는 논의를 수용하고 그 결과를 호의적으로 생각하는 것은 충분히 가능하다"라고 확실히 말했다. 그러면서도 그는 지구의 자전을 인정하지 않았다. 오렘의 논의는 유명론에서 유래하는 경험론이며 직접적으로는 운동의 상대성에 기반한다. 즉 "장소적 운동이 감각적으로 지각되는 것은 어떤 물체가 다른 물체에 대해 다양한 관계를 갖는 것을 지각하는 경우에 한정된다", 따라서 지구의 자전을 가정해도 "천계의 모든 성상, 합, 충, 천구도, 영향은 현재의 것과 완전히 동일하다". 이것뿐만 아니라 오렘은 지구의 운동을 지지할 수 있는 자연학적 논거를 몇 가지 들었다. 지구가 자전하고 있다고 해도 지상의 대기가 지구의 회전운동을 공유하고 있는 한 지상에서 바람이 부는 일은 없다. 마찬가지로 바로 위로 쏘아올린 화살도 그 수직방향의 운동과 함께 지표와 공유하는 원운동을 동시에 행하는 한 쏘아올린 지점으로 돌아온다. 따라서 이 경우 지상의 관측자에게 공기의 흐름은 지구가 정지하고 있을 때와 완전히 마찬가지로 느껴지고 화살의 운동도 마찬가지로 보이며, 지구의 자전은 일상의 경험에 반하는 것은 아니다. 이런 한에서 오렘은 17세기 갈릴레오의 선구자였다. 그러나 이것은 오렘에게는 회전하는 것이 지구인지 천계인지는 경험과 이성으로는 결정 불가능함을 의미했다. 오렘은 마지막으로 말한다.

그렇지만 그럼에도 모든 사람들은 지구가 아닌 천계가 그렇게 움직이고 있다고 주장하고 나도 그렇게 믿는다. 실제로 "신은 땅의 구권球圈을 움직이는 일 없도록 단단히 고정했다". 그 반대 증거가 있음에도 그러한 것이다. 이것들은 신념persuatio이며 명료한 형태로 결

론지을 수 있는 것이 아니다.[60]

운동의 상대성의 인식은 절대운동에 대한 불가지론으로 직결한다. 그렇다면 '참된 운동'의 판단은 신앙에 맡겨야 하게 될 것이다. 단적으로, 아는 것과 믿는 것은 다른 것이다.

이 유명론 조류의 시작점에 위치하는 오컴의 전기 학문적·이론적 사상은 철학으로는 명확하게 증명할 수 없는 신의 전능이라는 기독교적인 명제를 근본원리로서 전개했다. 오컴에게 신은 절대적인 능력을 갖고, 어떤 것에도 사로잡히는 일 없이 세계의 상태를 바꿀 수 있으며, 우주는 그 신의 자유로운 의지에 기반한 소산으로 자연필연적인 합리성에 기반하는 존재는 아니다.[61] 따라서 자연현상에 관해 절대적으로 확실한 인과적 이해는 있을 수 없다. 즉 사물의 '참된 원인'을 인간이 알 수는 없다. 예를 들어 병자가 해열제를 먹고 몸에 열이 내려갔다고 해서 해열제의 효력이 '원인'이 되어 병자의 열이 내렸다고 결론지을 수 없고, 어떤 두 행성이 어떤 궁에서 합이 된 뒤에 지상에 수해가 다발했다고 해서 행성의 그 합이 지상에 내린 폭우의 '원인'이라고는 단정할 수 없다. 앞의 예에서는 신이 그 병자에게 구원의 손을 내밀었을지도 모르고, 뒤의 예에서는 신이 어떤 지방의 사람들을 응징하기 위해 폭우를 불렀을지도 모르기 때문이다.

그리고 이 오컴의 영향이 튀빙겐대학 교수이자 유명론자인 가브리엘 빌을 개재해 마르틴 루터에게로 흘러들어가는 것을 바로 뒤에서 보게 될 것이다. 그리고 오시안더의 신학사상은 루터에게

촉발되어 자라났다. 오시안더가 작성한 의료에 관한 교의문답서
에는 다음과 같이 쓰여 있다.

> 우리가 병에 걸렸을 때 만약 신이 우리를 건강하게 만들고자 원하
> 지 않는다면 의사가 우리를 구제하는 일은 이루어지지 않는다. 만
> 약 신이 우리를 건강하고 만들고자 원한다면 신은 자신의 도구로서
> 만들어 낸 의사를 통해 치료할 것이다.[62]

오컴의 영향을 확인할 수 있다.

5. 종말론과 연대학

원래 오시안더의 자연과학에 대한 관심은 신학에 부수적인 것
이며, 그에게 천문학은 어디까지나 신학 ―성서 해석― 의 보조학
이었다. 그의 천문학 연구의 주된 목적은 보다 정확한 역을 만
들고 역사적인 사건에 관한 연대학을 개량함으로써 장래예측을
할 수 있는 보다 정확한 묵시록의 해석을 제공하는 것에 있었
다.[63] 그 배후에 있었던 것은 그리스도의 왕국과 반그리스도의 싸
움이 이윽고 최후의 심판에서 결말이 지어질 것이라는 역사관이
었다.

지상의 나라가 멸망하고 그리스도가 재림하며 신의 나라가 도
래할 것이라고 말하는 묵시록은 이 시대에 종교개혁을 배경으로

하여 인심을 파악했다. 전문서에 따르면 "1520~1524년에 독일에서 대두된 복음주의 운동은 강한 종교적 열정, 초조감, 호전성, 소란의 조합으로 특징지을 수 있다"라고 한다. 즉 "'대변혁'이 결국 찾아와 반그리스도의 정체가 폭로된다. 그리고 종말의 날을 예측하게 하는 대전투가 시작된다. 이러한 모든 인식이 명백하게 한 역할을 했다"라는 것이다.[64]

이즈음이 분위기를 조금 더 구체적으로 살펴보지 않으면 우리가 실감할 수는 없으므로 좀 더 검토하고 나서 진행하기로 하자. 원래 기독교의 종말관은 종교개혁 이전부터 널리 믿어지고 있었다. 세계사는 신에서 시작하여 신의 성취를 지향한다는 역사의식은 기독교에서, 특히 아우구스티누스 이래 일관된 역사철학이었다. 13세기에 만들어졌다고 하는 독일 최고最古의 법률『작센슈피겔』에 이미 다음과 같이 쓰여 있다.

오리게네스[이시도루스의 오류]는 일찍이 예언했다. 여섯 개의 세상이 있을 것이다. (각) 세상은 햇수로 천 년을 세며, 그리고 제7(의 세상)에서 세상은 멸망할 것이라고. 곧 우리는 성서로부터 (다음을) 알 수 있다. 즉 아담으로부터 제1의 세상이 시작되고 노아로부터 제2(의 세상)가, 아브라함으로부터 제3(의 세상)이, 모세로부터 제4(의 세상)가, 다윗으로부터 제5(의 세상)가, 신의 강탄降誕으로부터 제6(의 세상)이(시작됐다)라는 것. 우리는 곧 제7의 세상에서 (그 햇수의) 확실한 수(를 아는 것) 없이 있는 것이다.[65]

특히 천계에 이변이 보였을 때 민중은 종말을 떠올렸다. 1210년 11월 27일의 일식 때 빈의 시인 발터 폰 데어 포겔바이데는 "이 세상의 끝은 지척에"라고 이름붙인 시에서 "태양은 빛나는 얼굴을 숨겼다"라고 말하며 노래했다.

> 기억하라, 그날은 지척에 다가오고 있다.
> 기독교도, 유대교도, 이교도를 불문하고
> 사람은 모두 두려워해야 할 날이.
> 우리는 많은 징조를 보았다.
> 성스러운 책이 실로 진실이라고 우리에게 가르친 대로인,
> 그 날의 도래를 가늠할 징조를.[66]

15세기가 되면 종말론은 민중에 이르기까지 널리 침투하여 이야기되었다. 1453년 오스만 튀르크가 콘스탄티노플을 정복한 것은 종말의 예감을 강하게 만들었다. '최후의 심판극Weltgerichtsspiel'이라 하는 15·16세기 독일어 연극이 남서부 독일에서 스위스에 걸쳐 집중적으로 발견된다.[67] 이 지역이 튀르크의 위협을 가장 강하게 느끼고 있었던 것과 무관하지 않을 것이다. 1493년에 출판된 하르트만 셰델Hartmann Schedel의 『뉘른베르크 연대기Nürnberger Chronik』는 종교서가 아니지만 그 마지막 장은 「최후의 심판과 세계의 종말에 관하여」이다. 그 앞 장은 「죽음과 사물의 종말에 관하여」이며 그 사이에 뒤러의 스승 볼게무트의 목판화 「사신의 상」이 삽화로서 들어가 있다. 그리고 청년 뒤러가 『요한 묵시록』

의 연작판화를 만든 것이 1498년이었다. 파라켈수스는 1536년부터 1538년에 걸쳐 집필한 『대천문학』에서 다음과 같이 썼다.

세계가 영원하지 않고 언젠가 소멸한다는 것은 잘 알려져 있다. …… 세계의 어떤 것이든 원소들이든 별과 그 안의 무엇이든 존속은 이루어질 수 없다. 세계가 모두 불타서 불이 물을, 돌을, 금속을 소멸시켜 아무것도 그것에 저항할 수 없다는 것은 잘 알려져 있다.[68]

물론 독일만이 아니다. 14세기 초에 쓰인 단테의 『향연』에서는 "이미 우리는 세계의 최후의 시대에 있으며 하늘의 운동의 종말을 기다리고 있다"라고 했다.[69] 14세기 말에 파리대학의 피에르 다이는 기독교회의 대분열Schisma(1378~1417)에 직면하여 반그리스도의 출현을 예감하고 1789년에 종말이 올 것이라는 결론을 얻었다.[70] 다이의 지리학서 『세계의 상』은 콜럼버스에게 영향을 주었다고 알려져 있다. 그 콜럼버스가 1501년에 스페인 국왕 및 여왕에게 보낸 서간에는 "성서는 구약성서에서는 예언자의 입을 통해, 신약성서에서는 우리 속죄주 예수 그리스도의 입을 통해 이 세상은 종말을 맞이할 운명에 있다고 말합니다. 그것이 언제인지 마태오와 마르코, 루카스도 말했습니다. 예언자들도 그것을 몇 번이나 예언했습니다"라고 나오는데, 그뿐만이 아니다. 서간은 이 뒤에 기독교의 과거 권위자들이 설명하는 계산에 입각하여 "이 계산에 따르면 이 세상이 종말을 맞이한다는, 앞서 말한 권위자들이 생각하는 7000년까지 155년과 18일밖에 남지 않았습니다. 우리 속죄주는 이 세상이 종말을 맞이하기까지 예언자들이 이야기한 것은 모두 실현되었다고 말했습니다"라고 이어진다. 종말의 예감은 현실성을 띠고 이야기되었다.[71]

그러나 종교개혁 발발 후의 독일에서 종말의 예감에는 그 이상으로 절박감이 늘어났다. 급진파 중에는 한스 후트같이 종말이 1528년에 도래한다고 소리 높여 설파하고 다니는 자마저 있었다. 역시 루터는 종말의 날이 정확히 결정된다고는 믿지 않았지만 그래도 종말은 다이나 콜럼버스가 말하듯 300년 혹은 150년이나 뒤의 일이 아니라 더 가깝다고 생각했다. 그뿐만이 아니라 루터는 종종 자신을 최후의 심판에 앞장서서 지상으로 돌아온다고 전해지는 예언자 엘리야를 본떠 말하기도 했다.[72]

이전에도 다뤘듯이[Ch. 4. 9] 튀빙겐대학의 수학교사 요하네스 슈테플러가 울름의 주교 야코프 플라움의 협력을 얻어 1499년에 발행한, 1531년까지의 『얼머낵』의 1524년경에는 다음 예언이 기록되었다.

이 해에는 일식도 월식도 일어나지 않는다. 그러나 이 해에는 더 놀랄 만한 행성배치가 생긴다. 왜냐하면 2월에는 대, 중, 소의 20이나 합이 생기고 그중 16은 물에 관련된 궁[쌍어궁(물고기자리)]이기 때문이다. 이것은 전 세계에서 기후, 왕국, 지역, 재산, 지위가 높은 사람들, 동물, 해수海獸, 그리고 지상에 사는 모든 자에게 틀림없는 변동, 몇 세기에 걸쳐 역사가나 연장자에게 거의 들은 적 없는 변화나 교대varitate ac alteration가 일어남을 의미한다.[73]

이 애매한 표현이 1510년대가 되자 파국적 대홍수 ─노아의 방주로 유명한 대홍수의 재래─ 를 예언한 것이라고 수용되어 대중의 이목을 모았다. 특히 1520년 이후 종교개혁이 급속히 확대되었다는 것, 그리고 합스부르크와 발루아의 전쟁에 따른 불온한 민심을 배경으로 하여 이 예언은 실제로 큰 영향을 끼쳤고 많은 경고나 예측이 난무하여 독일 국내에서는 일종의 집단 히스테리 상황을 야기했다. 그리고 이 소동은 때마침 인쇄술의 보급과 발전 ─방대한 수의 전단지나 팸플릿의 대량생산과 광범위한 배포─ 으로 폭발적으로 가속되었다. 『바보 배』의 작자로 슈트라스부르크의 법률고문이기도 했던 제바스티안 브란트Sebastian Brant는 사망 전년도인 1520년에 다음과 같은 글을 남겼다.

> 세상 사람들이여, 현명하게 대비하라.
> 1500년을 센 후 24년이 되는 해에
> 대혼란이 도처에서 생기고
> 무서운 붕괴가 일어날 것이다.
> 흡사 전 세계가 몰락할 것처럼.[74]

종말의 예언은 낫 놓고 기역자도 모르는 무지한 민중에게만이 아니라 높은 교육을 받은 지식인들에게도 영향을 미쳤던 것이다. 튀빙겐대학에서 슈테플러에게 천문학과 점성술을 배웠고 브란덴부르크 선제후에게 종사했던 점성술사 요한 칼리온은 1521년에 『대홍수의 예언과 그 해명』을 저술하고 홍수의 날까지 예언했는

데, 그날 선제후는 아내와 함께 산으로 피난했다고 전한다.[75]

물론 불안해하는 민중에게 침착할 것을 호소한 빈의 교수 탄슈테터와 같은 인물도 있었지만, 그 탄슈테터도 1524년의 큰비를 예측했고 또 세계의 종말이 언젠가 올 것은 확신했었다. 1524년에 파국이 올 것이라는 예언에 반대한 그의 논거 중 하나는 성서에서 이야기하는 세계의 종말은 대홍수가 아니라 대화재라는 것이었다. 이것은 세계가 6,000년간 이어지고 그 뒤에 대화재가 온다는 엘리야의 예언을 가리킨다.[76] 앞서 말한 요한 칼리온은 프로테스탄트 제후들 사이에서 슈말칼덴 동맹이 결성된 1532년에 비텐베르크에서 『연대기』를 출판했다. 이것은 비텐베르크에서 기본적인 텍스트로 간주되었는데 역시 엘리야의 예언을 기초로 한 것으로, 여기에는 "세계의 시작부터 5,474년이 경과했으며 그 종말이 곧 다가올 것이라 기대할 수 있다"라고 기술되어 있다.[77]

루터의 종교개혁 동지로서 칼리온과 마찬가지로 튀빙겐에서 슈테플러에게 배운 필리프 멜란히톤은 1553년에 말했다.

우리 시대에서 그리스도 재림까지 길지는 않을 것이라고 신은 예언하셨다. 세계는 6,000년이 이어지고 그 뒤에 대화재가 일어난다. 즉 혼돈의 2,000년, 그리고 율법의 2,000년, 그리고 다시 2,000년 후 구세주가 재래하실 것이라는 엘리야의 예언은 가벼이 볼 만한 것이 아니다. …… 지금은 천지창조부터 5,515년이 지났으므로 신의 아들이 모든 인류에게 그 모습을 드러내고 그 아버지가 그 교회에 재래할, 신이 승리하실 날이 먼 훗날이 아님은 확실하다.[78]

어느 쪽이든 절박한 종말은 현실감을 갖고 이야기되었다.

종말론과 점성술의 관계에 관해 말하자면, 종말의 예감을 점성술적 예언이 증폭시킨 것은 사실이지만 그것은 점성술에 대한 신뢰의 유무와는 무관하게 침투했으며, 루터를 포함해 연대학은 극히 많은 사람들의 마음을 사로잡았다.

마르틴 루터는 종말론을 믿었지만 점성술에 대해서는 "참된 학문Wissenschaft도 확실한 지식Erkenntniss도 아니다"라고 단언하고 명확하게 비판했다.

> 점성술은 전혀 학예Kunst가 아니다. 왜냐하면 그것은 흔들림 없이 확실한 것으로서 의거할 수 있는 어떠한 원리도 논증도 갖지 않기 때문이다.[79]

마찬가지로 오시안더도 점성술을 부정했으리라고 생각된다. 라이츠먼의 논문에 따르면 그는 점성술을 옹호하는 글을 전혀 남기지 않았고 홀로스코프도 만들지 않았다. 그리고 설교에서는 점성술을 부정했다.[80] 그러나 그렇다고 해서 그들의 점성술 비판이 근대적인 과학적 정신에 기반하는 것은 아니었다. 즉 당시 점성술의 지지자가 비합리적이었음에 반해 루터나 오시안더가 보다 합리적이고 보다 과학적인 사고의 소유자였다고는 결코 말할 수 없다. 그렇기는커녕 "루터와, 나아가서는 프로테스탄트가 된 그의 신봉자 대다수는 성서에서 악마, 악령, 천사, 영적 존재, 망령, 폴터가이스트가 언급되고 있으므로 그것들을 계속 믿었다".[81] 프로테스탄트 진영의 통일전선을 형성하기 위해 1529년에 말부르크에서 루터와 츠빙글리가 행한 회담의 중심적 대립점은 성찬의 이해에 있었다. 즉 성찬에서 나누었던 포도주와 빵이 그리스도의 피와 살로 변화한다는 화체설을 상징적 행위로 보는 츠빙글리에 비해 루터는 어디까지나 실제로 피와 살로 변화한다는 해석에 집착했다고 전한다. 루터는 트뢸치Troeltsch의 지적처럼 틀림없이 중세사상의 계승자였다.

다른 한편으로 당시의 점성술은 천상세계의 물체가 특정 배치를 취할 때 어떤 정해진 법칙에 따라 지상세계에 영향을 미친다는 해석으로 뒷받침된 의사과학으로, 린 화이트 주니어Lynn White Jr.가 말한 것처럼 천문학적 기술astronomical engeneering이었다. 이 시대에 빈에서 천문학을 강의했던 안드레아스 페를라흐Andreas Perlach는 자신의 천문학적 예언집 『주디시아』를 언급하며 말했다.

1. 나는 자신의 『주디시아』에서 자연적 원인에 반하는 것은 무엇 하나도 쓰지 않았다. 내가 점성술이라 이름붙인 자연적 학예die naturlich Kunst Astrologia genant에만 기초했고 그 이외의 것을 사용하지 않았음은 진지하게 읽으신다면 알 수 있을 것이다.[82]

즉 이 시대의 점성술을 지배했던 것은 어떤 의미에서 합리적·인과적 사고이며 "점성술의 정신은 극히 '근대적'이었다".[83] 행성의 대회합과 지상의 대홍수를 인과적으로 결부하는 논리는 몇몇 행성이 수대(황도대) 위의 특정 궁에서 회합함으로써 각자의 행성이 갖는 고유한 힘이 공명하고 증폭되어 어떤 법칙성으로 지상의 대기에 현실적으로 영향을 미친다는 것으로 그 나름대로 물리학적인 논의였다. 실제로 달이 지구에 조석을 만들어 내고 특히 달과 태양이 삭삭과 망망의 배치를 취할(지구와 일직선상에 늘어설) 때 사리가 된다는 경험은 그런 생각을 뒷받침했다.

그러나 초기 가브리엘 빌을 통해 오컴의 영향을 받았던 루터에게 신은 절대이며 자연 법칙적 질서나 법칙적 필연성을 초월한 존재였다. 천상의 현상을 지배하는 것은 그 전능한 신이며 신이 모든 사건을 완전히 장악하고 제어하는 것이다. 이것은 아리스토텔레스의 영향을 받기 이전의 기독교에 보다 충실한 입장이었다. 6세기 카시오도루스의 책에는 쓰어 있다.

> 천문학은 우리의 언어로는 별들의 법이라 불린다. 왜냐하면 별들은 창조주에 의해 지배되는 것 이외의 방식으로 위치를 점하거나 움직이거나 하는 것을 모르기 때문이다. 단 별들이 신의 의지에 기반하여 행해지는 어떠한 기적에 의해 변화하는 경우는 별개이다.[84]

하늘 그리고 자연은 평시에는 신이 정한 법칙에 따르지만 신은 자신의 의지로 그것을 파괴할 수 있고, 화급할 때는 자연에 직접 개입함으로써 초자연적 현상으로서의 기적을 낳는다. 루터는 그러한 신의 자의를 인정하는 입장에서 점성술을 거부한 것이었다. 루터는 기독교 원리주의의 입장에서 아리스토텔레스의 합리주의를 거부했는데 그의 점성술 비판은 그 일환이었다. 이 점에서는

"우리가 가진 행복 또는 불행의 원인은 별의 영향이 아니다"라고 주장하는 장 칼뱅도 마찬가지이다. 나중에 보겠지만, 칼뱅은 자연 점성술을 믿었으나 동시에 신이 인간에게 은총을 주고 또 징벌을 내릴 때는 마음대로 별의 영향을 정지시키고 제외하는 힘을 갖고 있다고 생각했다.[85]

오시안더도 마찬가지로 생각했다. 그에게도 유성이나 그 외의 현상은 "거대한 불행이 도래하기에 앞서서 신이 보낸 놀랄 만한 징조"였다.[86] 그러나 그것은 점성술적 효과는 아니었다. 파올로 잠벨리Paollo Zambelli가 말했듯이 "놀랄 만한 사건이나 전 세계적 파국이 생긴다면 그것들은 별이 아니라 신의 의지에 귀속되어야만 한다"라는 것이다.[87] 혜성의 출현이나 일식, 월식, 그리고 행성들의 특이한 배치와 같은 현상은 신이 인간에게 하는 경고, 요컨대 인간세계에서 발생할 이변의 전조인 것이다. 초기 기독교 교부 아우구스티누스의 『신국』은 점성술을 강하게 비난했다고 알려져 있는데 이 책에서 다음 언명도 읽어낼 수 있다.

> 신은 그 의지에 따라서…… 정해진 본성을 그 원하는 바의 것으로 바꾸는 것이 불가능하지는 않다. 그리하여 '징조'라든가 '전조'라 불리는 많은 기적이 생기는 것이다.[88]

이것은 신이 우리에게 지시하고 예고하기 위해 "어떠한 자연법칙에 의해서도 금지되지 않고" 행해지는 것이다.

하늘의 현상에 기반하는 점성술적 예언과 하늘의 현상에 관한 신학적 해석(별점)은 통상적으로 넓은 의미에서는 점성술의 범위에 일괄 포함되지만 엄밀하게는 구별되어야 하는 것이다. 그리고 실제로 이 구별은 중세 내내 꽤 명확하게 이해되었다. 3세기의 플로티노스는 "별들의 움직임(운행)은 (지상의) 각자의 것 위에 일어날 것을 지시했지만 일반 사람들이 상상하듯이 이 움직임 자체가 모든 사건을 만들어 내는(불러일으키는) 것은 아니다"[89]라고 말했다. 즉 그는 한편으로는 점성술을 공격하면서 다른 한편으로는 징조로서의 별의 역할을 인정했던 것이다. 그리고 테스터Tester의 『점성술의 역사』에는 4세기의 칼키데우스나 5세기 마크로비우스가 이 플로티노스의 구별을 답습했다고 기록되어 있다.[90]

1538년의 혜성에 관한 오시안더의 "나는 별에 기반하여 독일의 미래를 말하고 싶다고는 생각하지 않지만 신학에 기반하여 독일에 신의 분노를 알린다"라는 발언도 이 구별의 다른 표현이다. 1533년에 뉘른베르크에 페스트가 덮쳤을 때 그는 그 궁극적 원인을 인간의 불복종과 죄에 대한 신의 분노라 설했다. 오시안더에게도 하늘의 사건은 중요한 역사적 사건을 예고하는 징조였지만 효력 있는 작용인으로서 그 사건들을 야기하는 것은 아니었다.[91]

완전히 마찬가지로 홍수의 예언으로 공황이 생겼을 때, 루터는 점성술에서 주장하는 의미에서의 —행성의 합이 대기에 작용하여 큰비를 불러일으킨다는 의미에서의— 예언을 믿으려고는 하지 않았지만 몇몇 행성이 함께 나타난다는 특이현상은 최후의 심판의 도래를 의미할 수 있다고 생각했다.[92] 이 점에서는 혜성에 대한 언설의 역사적 기술에 대해 "나는 징조로서의 혜성과 원인으로서의 혜성을 구별하자는 의견이다"[93]라고 표명한 현대 연구자 세라 제누스Sara Genuth의 입장을 강하게 지지할 수 있다[Ch. 9. 2]. 징조 내지 조짐으로서의 이상은 천문현상에 한정되지 않는다. 루터는 1523년에 작센에서 태어났다는 기형 소[+]가 신의 분노와 로마교회의 붕괴를 예언하는 것이라고 표명했다.

루터는 다음과 같이 언명했다. 신은 천계에서 재액이 생길 때는 이 징조를 보여서, 즉 혜성을 보내서 일식이나 월식을 만들고 이례적인 형상을 출현시킨다. 마찬가지로 지상에서는 인간 중에서, 그리고 동물 중에서 무서운 괴물이 생겨난다.…… 이러한 징조를 통해 신은 신앙 없는 자를 위협하고 지배자나 나라를 뒤덮을 미래의 재액을 보여 경고를 준다.[94][*8]

마찬가지의 시각은 그 외에도 보인다. 15세기 말부터 16세기 초에 걸쳐 막시밀리안 I세를 섬긴 점성술사 요제프 그륀페크Joseph Grünpeck는 1507년에 이렇게 썼다.

신이 제정한 자연과 사회의 법, 즉 기독교 사회의 모든 수준과 동물에서 자연에 정상적인 존재방식으로 수용되는 법을 어긴다면, 그것은 동물 중에서 기형이 탄생함으로써 나타난다.[95]

[*8]   '괴물, 괴이'를 뜻하는 라틴어 monstrum(영어 monster)은 동사 monere(경고하다, 경계하다, 벌하다, 고해 알리다)에서 유래했고 '경고, 전조'의 의미가 있다.

12세기 샤르트르의 티에리는 신의 역사를 천지창조의 6일간에 한정하고, '괴물의 탄생'을 신이 "저 6일 동안에 원소에 집어넣은 종자적 원인"으로부터 설명하려고 했다.[96] 여기에서는 창조신화에 항거하는 합리적 정신의 발로를 엿볼 수 있다. 그러나 16세기 루터나 그륀페크의 견해로는 신은 훨씬 큰 힘을 갖고 있었다. 신은 자연과 사회의 법을 자신의 힘으로 제정하지만 그것이 지켜지지 않을 때 자신의 불쾌나 분노를 나타내기 위해 초자연적 현상을 낳는 힘을 갖고 있는 것이다. 원래 이것들은 헤아릴 수 없는 신의 자의에 맡겨진 개개의 현상으로 법칙성을 나타내지 않으며, 이런 의미에서도 과학이나 기술로서의 점성술은 있을 수 없다. 따라서 예언을 천체 운동이나 별의 영향에 관한 "자연학적 학예"로 근거 짓는 점성술은 루터에게는 단적으로 "고대 이교도의 학예"였다. 이러한 것을 과학이라 하는 것은 우습기도 하고 불경이기도 했다.[97] 그러나 다른 한편으로 "하늘이나 지상에 나타나는 징조"는 "신이나 천사가 보이는 징조"로 "틀리는 일은 없다".[98]

종교개혁 과정에서 루터는 이러한 시각에 적극적으로 의거했고 그것을 종말론과 결부하여 교황청을 공격하는 데 이용했다. 15세기 말에 유럽사회에 '프랑스병', 즉 매독이 출현했는데 이것에 대해서도 루터는 '최후의 심판의 대전조 중 하나'로 보았다.[99] 결국 점성술을 믿든 믿지 않든 상관없이 '묵시록'의 예언은 굳게 믿었던 것이다.

오시안더도 예외가 아니어서, 『회전론』이 출판된 다음 해인 1544년에 라틴어로 『세계의 종말에 관한 추측』을 세상에 내놓았다. 독일어판이 1545년에, 영어판이 1548년에 나왔으므로 호평을 받아 널리 읽혔을 것이다. 예언과 연대학을 결부하는 이 책에서 역시 세계는 6,000년 동안 이어지고 모세 이전이 2,000년, 구약시대가 2,000년이며, 최후의 2,000년은 반그리스도와 그리스도가 싸우는 시대라 간주되었다. 교황청에 대한 독일 프로테스탄트의 싸움은 필시 반그리스도와의 싸움의 최종국면일 것이었으며 이리하여 그는 세계의 종말을 1688년으로 추정했다.

오시안더의 생각으로는 천문학자가 하늘의 움직임으로부터 계절의 변천을 예측하듯이 기독교인은 신의 말씀(성서)이나 신의 작품(자연)으로부터 그 종말의 때, 그리고 그 부활의 때를 예측해야 했다.[100][*9] 즉 "천문학 연구에서 오시안더의 관심의 원천은 신학적인 것이며 역사적 사건에 관한 연대기를 개선하고 장래에 대한 정확한 '추측'을 포함하는바, 성서와 서유럽 역사의 보다 정확한 묵시록적 해석을 제공하기 위해 보다 정확한 캘린더에 관한 그의 관심에 귀속시킬 수 있다"라는 것이다. 그리고 "그런 목적에서는 자연학적 의미에서 프톨레마이오스의 모델이 '참'인가. 그렇지 않으면 코페르니쿠스의 모델이 '참'인가는 그에게는 거의 문제가 되지 않았고 특히 그의 신학적·인식론적 관점으로서는 그러한 이론적 구성이 궁극적 진리성을 주장한다는 것은 있을 수 없다"라는 것이었다.[101]

[*9] 여기서도 "오시안더는 종말에 관해 추측할 때 점성술의 기술이나 이론을 사용하지 않았다"에 주목하라. Wrigtsman(1975), p. 222.

6. 루터와 코페르니쿠스

　마르틴 루터(그림7.2)가 독일종교개혁의 이론적 지도자임은 잘 알려져 있다. 이 루터는 지동설에 대해 성서 제일주의의 입장에서 비판을 가했다고 이전에는 이야기되었다. 이것은 태양이 정지해 있다고 주장한 코페르니쿠스를 루터가 성서 구절을 내세워 '그 얼간이'라 매도했다는, 그의 『탁상담화Tischreden』에 기록된 에피소드에서 유래한다. 여기에는 프로테스탄트도 대체로 반코페르니쿠스로, 지동설에는 엄격한 태도로 임했다고 때때로 쓰여 있다. 19세기 레오폴트 프로베Leopold Prowe의 『코페르니쿠스 전기』는 그 뒤 코페르니쿠스 연구의 기본문헌이 되었는데, 여기에는 "개혁운동의 지도자 루터와 멜란히톤은 지구운동론에 대한 단호한 반대론자로 그 보급은 위험하다고 간주했다"라고 했으며 마찬가지로 독일의 프로테스탄트 신학자이자 역사철학자 에른스트 트뢸치Ernst Troeltsch는 1913년에 "코페르니쿠스가 모든 종교개혁자들 사이에서 이구동성으로 유죄라 판정받았다"라고 기록되어 있다.[102] 그 뒤도 과학사가들 사이에서 마찬가지 지적이 종종 보인다. 예컨대 쿠아레의 책에서는 "프로테스탄티즘은 코페르니쿠스의 우주론과 천문학에 가톨리시즘 이상으로 적대적이었다고 말할 수 있다"라고 하며 마리 보아스Marie Boas는 "프로테스탄트, 특히 루터파는 코페르니쿠스주의를 탄핵하는 데 보다 서둘렀다"라고 주장한다. 과학사 분야의 대가 조지 사튼George Sarton도 같은 견해이다.[103]

과연 그 실상은 어땠을까?

1520년대 말경부터 루터는 거의 정해진 시각에 속마음을 터놓던 제자들을 자택에 모아 격의 없이 대화하는 것이 습관이었다. 테마는 여러 가지로, 처음부터 정해져 있지는 않았으며 요컨대 잡담이었다. 1531년 여름 제자 중 한 사람이 그 담화를 글로 남길 것을 생각했고 곧 모두가 따라 하기 시작했다. 그리고 그 자리에서 노트에 필기한 것뿐만 아니라 기억에 기반하여 나중에 가필했고 또 노트를 교환함으로써 기록을 정리하여 모았다. 1545년부터 루터의 죽음까지 1년 안 되는 기간 동안 루터의 비서를 역임한 요한 아우리파버가 루터의 사후 1566년에 —물론 루터의 승낙 없이— 이 기록을 독일어로 출판했다. 이것이 『탁상담화』이다.[104] 여기에는 『회전론』 출판 이전인, 코페르니쿠스의 이론이 아마도 단편적인 소문으로 전해졌을 1539년 6월 4일의 기록이 남아 있다.

> 움직이고 있는 것은 지구이며 하늘이나 태양이나 달이 아니라는 것을 증명하려고 하는 최근의 어떤 천문학자로 화제가 미쳤다. 그것은 누군가가 차나 배에 타서 자신은 정지하고 있지만 지면이나 나무가 움직이고 있다고 생각하는 것과 같다. [이때 루터가 말했다.] "그런 세상이 되었군. 똑똑해지고 싶다면 다른 자들의 뒤를 좇아서는 소용이 없고 뭔가 자신 나름의 것을 만들어야만 한다, 아무튼 그것은 자신이 만든 것이니까 가장 좋을 것이라는 거다. 그 얼간이는 천문학 전체를 뒤집어엎으려 하고 있다. 그러나 성서가 보여주듯이 여호수아가 멈추라고 명한 것은 지구가 아니라 태양이다."

루터가 코페르니쿠스를 매도했다는 전승은 여기서 시작되지만 아우리파버가 꼭 충실한 기록자였던 것은 아니다. 그는 1545~1546년의 것은 자신의 노트를 사용했지만 그 외는 타인의 노트를 편집했다. 그는 또 꽤 부주의한 면도 있었고 거기에 본래의 라틴어가 섞인 담화를 과장된 독일어로 윤색했을 뿐만 아니라 때로는 원래 텍스트를 자의적으로 고치기도 했다.[105] 실제로 『탁상담화』는 안톤 라우터바흐가 독일어와 라틴어로 편집했다고 간주되는 것이 다시금 1916년에 출판되었다. 이 판에서는 루터 발언 부분이 다음과 같이 되어 있다.

"그런 세상이 되었군. 똑똑해지고 싶으면 다른 자들이 존중하는 것에 만족해서는 소용없고 뭔가 자신 나름의 것을 만들어 내야 한다. 천문학 전체를 뒤집어엎은 이 인물은 이런 식으로 생각한 것이다. 그러나 설령 사항이 이런 방식으로 혼란되어 있더라도 나는 여호수아가 멈추라고 명한 것은 지구가 아니라 태양이라는 성서를 믿는다."[106]

아우리파버와 달리 라우터바흐는 실제로 이 대화가 행해졌을 때 그 자리에 있었다고 알려져 있다.[107] 적어도 아우리파버는 그 자리에서 오간 대화의 뉘앙스를 이해하지 못했으리라고 생각된다. 따라서 라우터바흐의 것이 더 신뢰성이 높은데 그것에 따르면 '그 얼간이Der Narr'라는 표현은 없다.

루터는 자신의 구원에 관해서는 진지하게 고뇌한 종교적인 인간으로 성서나 신학의 고전 연구에 몰두한 학식 있는, 그리고 종교 신조에 관해서는 원칙적인 신학자였다. 그러나 사회적·도덕적으로는 보수적인 인간이었으며 또한 세속의 문제에 관해서는 어느 쪽이냐 하면 무관심했기에 상식적인 인간이었다. 루터의 코페르니쿠스에 관한 발언은 그 상식 수준의 반응이었다.

원래부터 이 루터의 비판은 "똑똑해지고 싶으면wer da will klug sein"이라는 문장에서 알아차릴 수 있듯이 신기한 견해를 보란 듯이 주장함으로써 자신의 현명함을 과시하려고 하는 경박함이나 허영심을 나무라는 데 강조점이 놓여 있다. 이러한 시각은 이 시대에는 루터에 한정된 것은 아니었다. 포르투갈의 조안 드 카스트로는 역시 1540년 전후로 『천지학』을 저술했는데, 여기에는 "천구도 별도 움직이지 않고 지구가 회전[자전]하고 있다"라는 '바보 같은 견해'를 주장하는 사람들은 "그 진리란 것을 우리가 믿게 만들려고 한다기보다는 오히려 그것으로 자기 두뇌의 명석함을 과시하고 싶을 뿐이라고 생각해야 할 것이다"라고 야유했다.[108] 『회전론』 출판 직후 쓰인 가톨릭 신학자 토로사니의 문서에는 이렇게 나온다.

> 토룬의 니콜라우스 코페르니쿠스의 책이 최근에 인쇄되어 최근 출판되었다. 이 책에서 그는 훨씬 옛날에 소멸된, 지구운동에 관한 어떤 피타고라스주의자의 설을 부활시키려 했다. 오늘날에는 코페르니쿠스를 빼고 누구도 그것을 수용하지 않는다. 내가 판단하건대, 그는 그 신념이 참이라고는 간주하지 않는다. 그런 것이 아니라 그는 이 책에서 사물의 진리를 설명하기보다는 그 두뇌의 날카로움을 타인에게 과시하고 싶어 하는 것이다.[109]

훨씬 나중에도 1587년에 볼로냐의 천문학자 조바니 안토니오 마지니Giovanni Antonio Magini는 코페르니쿠스가 지동설을 부활시킨 이유를 "자신의 재능을 자랑하기 위해서거나 혹은 자신의 논리에 유도되어서"라 추측했다.[110]

어쨌든 지동설을 둘러싼 루터의 이 담화는 1539년 6월, 레티쿠스가 코페르니쿠스를 만나러 간 직후 『회전론』은 물론이고 『제1 해설』조차 출판되지 않은 시점에서 접한 극히 불확실하고 부정확한 소문에 기반한 것이다. 원래부터 지동설에 관한 엄밀한 이론을 배운 다음의 것이 아니며,[*10] 소문에 대한 평범한 반응이었다. 원래 담화 자체가 상당히 편한 한 식구들끼리 나눈 두서없는 잡담 과정에서 입에 올린 것으로, 숙고 끝에 한 표명은 아니었다. 그런 의미에서는 "귀에 거슬리긴 하지만 죄는 없는 식후 잡담"이라는 쾨슬러의 평이 들어맞는다.[111] 물론 사후 20년이나 지나 그것이 활자화될 거라고는 루터 자신도 생각지도 않았을 것이다.

오히려 주목해야 할 것은 다방면의 문제에 대해 정력적이고 적극적으로 논진을 분명히 해온 루터가 비텐베르크의 동료인 레티쿠스의 『제1해설』이 출판되고 나서 6년 후, 『회전론』이 출판되고 나서 3년 후에 타계하기까지 코페르니쿠스 이론에 대해서도 천동설과 지동설의 문제에 대해서도 알려져 있는 한에서 아무것도 발언하지 않았다는 사실이다. 적어도 루터가 자신의 손으로 쓴 문서에는 코페르니쿠스에 관한 언급이나 지동설 비판은 발견되지 않는다.[112] 따라서 루터의 코페르니쿠스 비판은 그것이 『탁상담화』에서 이야기되었다는 사실보다도 『탁상담화』에서만 이야기되고 있다는 사실 쪽이 중요하다. 결국 그다지 관심을 갖지 않았거

[*10]　Boas(1962), p. 126에는 "적어도 루터는 1539년에는 그 [코페르니쿠스의] 이론을 공연히 비난하는 데 충분한 만큼 자세히 알고 있었다Knew enough of the theory… in 1539 to denounce"라고 하는데, 이것은 도저히 사실이라고는 인정하기 힘들다.

나 중대한 문제라 간주하지 않았다는 것이 실제 사실일 것이다. 게다가 생긴 지 얼마 되지 않은 루터파에서는 통제력이 있는 중앙집권적 조직을 가진 가톨릭과 달리 직접 교의에 관련된 문제가 아니면 각자가 자유롭게 소신을 말했던 것이다.

이것들을 감안하면 루터가 1539년의 단계에서 지동설에 대해, 편한 한식구들 모임에서 입에 올렸다고 전해지는 말의 자투리를 루터파의 공식견해인 듯 수용하는 것은 경솔한 생각이며, 그것이 독일 천문학 연구에 중대한 영향을 미쳤다고 생각하는 것은 위험하다. 오히려 이 루터의 담화를 "특별히 고려해야 할 만한 것은 아니다"라고 평가한 독일인 연구자 콘라트 뮐러의 판단[113]은, 역성을 드는 것이 아니라 타당할 것이다. 적어도 웨스트먼의 말처럼 "[루터와 칼뱅] 두 지도적인 프로테스탄트 개혁자의 의견으로서 코페르니쿠스 체계의 수용에 심각한 영향을 준 것은 전혀 알려져 있지 않다".[114]*11

---

*11   버트런드 러셀의 『서양철학사』에는 칼뱅이 "지구도 굳건히 서서 움직이지 않는다'라는 시편의 한 구절을 인용한 뒤에 '코페르니쿠스의 권위를 성령의 권위 위에 두는 자가 있으랴"라고 절규하고 "코페르니쿠스를 해치웠다"라고 썼다(아래, p. 7). 이 이야기는 토머스 쿤의 『코페르니쿠스 혁명』(일역 p. 272)이나 아담 쳅스키Adamczewski의 『니콜라우스 코페르니쿠스』(p. 198)에도 기술되어 있다. 러셀은 그 출전을 기록하지 않았지만 그 전거는 앤드류 화이트Andrew D. White의 *A History of the Warfare of Science with Theology in Christendom* 같다. 그러나 이 화이트의 주장에는 근거가 없음을 로즌이 1960년에 밝혔다. 그다음에 로즌은 칼뱅이 코페르니쿠스를 비판하는 발언을 어디에서도 하지 않았다고 주장했다. 이에 비해 리차드 스타우퍼Richard Stauffer는 1971년에 코린트의 신자에게 보내는 편지에 관한 설교에서 칼뱅이 지동설을 비판했다고 지적했고 1986년에 크리스토

실제로 루터가 코페르니쿠스를 비판했다고 간주되는 1539년 이후 1540년에 지동설 최초의 해설서인 『제1해설』을 저술하고 코페르니쿠스설 지지를 표명한 레티쿠스도, 그것을 인쇄한 프란츠 로데도, 다음 해 1541년에 그 제2판을 인쇄한 아킬레스 가서도, 그리고 다음 장에서 볼 『회전론』에 의거한 천체표인 『프러시아 표』를 작성한 에라스무스 라인홀트도 모두 루터가 있던 비텐베르크에서 배운 프로테스탄트이다. 그리고 다음 장에서 상세하게 살펴보겠지만 그 뒤 반세기에 걸쳐 "비텐베르크의 수학자들은 코페르니쿠스에게 탄복하고 그 저작을 열심히 공부했다".[116]

7. 루터의 과학과 신학

지동설을 주창한 코페르니쿠스에 대한 루터의 앞의 담화는, 지동설 자체에 대한 비판이라기보다는 코페르니쿠스를 상식이나 통설과 크게 다른 설을 그 신기함을 자랑하기 위해 퍼트리는 자로 이해하여 그 '현자인 척 뽐내는 자'의 현학적인 자세를 향한 것이었다. 루터의 발언이 발표된 후 독일의 선구적 코페르니쿠스주

퍼 카이저Christopher Kaiser는 그 칼뱅의 비판이 코페르니쿠스에 대한 것이 아니라 16세기가 되어 인쇄된 키케로의 책 『아카데미아』에 쓰여 있는, 지구의 일주회전(자전)을 언급한 시라쿠사의 히케타스의 이론에 대한 것임을 밝혔다. 즉 지금까지 알려져 있는 한 칼뱅은 코페르니쿠스의 지동설에 대해서는 아무것도 말하지 않았다.[115]

의자이자 루터파인 미하엘 메스트린은 자신이 소유한 『회전론』에 "코페르니쿠스가 행한 것은 명석한 학자가 자신의 명석함을 과시하기 위해 하는 게임은 아니었다"라고 썼는데 이 루터의 발언을 염두에 두었을 것이다.[117] 이 루터의 코페르니쿠스 비판은 "에라스무스가 자신의 말장난이나 지식의 기량을 뽐내고 있다면 바로 인간이기 때문이다. 그는 만사에 빈틈없이 똑똑한 체하고 있기 때문에 당치도 않은 착오를 하고 있다"라는 인문주의자 에라스무스에 대한 루터의 1532년의 비판과 근본적으로 통하는 것이다. 이것을 꿰뚫은 루터의 일관된 자세는 "신 앞에서 똑똑해지고 싶다면 이 세상에서 바보가 되어라"라는 모토이다.[118] 여기에서 루터 신학이 이성과 철학에 대해 갖는 엄격한 비판적 태도를 슬쩍 엿볼 수 있다.

종교혁명에서 루터가 추구했던 문제의 본질은 원죄를 짊어진 인간이 어떻게 구제받을 수 있는가 하는 것 한 가지뿐이었다. 그 구제의 가능성을 루터는 외적인 행위가 아니라 개인의 내면적 신앙에서 구했으며 그 신앙의 유일한 기초로 성서를 두었다. 실제로 1520년에 "우리 모두가 훈련을 쌓고 노동해야 할 포도원은 오직 성서뿐입니다"라고 선언했듯이 루터 신학사상의 기본은 '오직 성서scriptura sola'를 슬로건으로 하는 복음주의이다.[119]

그러나 이것은 어디까지나 신학 영역에서의 이야기이다. 루터는 이성으로 이 세계를 이해하는 것, 즉 철학과, 신앙으로 신의 세계를 이해하는 것, 즉 신학을 준별했다. 철학은 인간이성으로 알 수 있는 것과 관련되고 신학은 믿는 것, 즉 신앙으로 파악되는 것에 관련된다. 여기에서 철학은 지상세계, 인간세계의 과학들을 포함하며 감각인식의 대상, 즉 경험되고 개념화될 수 있는 것을 대상으로 한다. 그러나 철학, 특히 자연철학은 어디까지나 신학의 하위에 놓여야 하는 것이었다. 실제로 "신은 이해할 수 없고, 또한 보이지 않는다". 따라서 신앙의 세계에서 이성은 암흑 이외의 아무것도 아니며 "철학은 성스러운 것을 이해할 수 없다".[120] 루터가 비판한 것은 이성으로 신앙을 말하고 철학으로 신학을 이해하려고 하는 오만한 태도였다.

이 점에서 루터와 에라스무스의 차이도 명백하다. 루터는 인간 이성은 신의 의지를 헤아릴 수 있다고 주장한 에라스무스를 정면으로 비판하고 1525년에 쓴 『노예의지론』에서 이야기했다. "신은…… 그의 불변하고 영원하며 틀릴 일이 없는 의지로 일체를 예견하고 약속하며 행한다"라고 하며 "신의 전체는 궁구하기 어렵고 인간의 이성으로는 접근하기 어렵다". "인간의 힘이나 강함이나 지혜나 본질 등 우리가 갖는 일체의 것들은 신의 힘, 강함, 지혜, 지식, 본질 등에 비해 완전히 무나 마찬가지이다". 따라서 신의 의지는 우리 인간의 이해가 아득하게 미치지 않는 곳에 있다.[121] 오시안더에게도 계승된 불가지론의 주장이다. 이것은 또한 인간이성으로는 손이 닿지 않는 신의 행사를 알려고 하는 '무의미한 호기심'을 물리쳐야 한다는 장 제르송의 사상과도 통했다. 샬럿 머슈언Charlotte Methuen이 말하듯이 "철학의 한정을 강조하는 데에서 루터는 중세 후기 명사론名辭論의 전통 속에 있다. 그러나 루터는 그 결론에서 보다 급진적radical이었다.…… 루터가 철학과 신학을 엄격하게 분리한 것은 그의 초점이 인간 지식의 한계를 설정하는 데 중점이 놓여 있었음을 의미한다".[122]

그러나 인간의 세계나 자연적 세계에 관해서 루터가 지상의 과학이나 윤리학을 포함하는 철학을 완전히 부정한 것은 아니었다. 루터에게 철학은 "생활 윤리 영역의 논의 및 자연적 세계의 탐구에 한정되어야 하는 것"이며 "신학에 관여해야 하는 것은 아니지만 그 한계 내에서는 유용하며 중시되어야 하는 것"이었다. 오히려 인간은 이 세상의 것에는 이성의 빛 이외에 어떠한 것도 필요로 하지 않고 지상의 왕국의 이해는 이성에만 달려 있었다.[123]

실제로 루터는 개별 학문의 자율성을 믿었다. 그는 『창세기』에 관한 강의에서 말한다.

[성서를 학습하기 위해서는] 성령의 표현 방식에 적응해야 한다. 다른 학문들에서도 최초로 그 학문용어를 올바르게 배우지 않는 한 성공은 의문스럽다. 예컨대 법률가는 의사나 철학자에게는 익숙하지 않은 용어를 갖고 있고 다른 한편으로 그 후자의 사람들도 또한 다른 직업에게는 익숙하지 않은 자신의 말을 갖고 있다. 어떤 과학도 다른 과학들을 방해하지 않고 자신의 말과 절차를 유지해야 한다.

이렇게 "학문 간 각자가 고유한 영역과 목적을 갖고 그 틀을 넘어서는 안 된다"라는 것이 루터의 기본적인 입장이다.[124] 그리고 루터는 이 원칙을 천문학과 성서 해석의 관계에도 적용했다.

따라서 천문학자가 '천구'라든가 '장축선'이라든가 '주전원'이라는 말을 사용하는 것은 옳다. 이 말들은 천문학자의 직업에 속하고 그럼으로써 다른 자에게 용이하게 교시할 수 있다. 그에 비해 성령과 성서는 이 호칭을 모르며 우리 위의 모든 영역을 '하늘'이라 부른다. 천문학자는 이것을 오류라고 보아서는 안 된다. 각자가 각자의 말을 말하게 하자.[125]

개별 학문마다 특유의 용어가 사용되어야 하며 루터 신학의 연구자 게리슈Gerrish가 지적했듯이 사용되는 말이 갖는 의미가 학문마다 다르면 다른 학문들에서는 참이라 간주되는 사항이 다른 한편에서는 거짓으로 간주되는 경우도 있을 수 있다. 따라서 말의 의미 차이를 무시하고 어떤 학문의 결론을 다른 쪽에 강요하거나 다른 쪽을 비난하는 데 사용해서는 안 된다. 그리고 이 격률은 신학과 철학(이 세상의 과학) 사이에도 적용된다. 요컨대 신학과 철학은 같은 것을 봐도 다른 관심으로 보는 것이며, 다른 말로 문제를 설정하고 다른 논리로 문제를 해결한다.[126] 따라서 "루터는 자연적 세계에 관한 자연철학이나 천문학의 견해와 싸우지는 않았지만 그것들을 신학에 관한 논의에 채용하는 어떠한 시도에 대해서도 반대했다". 요컨대 "천문학자가 틀린 것이 아니라 그들의 기술은 신학자의 그것과는 현실성이 다른 영역에 속한다"라는 것이다.[127] 루터는 어떤 의미에서 철학이 신학과 다른 차원의 것이며 신학의 하위에 있다는 전제로 이중진리를 인정한 것이다.

이런 까닭으로 루터는 『창세기』의 "신은 큰 빛나는 것을 둘, 즉 낮을 다스리게 하기 위한 큰 빛[태양]과 밤을 다스리게 하기 위한 작은 빛[달], 또 별을 만들었다"라는 현실과,[128] 천문학이 말하는, 천체 중에서 달은 가장 작고 또 낮은 위치에 있으며 그 빛을 태양으로부터 얻는다는 주장이 어긋난다는 것에 대해 다음과 같이 말했다.

그들[천문학자]은 달이 그 빛을 태양으로부터 얻었다고 말한다. 실제로 이것은 지구가 태양과 달을 묶는 직선상에 들어가 태양빛이 달에 도달하는 것을 방해하는 월식 때 잘 입증된다. 나는 이 주장을 부정하지도 비난하지도 않는다.

루터는 천문학과 성서의 말이 어긋난다는 것을 문제로 삼지는 않았다.

우리는 [이 문제에 관해] 정확한 증명으로 뒷받침되고 있는 월식 이론으로부터 천문학 이론을 거부해야 하는 것은 아님을 안다. 따라서 [『창세기』에서] 모세는 달이 우리에게 보이는 대로 기술함으로써 우리의 이해능력에 적합하게 말한 것이다.[129]

이렇게 경험과학에 대해서는 "루터도 자연계에 관한 어구를 글자 뜻 그대로 해석해야 한다는 성서직해주의에 묶여 있지는 않았다".[130] 주전원 같은 개념이 진리성을 갖느냐 아니냐는 루터가 물을 바가 아니었던 것이다.

마찬가지로 역시 루터파 복음주의자였던 레티쿠스는 1540년경에 썼다고 생각되는 문서에서 "교육을 받지 못한 사람들의 지각을 넘은 곳에 있는" 사항에 관해서 성서는 "일반 사람들의 의견과 이해력에 스스로를 적응시켜" 쓰였으므로 "철학자들을 비난하기 위해 [성서를] 증거로 내세우는 일을 해서는 안 된다"라고 주장하고 지동설이 꼭 성서 구절에 저촉되지는 않음을 상세하게 설명했다.[131] 이 점에서는 칼뱅도 마찬가지이다.

나는 모세가 태양과 달을 두 큰 빛이라 불렀다는 이유로 예언자가 여기서 같은 표현을 하고 있음을 의심하지 않는다. …… 설령 달을 웃도는 크기의 항성이 있다고 해도 그 밝기 때문에 달이 제2의 큰 빛이라 불리는 이유가 없지는 않다. 왜냐하면 성령이 의도하는 바는 천문학을 가르치는 것이 아니라 공통의 지식을 모세나 예언자의 입을 통해 가장 무지하고 조야한 자들에게도 제공함으로써, 곤란을 구실로 하여 누구나 여기서 제시되는 가르침이 극히 고원하고 숨겨져 있는 것이 아니라는 점에 있기 때문이다.[132]

이것은 루터파 천문학자 요하네스 케플러의 "성서도 통상적인 사항에 관해서는 사람들이 알 수 있도록 사람들의 방식으로 말한다. 그것은 그것과는 다른 보다 고귀하고 보다 신성한 사항을 포함시키기 위해 일반적으로 인정되는 사항을 사용하는 것이다"라는 1609년의 발언과 이어진다.[133] 프로테스탄트 신앙의 성서제일주의가 자연과학상의 문제에 대한 성서직해주의로 직결되지는 않는 것이다.

그러면 지동설이 성서 구절에 반한다는 루터의 담화를 어떻게 해석해야 할까? 이 점에서는 게리슈의 다음 지적이 도움이 될 것이다.

주현절 主顯節(공현절公現節이라고도 한다. '주님이 나타나신 날Epiphany'이라는 뜻이며 예수 그리스도의 출현을 축하하는 기독교의 교회력 절기이다. _옮긴이)을 위한 루터의 복음서 설교는 특별히 언급할 만한 가치가 있다. 그 와중에 그는 '자연철학자'에 관하여 긴 여담을 했다. 자연에 있는 것은 모든 자에게 알려져 있다. 그러나 인간은 남의 일을 캐기 좋아하고 항상 그 이상을 알고 싶어 한다. 이성은 허용되는 것을 넘어 사색하기 시작한다. 이러한 이성의 기획에 대한 루터의 반격은 철저하다. 아담의 타락으로 인간은 자연을 더 이해할 수 없게 되었다. 타락으로 인간의 이성은 흐려졌기 때문이다. 따라서 그 노력은 결실이 적고 자연철학자들은 파를 이뤄 서로 싸운다.[134]

결국 루터에게 지식의 두 원천은 '경험(혹은 상식)과 계시(혹은 그리스도)'이며, 이 세상과 자연에 관한 것은 '경험과 상식이 교시하는 것에 만족하라'는 셈이 된다. 그것을 넘어 알고 싶어 하는 것은 '무익한 호기심'일 뿐이다.[135] 그리고 특히 움직이는 것이 태양인가 지구인가 하는 것은 루터에게는 '인간이성에 허용되어 있는 것'의 범위를 넘은 문제이며 그것에 관한 논쟁은 '파를 이뤄 갈라져 서로 싸우는' 것에 다름없었다.

이런 의미에서 "루터의 코페르니쿠스 비판의 기저에 있었던 것은 인간이 판정할 수 없거나 명백하게 실제적인 가치가 있지는 않은 사항에 관한 무의미한 호기심이나 사변에 대한, 중세 후기의 반응이었다고 생각된다"라는 쪽이 타당할 것이다.[136] 그러나 이것과 함께 루터는 수학적 과학으로서의 천문학 그 자체는 꼭 성서 구절에 사로잡힐 필요 없이 그 자체로서 독자적으로 추진되어야 할 것이라 생각했다고 보인다. 이것이 『회전론』 출판 후에 루터가 코페르니쿠스나 지동설을 언급하지 않은 이유를 설명할 것이다. 계시(복음)와 이성(철학)을 준별하는 루터의 사상 속에 잠재적으로 내포되어 있었던 이중진리설은 이윽고 "자연의 사항에 대한 성인들의 가르침에 관해 한마디 말해야 한다. 신학에서 가장 무게를 두는 것은 [성서의] 권위이지만 철학에서 그것은 이성이다"라는 케플러의 선언으로 결실을 맺는다.[137] 전자는 신이 말한 성서라는 책에서 배우고 후자는 신이 만든 자연이라는 책에서 배우는 것이다.

*

오시안더에게도 루터에게도 오컴과 마찬가지로 지식과 신앙은 다른 것이며 장 제르송이 말했듯이 이성으로 신앙적인 것들을 생각하는 것은 '무익한 호기심'으로서 징계 받아야 했다.

열렬한 루터파인 오시안더는 지동설을 부정하지는 않았다. 그는 코페르니쿠스의 지동설을 한 가설로서 인정했으며 그 이상 그 진리성을 묻지 않는다는(물을 수 없다는) 입장이었다. 실제로 그것은 신앙에 부차적인 문제였다. 실제로 1667년에 밀턴은 『실낙원』에서 신이 보내신 천사 라파엘의 입을 통해 아담을 타일렀다.

> 하늘은 신의 책으로서 그대 앞에 놓여 있다. 거기서 기이한 조화를 읽고 신의 계절, 시, 일, 월, 연을 알아야 한다. 이러한 지식을 얻기 위해서는 하늘이 움직이든 땅이 움직이든 상관없다.[138]

학문세계 안에서 보는 한 문제는 수학적 천문학과 철학적 우주론의 서열에 있었다. 고대 이래 수학적인 프톨레마이오스 및 그 외의 천문학과 자연학적 아리스토텔레스 및 그 외의 우주론은 다른 차원의 학문이었다. 여러 번 말해왔듯이 "철학자와 천문학자는 전문적인 면에서는 이혼상태에 있었다".[139] 그럼에도 그러한 천문학과 우주론이 공존했던 것은 역시 프톨레마이오스가 그리는 수학적 천문학이 자연학적 우주론에 종속했고 그 큰 틀로서 아리스토텔레스가 논한 이원적 세계로 수렴했기 때문이었다. 그러나 코페르니쿠스 이론은 지금까지의 우주론과 천문학이 유지했던 상하관계에 전환을 강요할 터였다.

다른 한편으로 종교가 오시안더나 루터에게는 신학의 우월만이 문제였고, 함께 신학의 하위에 놓인 철학과 천문학의 서열은 관심 밖에 있었다.

어쨌든 원리적이고 중요한 자연학상의 이 문제는 우선 방치되었다. 이것은 코페르니쿠스 이론의 우주론적 측면을 무시하고 그 수학적 이론만을 중시하는 특유의 해석으로 진행되었다. 이는 멜란히톤의 지도 아래 루터의 근거지였던 비텐베르크대학을 거점으로 하여 독일 프로테스탄트계 대학에서 진행되었기 때문에 '비텐베르크 해석'이라 불렸다. 당시 태양 중심설의 물리학적 진리성의 문제에 갑자기 초점이 맞춰졌다면, 코페르니쿠스 논의의 자연학적 허약함이나 불충분성이 드러나면서 그 수용이 오히려 어렵게 되었을지도 모른다.

그러한 방법을 최초로 시사한 것이 오시안더의 「독자에게」였다. 과학사가 피터 바커Peter Barker는 이 오시안더의 입장을 "코페르니쿠스에 관한 정통 루터파적 견해"라 표현했다.[140] 그렇게까지 말할 수 있는지는 별개로 하더라도 그 입장이 독일의 루터파 대학에 침투했던 것은 확실하다. 그러나 오시안더의 「독자에게」가 그것을 야기했다는 것은 아니다. 라이츠먼이 말했듯이 "지구의 가능성에 관한 사색을 할 때 사람들은 일반적으로 그 문제를 보류했거나 오시안더와 같이 이해했다. 그러나 그것은 오시안더가 그렇게 지시했기 때문이 아니라 그들이 이러한 가설에 대해 통상 그렇게 했었기 때문이다".[141]

어쨌든 이리하여 특히 루터파 대학에서는 코페르니쿠스 이론의 기술技術적 측면에 관심을 보였고, 당시로서는 오히려 보다 난해한 수학적 측면의 연구에 집중했다. 그 결과 천체 운동의 정량적 예측에 코페르니쿠스 이론이 유용하고 유효하다는 것이 점차 확인되었고, 이리하여 다음 장에서 상세하게 살펴보겠지만 『회전

론』은 지구가 움직이고 있느냐 정지해 있느냐를 둘러싼 문제를
우회한 형태로 유럽의 지적 사회에 인지되고 수용되었다.

제8장

종교개혁과
수학적 천문학의 발전

멜란히톤

서클

1. 종교개혁과 대학개혁

서유럽에서 코페르니쿠스 이론은 수고 『소논고(코멘타리오루스)』의 존재 때문에 1530년에는 어느 정도 화제가 되었을지도 모르지만, 그것이 말하고 있는 우주론의 개략이 공공연히 널리 알려진 것은 비텐베르크대학 초등수학교수 레티쿠스의 『제1해설』이 1540년에 출판된 것이 계기가 되었다. 레티쿠스의 강한 후원을 받아 출판된 코페르니쿠스 『회전론』의 실제적 유용성은 『회전론』에 기반하는 1551년 『프러시아 표』의 출판에 힘입어 널리 인정받았는데, 그것은 마찬가지로 비텐베르크대학의 상급수학교수였던 에라스무스 라인홀트 덕분이다.

1502년에 창설된 베텐베르크대학은 루터가 신학교수를 역임했던 곳으로 1517년에 루터가 교황청 비판에 나선 이후 프로테스탄트 운동의 총본산으로 계속 있었으나 1540년대 이후에는 독일에서, 나아가서는 서유럽 전역에서 '코페르니쿠스 이론의 최초의 통관수속소'가 되었다.[1] 이것은 종교개혁의 루터에 비견되는 지도자 필리프 멜란히톤(나중에 나올 그림8.1)이 1530년대 이후에 강력하게 추진했던 교육개혁이 야기한 성과였다.

종교개혁에 동반된 대학개혁의 배경에는 그 이전부터 실시되었던 독일의 인문주의 교육개혁이 있었다. 전문서에 따르면 1450년대에 빈에서 시작한 독일 대학 교수들의 인문주의적 개혁은 1515년부터 1535년 사이에 거의 결말이 지어져 대학 교육은 인문주의가 의도한 방향으로 변혁되었다고 한다. 비텐베르크대학에서 인문주의적 교육개혁은 루터가 『95개 논제』를 발표하기 직전인 1516년에 시작했는데, 루터 자신은 인문주의자가 아니었지만 그것을 환영했다. 성서 학습을 위한 그리스어와 헤브라이어 습득이 필요하다고 생각한 점이나 그의 반아리스토텔레스주의적 주장은 스콜라학을 비판하고 고전문예를 중시한 인문주의와 통하는 데가 있었기 때문이다. 실제로 루터는 성서 강의에서 자크 르페브르가 편집한 시편이나 로이힐린의 『헤브라이어 기초』, 그리고 에라스무스의 『신약주해』라는 인문주의자의 저작을 사용했다. 1518년의 서간에서 루터는 "우리 대학은 발전하고 있습니다. 머지않아 둘, 어쩌면 세 언어, 그리고 플리니우스와 수학과 퀸틸리아누스와 그 외의 가치 있는 저술가에 관한 강의를 받을 수 있을 것입니다"라고 썼다.[2] "성서 부흥을 위한 인문주의의 중요성은 아무리 평가해도 지나치지 않다"라고 하며 트뢸치가 말했듯이, 알프스 이북에서는 "이탈리아에서 유입된 인문주의는 종교개혁으로 가는 길을 닦았다".[3] 나중에 루터의 협력자가 되는 멜란히톤을 그해에 비텐베르크대학이 그리스어 교수로 임명한 것도 독일 인문주의 운동이 맺은 결실이었다.

루터는 종교개혁이 사회적으로 퍼지기 이전인, 기독교 교의를 둘러싸고 교황청과 신학논쟁을 하는 국면에 있었던 1520년에 『독일 국민이 기독교 귀족에게 보내는 글』을 저술했다. 여기에서 그는 "바로 이 대학에서 크리스트 교회의 미래를 짊어져야 할 기독교인 청년이나 우리 국민 중 뛰어난 자들이 준비교육을 받는다"라고 말한 한편 "대략 교황이 설립하고 제정한 모든 것은 죄와 그

릇된 의견을 증대시키는 것만을 목적으로 한다", "개혁되어야 할 대학에 가히 악마적이고 유해한 인물은 없다"라는 현상인식에 서서 성서교육을 중심으로 하는 '근본적 대학 개혁'을 강하게 호소했다. 여기서 루터는 교회법, 교황령집을 '철저하게 말살'해야 하는 것이라고 단정하며 그것을 대신해 고전어(라틴어, 그리스어, 헤브라이어), 수학, 역사를 중시하고 고등 및 초등교육에서 성서 학습이 중요하다고 설파했다. 특히 루터는 철학에서는 인문주의 개혁 이후에도 대학에서 답습되던, 아리스토텔레스에 기반하는 예전부터 내려온 스콜라학을 엄격하게 비판했다. 루터가 이 책에서 또 하나 강조한 것은 대학 교육에서 아리스토텔레스를 추방해야 한다는 것이었다.

> [지금까지의 대학에서는] 이교적 교사 아리스토텔레스가 그리스도를 제쳐두고 활개를 떨치고 있습니다. 그러므로 저는 이렇게 권고하고 싶습니다. 지금까지 뛰어난 자로 간주되어 온 아리스토텔레스의 저작, 『자연학』·『형이상학』·『영혼론』·『윤리학』을 그 외의 자연적인 사항을 다룬다고 자부하는 일체의 저작과 함께 폐지해 버리는 것입니다. 그런 것을 읽으면 자연적인 사항에 관해서도 영적인 사항에 관해서도 무엇 하나 배울 수 없기 때문입니다. ……일개 도공 쪽이 자연적인 사항에 관해서 이런 책에 쓰인 것보다도 지식을 더 많이 가졌다고 말할 수 있습니다.[4]

이미 루터신학 형성기인 1517년에 루터는 스콜라신학을 둘러싼 토론의 논제로 "사람은 아리스토텔레스가 없을 때만 신학자가 된다", "아리스토텔레스의 모든 체계는 신학에게는 빛에 대한 어둠이다"라고 주장했다.[5] 나아가 1519년에 슈팔라틴에게 보낸 서간에서는 "아리스토텔레스『자연학』은 모든 세대에게 완전히 도움이 되지 않는 주제입니다. 이 책 전체는 아무것도 말하고 있지 않습니다. …… 여기에는 자연세계에 관해 현실 지식이 무엇 하나 포함되어 있지 않습니다. 그의 형이상학이나 영혼론에 관한 저작도 같은 성질의 것입니다"라고 단언했다.[6][*1] 물론 그 배경에는 세계를 영원으로 보는 아리스토텔레스의 세계상이 성서가 말하는 천지창조의 이야기에 반하며 자연이 법칙적 필연에 따르고 있다고 보는 아리스토텔레스와 초자연적 존재로서의 신을 인정하는 기독교는 서로 용납하지 않는다는 사정도 있었다. 이것은 괴물(기형)의 발생을 자연현상의 수준에서 설명하는 아리스토텔레스[7]와, 신의 분노라고 인정하는 루터의 차이이다. 영혼에 관한 시각도 기독교 교의에 반하므로 그런 한에서 아리스토텔레스를 '이교적'이라고 단정하는 루터의 이 주장은 성서를 제일로 하는 복음주의의 입장에 걸맞은 것이었다.

그러나 그것만은 아니었다. 종래 스콜라 학자의 사고체계는 신에 대해 합리적인 인식이 가능하기도 하고 필요하기도 하다는 확신으로 지탱되고 있었으며, 신학상의 논점 증명에 철학 —아리스

---

*1   게오르크 슈팔라틴(1484~1545)은 비텐베르크대학을 창설한 작센 선제후 프리드리히의 궁정 목사 겸 비서로, 루터에게 호의적인 선제후와 루터의 연락책을 담당했다.

토텔레스 철학)— 체계를 채용했다. 이것은 율법과 복음을 구별하고 철학과 신학을 준별하며 인간 이성으로 알 수 있는 철학의 합리적 지식으로는 신학상의 진리에 도달할 수 없다고 믿는 루터가 결코 용인할 수 없는 것은 아니었다. 원죄를 짊어진 인간을 구제하기 위해서는 그리스도에 대한 신앙만이 필요하다고 간주되었으며 이 점에 관해 이교의 철학은 전혀 무력하다는 것이 루터의 — 특히 1520년대의— 기본 입장이었다. 대학 교육에서 아리스토텔레스를 추방한다는 루터의 주장은 그런 의미에서 나온 것이다.[8]

이 루터파 교육개혁을 중심적으로 담당한 사람이 루터보다 40세 어린 멜란히톤이었다. 브레텐에서 1497년에 날붙이 직인의 아들로 태어난 멜란히톤은 13세에 비텐베르크대학에 입학했다 하니 조숙한 편이었다.[*2] 그 뒤 1512년에 튀빙겐대학에 진학한 멜란히톤은 외종조부로 저명한 고전학자였던 인문주의자 로이힐린의 훈도를 받아 인문주의에 관심을 가졌고 튀빙겐대학 인문주의 운동에서 지도적인 역할을 하게 된다. 다른 한편으로 그는 1511년부터 튀빙겐의 교단에 섰던 요하네스 슈테플러의 지도로 천문학과 점성술에 대한 관심도 강해졌다. 슈테플러는 예의 1524년에 대홍수가 일어날 것이라는 예언의 계기가 된 1497년『얼머낵』을 작성한 것으로 알려졌는데[Chs. 4, 9, 7. 5], 멜란히톤은 그 세계상을

---

*2 　멜란히톤의 본명은 독일어로 '검은 대지'를 뜻하는 슈바르체르트Schwartzerd 이며 멜란히톤은 그 그리스어역이다. 또한 징거리치는 이 시대 비텐베르크대학의 입학자 명부와 남아 있던 학생의 홀로스코프를 대조해서 당시 대학입학 평균 연령이 17세였음을 발견했다. Gingerich(2004), p. 151.

확립하는 데 슈테플러에게서 큰 영향을 받았다.[9] 1516년에 석사 학위를 취득한 멜란히톤은 1518년 약관 21세로 그리스어 교수로서 비텐베르크대학에 취임했다. 이곳에서 루터가『95개 논제』를 발표하고 교황청 비판에 나선 것이 그 전년도였다. 그리고 1519년 루터와 에크의 논쟁에서 루터에게 찬동한 멜란히톤은 1521년에 초판이 나온 뒤 몇 번이나 개정된『신학총론』및 1531년의『아우구스부르크 신앙고백』을 기안하고 루터 신학의 체계화를 꾀하여, 루터파 종교개혁의 이론적 지도자로 지목받기에 이른다.

그리고 멜란히톤은 프로테스탄티즘의 원대한 교육개혁에 나서게 된다. 이리하여 1527년에 말부르크대학, 1544년에 쾨니히스베르크대학, 1548년에 예나대학, 1576년에 헬름슈타트대학이 차례차례로 신설되었다. 멜란히톤은 또한 튀빙겐을 시작으로 쾰른, 라이프치히, 하이델베르크, 로스토크, 프랑크푸르트안데어오데르, 쾨니히스베르크, 예나의 기존 각 대학 개편에도 연관되어 큰 영향을 주었다. 그 영향은 꽤 직접적이어서, 모교인 튀빙겐대학의 경우 그리스어 교수 카메라리우스와 개인적인 연락을 했을 뿐만 아니라 대학평의회와 서간을 교환했고 커리큘럼 개혁이나 교수의 인사에까지 조언을 했다.[10] 그리고 또 대학만이 아니라 나중에 퍼블릭 스쿨public school의 원형이 되는 학교도 루터파 교육정책으로서 창설되었다. 1526년 뉘른베르크에서 김나지움이 신설된 것도 루터파 교육개혁의 일환이었다. 교육개혁은 루터파 종교개혁의 최대 전략목표 중 하나였다.

종교개혁에서 루터와 멜란히톤이 교육개혁을 강력하게 추진한 배경에는, 물론 기본적으로는 새로운 신학 교육을 필요로 했다는 사실이 있다. 당시까지 서유럽에서 공교육과 고등교육기관은 교황청 지배하에 놓였거나 적어도 교황청의 입김이 작용했으며, 기본적으로는 가톨릭교회를 위해 성직자를 양성하고 지배 엘리트에게 가톨릭의 이데올로기를 주입하기 위한 제도로서 존재했다. 그것을 생각하면 루터파가 교육개혁에 나선 것은 당연한 일일 것이다.

그러나 종교개혁이 사회적으로 급속히 퍼진 1520년대의 경험이 특히 멜란히톤에게 크게 그림자를 드리웠다. 1521년 보름스 국회 이후 루터가 프리드리히 선제후에게 보호받고 있던 사이 비텐베르크에서 안드레아스 카를슈타트나 가브리엘 츠빌링이 지도했던 운동의 급진화, 자칭 '예언자'의 도래를 둘러싼 혼란, 대학 학생 수의 감소, 1524년부터 1525년에 걸친 농민전쟁, 나아가서는 재세례파Anabaptist(아기 때 받은 세례는 의미 없고 자신의 의지로 받은 세례가 옳다고 주장하여 가톨릭뿐 아니라 루터파, 칼뱅파에게도 이단으로 공격받으면서 많은 신도가 살해당했다 _옮긴이)의 등장 등을 겪는 과정에서 멜란히톤은 교육으로 종교적·사회적 질서를 회복할 필요성을 강하게 의식하게 되었다.

원래 루터의 비판은 순수신학상의 문제를 둘러싸고 교황청을 향한 것이었으며 루터든 멜란히톤이든 사회적 변혁까지 전망한 것은 아니었다. 게다가 루터파 종교개혁은 초국가적 종교권력으로서의 로마 가톨릭교회에 대한 독일 내셔널리즘의 저항이라는 측면을 갖고 있었다. 따라서 프로테스탄트교회는 필연적으로 영방^{領邦}교회로 자리 잡았고, 현세의 질서는 세속권력에 위임되어 신도는 영방권력에 따라야 하게 되었다. 실제로 "큰 종파들의 프로테스탄티즘은 사회적인 측면에서는 본질적으로 보수적"이라고 트뢸치^{Troeltsch}의 책에 나오듯이,[11] 정치적·사회적으로는 루터나 멜란히톤은 영방군주의 지배체제를 인정했다. 따라서 운동이 정치적으로 급진주의로 돌진하여 사회적으로 계급투쟁으로 발전하는 것을 목전에 둔 그들은 재세례파나 농민전쟁에 대해서는 적대하는 측으로 돌아서서 교육을 통한 종교적·사회적 질서의 회복을 강하게 의식하게 되었다. 그를 위해서 당시까지 가톨릭교회에서 이야기되던 것과 다른 세계상(자연과 사회에 대한 시각)을 제시하고 예전부터 내려온 가톨릭 윤리와는 다른 새로운 사회적·종교적 규범을 확립하는 것이 초미의 문제가 된 것이다.

그 과정에서 원래의 원리주의적 개혁 이념도 변질되고 후퇴했다. '오직 성서'를 슬로건으로 하여 성직자와 속인의 구별을 없애고 '만인제사'를 주장하는 루터의 신학사상은 원리적으로는 신자 한 사람 한 사람이 스스로의 양심에 기반하여 자신의 책임으로 성서를 읽는 것이 신앙의 기본이며, 원래는 중앙집권적 교회조직도 교회공인의 교의도 필요로 하지 않을 터였다.

그러나 이 시점에서 지도부가 성서 해석을 하는 쪽으로 방향을 잡고 틀을 만들 필요를 통감했을 것이다. 이리하여 루터 개혁은 위계제를 갖는 교회를 지지하는 쪽으로 변용(후퇴)했다. 1529년에 『교리문답^{Catechism}』을 쓴 루터는 1530년에 "교리문답은 완전한 가르침이다", "교리문답은 평신도의 성서이다"라고 발언했고

1532년에는 "교육, 지혜, 학자의 붓이 이 세상을 지배해야 한다"라고까지 말하며 지도부의 성서 해석을 통한 대중 이데올로기 관리에 나섰다. 그리고 그를 위해서는 신생교회의 간부를 급속히 육성해야 했고 또한 가톨릭과의 종교논쟁에 대처하기 위해서도 성직자 부대를 필요로 했기에 프로테스탄트 교육의 확립을 서둘렀다. "학교가 늘어나면 그만큼 좋은 일이며 교회는 올바르게 유지된다. …… 청년들이야말로 교회의 씨앗이며 원천인 것이다"라는 루터의 『탁상담화』 발언은 이것을 나타낸다.[12]

아리스토텔레스 철학을 대하는 자세에서도 당초의 루터와 1520년대를 경과한 멜란히톤은 큰 차이를 보인다. 지엽적인 부분을 생략하고 말하자면, 1520년대 초기 루터의 언설은 그저 예전부터 해왔던 교육에 대해 비판한 것이었지만 1520년대 말 이후 멜란히톤의 주장은 새로운 교육의 창출을 강조했다. 이리하여 멜란히톤은 일단은 루터가 추방을 주장한 아리스토텔레스 철학을 다시금 대학 교육 속에 도입하게 되었다.

2. 멜란히톤의 교육개혁

멜란히톤에게 교육개혁의 목적은 첫 번째로는 복음주의 입장에서 새로운 신학 교육을 창설하는 것이었지만, 동시에 농민전쟁이나 재세례파의 운동으로 혼란된 사회적 규범을 회복시켜 사회질서에 대한 시민적 복종의 철학을 확립하는 것이기도 했다. 그를 위해서는 철학에서 새로운 의미를 발견하고 철학과 신학의 관계, 즉 이성과 신앙의 관계 혹은 법률과 복음의 관계를 새롭게 확정할 필요가 있었다.

1527년에 멜란히톤이 쓴 문서 『복음과 철학의 차이에 관하여』에서는 "복음은 우리에 대한 신의 의지를 가르치지만 철학은 이성에 따르는 사항을 교시하고 신의 의지와 관련되는 어떤 것도 말하지 않는다. 복음이 철학과 다름은 충분히 명백하다"라고 하며 이런 한에서 루터와 일치했다. 멜란히톤에게도 철학은 신의 구제로 가는 길을 밝히는 것은 아니었다. 그러나 멜란히톤은 신앙과 관련하여 철학에 어떤 긍정적인 역할을 할당했다.

> 철학이 신의 율법임은 그것이 자연의 원인과 결과에 관한 지식이라는 것에서부터 미루어보아도 명백하다. 왜냐하면 그것들은 신이 설계한 것이기 때문이다. 즉 철학은 신의 명령을 교시함으로써 신의 율법에 따르기 때문이다.[13]

그리고 1532년의 강연 『철학에 관하여』에서 멜란히톤은 부연했다.

> 철학은 하나의 가르침이며, 신학은 또 하나의 가르침이다. 이것을 내가 모르는 바는 아니며 몇 가지 소스를 섞는 요리인같이 그것들을 혼동하고 싶다고 생각하지는 않는다. 그러나 나는 방법 면에서 신학자를 돕고자 희망한다. 왜냐하면 신학자는 철학으로부터 많은

것을 차용할 필요가 있기 때문이다. 나의 이 강연을 믿지 않는다면, 무학無學의 신학자를 생각해 보라. …… 나는 재세례파와 같은 교양 없는 사람들만이 아니라, 방법을 배워 익혀 숙달되지 않았을 뿐만 아니라 사물의 근원을 이해하지 못하기 때문에 소리 높여 비판하지만 무엇 하나 진리를 알지 못하는 건방진 사람들도 무학이라 부른다. 그런 사람들은 철학 교육을 받지 않았기 때문에 신학이 무엇을 가르쳐야 하는지도, 신학이 어느 정도 철학과 일치하는지도 충분히 분별하지는 않는다.

이 점을 그는 보다 구체적으로 전개한다.

무지한 신학은 너무나도 많은 오류를 저지르기 때문에 교회는 많은 위대한 학예를 필요로 함을 쉽게 판단할 수 있다. 복잡하게 얽혀 알기 어려운 사항을 정확하게 판단하고 설명하기 위해서는 문법과 변증법의 일반적 규칙을 아는 것만으로는 불충분하고 다면적인 학예가 필요하다. 실제로 많은 사항을 자연학으로부터ex Physicis 채택하여 도덕의 철학으로부터ex Philosophia morali 기독교의 가르침에 받아들여야 한다.[14]

법률과 복음을, 따라서 철학과 신앙을 준별한다는 점에서 멜란히톤은 루터와 일치한다. 신앙은 신의 계시로서의 복음에만 기반한다. 그러나 세속의 과학을 포함하는 광의의 철학은 신이 부여한 '자연의 율법'에 기반하기 때문에, 신학을 이해하기 위해서는 그러한 철학이 필요하며 유용한 것은 신에게 인정받는다는 것이 멜란히톤의 입장이었다. 그의 1532년 『윤리학 개요』에는 이렇게 명기되어 있다.

> 철학[윤리학]은 복음도 아니고 그 부분도 아니나 신의 율법의 부분이다. 왜냐하면 그 자체는 인간의 마음속에 신이 써넣은 자연의 율법, 이성이 이해하고 시민생활에 필요한 덕에 관련된 참된 신의 율법이기 때문이다. 철학이라는 것은 적절하게 표현하자면 '자연의 율법'의 설명과 다름없다.[15]

이리하여 아리스토텔레스의 『윤리학』은 신의 용서를 가르치는 것은 아니라 해도, 시민적 공순恭順을 가르치는 도덕철학으로서 교육되고 사용되어야 했다.

특히 윤리적 원리로서의 도덕철학이 자연철학과 마찬가지로 다뤄지거나 자연철학으로부터 유도된다는 사실에서 뚜렷했다. 1536년의 강연 『철학에 관하여』에서는 자연철학을 도덕철학의 기초로 간주했다. "왜 자연철학을 젊은 사람에게 교육해야 하는가"라는 설문에 대해 "거기서부터 윤리와 관련되는 논의가 수많이 파생되기 때문이다. 왜냐하면 덕의 기원은 인간의 자연 본성에서 찾을 수 있기 때문이다"라고 대답했다. 따라서 역으로 "자연철학의 지식을 결여한 자는 도덕철학에서 다리가 자유롭지 못한 사람이 공을 다루듯이 행동하게" 된다.[16] 그리고 그 근거는 인간이 신의 작품이라는 사실에서 찾을 수 있다.

멜란히톤은 신의 작품으로서의 질서를 우선 천상세계에서 인정했기 때문에, 다음 절에서 살펴보겠지만 천문학 학습을 중시했다. 그러나 신의 작품은 천상세계에서만 보이는 것은 아니며 인간의 육체와 정신에서도 확인할 수 있다. 인간의 육체는 그 구조의 정밀함을 보면 하늘의 질서와 마찬가지로 신의 계획을 나타내는 것이라 생각할 수 있다. 따라서 그 논의상 해부학 지식이 중시된다. 멜란히톤이 해부학을 중시한 것은 그것이 극히 정묘하게 만들어진 인간의 구조를 밝히고, 그럼으로써 창조주의 위대함을 가리키기 때문이었다.

1540년의 『영혼론에 대한 주석』에서 멜란히톤은 말한다.

> 신만이 인간 신체를 만드는 데에서 이토록 기능을 행사할 수 있으며 신은 그 경이로운 작품을 본 우리가 이 기관들이 이토록 멋지게 만들어지고 배열되어 있음이 우연일 수 없고, 거기에는 영원의 창조하는 정신이 존재한다는 것을 이해하기를 바라고 계시다. ……
> 그 작품의 계획성 그 자체가 인간이 우연히 태어난 것이 아니라 그 모든 부분이 놀랄 만한 계획에 준해 설계되고 그것들이 어떤 목적을 향해 배열되어 그것들에 지식과 마음을 심은 저 무한한 정신이 만들었음을 입증한다. 그것은 무엇보다도 명료한 신의 족적이다.[17]

그리고 인간정신도 또한 신이 만듦으로써 사람은 생래적으로 도덕적 판단능력을 갖는다. 멜란히톤은 일찍이 루터가 추방해야 한다고 단정한 아리스토텔레스의 『영혼론』이나 『자연학』을 부활시켰는데 그것은 이러한 입장 때문이었다. 그렇다 해도 그 채택 방식은 아리스토텔레스의 것과는 다르다. 아리스토텔레스의 '영혼'은 생명을 갖는 모든 것을 이야기한다. 즉 인간만이 아니라 영양 섭취 능력만을 갖는 식물이나 감각과 운동능력을 갖는 동물이 각자의 수준에서 갖는 영혼을 이야기한다. 그러나 멜란히톤에게 그것은 어디까지나 이성적으로 사고하는 능력을 갖는 인간의 영혼이었다. 『복음과 철학의 차이에 관하여』에서는 "천문학이 신이 설계한 하늘의 운동의 지식임과 동시에 도덕철학은 신의 작품에 관한, 즉 신이 인간의 마음속에 설계한 원인과 결과에 관한 지식이다"라고 하며 천체 운동과 인간 정신을 함께 신의 작품으로 간주했고, 따라서 천문학과 도덕철학을 병렬적으로 다뤘다.[18] 그것은 또한 『영혼론에 대한 주석』에서 "간통은 불명예스러운 일이다"라는 진술과 "2 곱하기 4는 8이다"라는 진술은 "마찬가지로 확실"하지만 그 까닭은 "그 판단을 신이 마음속에 넣었기" 때문이라고 예시했다.[19] 그리고 1542년의 강연 『자연철학에 관하여』에서는 "우리는 자연철학으로부터 이성을 갖는 자연[인간]이 이성을 갖지 않는 것으로부터 만들어질 수 없고, 또한 우연히 만들어지는 일도 있을 수 없다"라는 것을 배우고 따라서 "이성을 갖는 자연으로서의 인간 정신은 존경할 가치가 있는 것과 멸시해야 할 것 사이에서 불변의 구별을 갖추고 탄생한다"라는 것을 안다고 명확하게 이야기했다.[20]

자연철학 연구가 도덕 학습에 중요하다는 근거이다. 멜란히톤의 교육개혁은 자연의 법칙적 질서의 학습을 통한 사회적·종교적 규범의 형성으로 향했다. "이리하여 멜란히톤의 교육계획은 몇 개의 전선, 특히 자연 학습에서 아리스토텔레스의 관념들을 부활시켰다"라고 하며, 이리하여 한번은 루터가 추방을 주장했던 아리스토텔레스 철학, 특히 그 자연철학은 개혁된 대학 교육 속에 다시금 자리 잡았다.[21]

3. 멜란히톤과 천문학 교육

원래부터 자연철학 교육의 중요성은 도덕 교육을 위해서만은 아니었다. 자연계에서 보이는 놀랄 만한 질서와 인간생활에 그것이 갖는 유용성은 그것을 신이 만들었음을 나타낸다. 예를 들어 식물학(본초학)에 관해 멜란히톤은 말한다.

> 식물에는 인간의 신체를 유지한다는 목적을 위해 신이 심은 놀랄 만한 힘이 갖추어져 있다. …… 사물의 이 효력이나 다양함은 자연이 우연으로 생긴 것이 아니라 인간이 사용하기 위해 어떤 영원의 정신이 설계했음을 나타내는 것이며, 이것을 앎으로써 우리는 신의 섭리providentia를 알게 된다.[22]

루터 신학의 전제 중 하나는 전 세계는 신의 뜻으로 지배되고 그 속에서 생기生起하는 모든 것은 신의 의지와 목적의 반영임에 틀림없다는 주장이었다. 그리고 루터에게도 멜란히톤에게도 학습의 최종목표는 신을 아는 것이었다. 그러나 멜란히톤에게 신의

세계 지배란 루터가 말했듯이 인간은 헤아릴 수 없는 신의 자의
에 세계가 맡겨져 있다는 것이 아니라 천상의 운동도 지상의 자
연도 신의 계획에 준해 만들어진 법칙의 지배하에 있고 그것을
인간은 경험적으로 인식할 수 있음을 의미했다. 따라서 신이 설
계한 질서로서의 자연법칙의 탁월한 인식이 신의 존재와 신의 위
대함을 가르쳐 준다. 1542년에 비텐베르크대학에서 행한 자연철
학에 관한 강연에서 멜란히톤이 말했듯이 "확실한 자연철학은 신
과 그 섭리에 관한 가치 있는 감정을 강화한다"라는 것이다.[23] 바
로 그 때문에 정확하고 과학적인 자연학 교육이 장려되었다.

특히 중점은 신의 정교한 작품인 천상세계의 운동에 관한 학문
으로서의 점성술을 포함한 광의의 천문학에 놓였다. 지상 세계는
끊임없이 생성, 소멸하는 세계인 데 반해 천상세계는 불생, 불변,
불멸이라는 아리스토텔레스의 이원적 세계상을 수용한 멜란히톤
은 천지창조에 남긴 신의 족적vestige Dei이 지상세계에서는 이미
소멸했다 해도 천상세계의 질서 속에서는 아직도 명료하게 확인
할 수 있기 때문에 천문학은 신의 존재를 가르치는 가장 유효한
교재라 생각한 것이다.[24] 1531년에 멜란히톤은 사크로보스코의
『천구론』을 편찬하고 친구인 그리스어학자 시몬 그리나에우스에
게 보낸 서간을 그 서문을 붙여 인쇄했는데, 거기서 다음 구절을
확인할 수 있다.

별 중에서 가장 아름다운 물체들[태양, 달, 행성들]의, 특히 그 순서
나 경로가 흡사 하늘의 통치체제가 정한 것처럼, 흡사 시를 읊는 것

처럼 최고도로 이치에 맞기 때문인 이상 그것들이 목적도 없이 만들어졌다고 생각해서는 안 됩니다. …… 여기에서도 그 찬탄할 만한 순서나 위치, 그리고 또 확실한 법칙은 그것들이 최고의 이성[신]에 의해 구성된 것임을 입증합니다.[25]

구약성서 「시편」의 한 구절 "하늘이 하나님의 영광을 말하고, 창궁이 그 손으로 하신 일을 고하도다"[26]를 떠올리게 하는 이 서문이 비텐베르크와 독일의 루터파 천문학 교육과 연구 중시의 출발점이었다. 이 서문에서 포이어바흐와 레기오몬타누스가 천문학을 부활시켰다고 멜란히톤이 말했음은 이전에 언급했다[Ch. 2. 1]. 이 뒤에 멜란히톤은 "이 사실은 이 두 사람의 영웅-hero이 이 학예[천문학]를 빛내도록 신의 탁월한 힘에 의해 고무되었음을 나타낸다"라고 이어서 말했다.[27] 이것은 단지 천문학을 부활시킨 것에 머물지 않는다. 멜란히톤의 찬사에는 레기오몬타누스가 1464년의 파도바 강연에서 점성술을 포함한 천문학을 "불멸의 신의 가장 충실한 사자"로서 "전능한 신이 천지창조를 명하실 때 지향한 법칙을 개시하는 것"이라 주장한, 나아가서는 "다른 학예로 말미암아 우리가 야수와 구별되듯이, 이 고결한 과학을 통해 우리는 불멸의 신에게 가까워진다"라고 주장한 것도 포함되어 있을 것이다.[28] 레기오몬타누스부터 멜란히톤에 이르기까지 천문학과 점성술 학습은 오로지 신의 위대함을 배우기 위한 것이었다.

천문학 교육의 중요성에 관한 멜란히톤의 확신은 그 뒤도 흔들리지 않았고 오히려 강화되었다. 멜란히톤은 1535년 포이어바흐의 『신이론』 서문에서 "이 [하늘의 물체의] 놀랄 만한 추이와 힘에 관한 지식이 신의 지식으로 유도되기를 신은 바라고 계시다"라고 기술하고, 다음 해인 1536년에 행한 산술에 관한 강연에서 이렇게 이야기했다.

나는 하늘의 사물의 과학은 큰 가치와 유용성을 갖고 있다고 당신들이 확신하고 있음을 알고 있습니다. …… 별은 신의 진정한, 그리고 영속적인 작품이며 그것들이 어떤 큰 목적을 위해 확실한 법칙에 준하여 운반된다고 느끼지 않는 야만적인 사람들은 없습니다. …… 따라서 하늘의 운동의 관찰을 신이 좋은 것이라 생각하시며 명함은 명백하지 않습니다. 왜냐하면 그것은 일반적인 생활에 큰 은혜를 야기할 뿐만 아니라 운동의 이 극히 아름다운 질서 또한 자연이 우연히 존재하는 것이 아니라 영원한 정신에 의해 만들어지고 지배되고 있음을 우리에게 떠올려 주기 때문입니다.[29]

대략 10년 후인 1544년 『창세기』에 대한 주석의 서문에서는 이렇게 기술하고 있다.

세계의 이 놀랄 만한 물체들, 하늘, 성좌, 원소, 식물, 생물이 만들어지고 그것들이 경탄할 가치 있는 방식으로 질서가 잡힌 것은 우리가 신을 영원의 설계자로서 인식하고 신이 우리에게 생활의 법을 내려주신 것, 그리고 우리가 창조에 관심을 두기를 신이 바라고 계신다는 것, 이것을 우리가 인식하기 때문이다.[30]

그리고 다시 10년 뒤인 1553년의 오리온좌에 관한 강연에서도 마찬가지로 이렇게 말했다.

참된 예언은 우리의 눈앞에 있습니다. 즉 살아 있는 모든 것들을 도 와주도록 정해진 태양과 달의 변하지 않는 질서야말로 이 세계는 데모크리토스의 원자로부터 만들어진 것이 아니라 전체를 계획한 자의 마음으로부터 만들어졌고 유지됨을 증시함으로써 신[의 존재]의 빛나는 증명이 되는 것입니다. 하늘의 운동과 신의 모든 작 품의 질서로부터 창조주이신 신을 아는 것, 그것이야말로 진정한, 그리고 유용한 예언이며, 바로 그 때문에 신은 또한 우리가 그 작품 [인 하늘]을 주시하기를 바라고 계신 것입니다.[31]

여기서 명확하듯이 멜란히톤이 무엇보다도 비판하고 있는 것 은 "모든 사물이 원자로부터 우연히 만들어졌고 그것을 유도하는 정신도 없이 무질서하게 운동하고 결합하여 끊임없이 새로운 세 계가 만들어지고 새로운 종이 생긴다"라고 생각하는 "에피쿠로스 의 추종자"였다. 그들은 "천문학을 비웃고 있는" 것만은 아니다. "폭력이 종종 지배하고 돌연 생각지도 못한 변화가 빈번하게 생 기기 때문에 에피쿠로스의 추종자는 인간세계의 사건은 우연에 의해 생기고 각 사람들은 힘에 따라 몫을 얻을 수 있다고 믿는다" 라는 것이다.[32][*3] 멜란히톤은 우주나 인간에 대한 신의 설계로서

---

*3 멜란히톤이 코페르니쿠스 우주론을 수용할 수 없었던 사상적 배경으로 이

의 질서를 알지 못하는 재세례파 등 '무학無學의' 종교적 급진주의자들은 배우지 못했기 때문에 신의 계획으로서의 사회질서를 존중하는 마음이나 인간에게 생리직으로 갖춰져 있는 윤리규범을 결락하고 있다고 생각했다.

그렇다 해도 철학자의 작업을 "인간이성에 신이 허용한 한에서의 진리 탐구"라 말한 코페르니쿠스의 조심스러운 주장에 비해,[33] 천문학 학습을 "신이 명한다" 혹은 "신이 원한다"라고 한 멜란히톤의 제3의 주장은 천문학 학습을 보다 강하게, 보다 적극적으로 촉진하는 것이었다.

멜란히톤의 애제자 레티쿠스는 비텐베르크대학의 수학교수로 취임한 1536년의 천문학과 지리학 강연에서 "이 대학에서 이 신성한 학예가 결코 낮게 보이지는 않는다 해도 그것이 본래 그래야 할 것에 비교한다면 어딘가 활기가 없기 때문에 젊은 사람들이 그것을 배우기를 가능한 한 장려하는 것이 우리의 책무입니다"라고 주장하며 특히 천문학에 관해 이야기했다.

모든 사항을 신에서부터 시작하는 것이 가장 적합하기 때문에 하늘 그 자체를 고찰할 때 그 조물주를 떠올려야 할 것입니다. 신이 이 경탄할 만한 질서를 목적도 없이 만들어 냈다거나 그 운동의 지식을 이유도 없이 인류에게 부여했다고 생각해서는 안 됩니다.…… 만약 누군가가 인간의 자연 본성에 상응하는 형태로 신의 이 선물

에피쿠로스 비판이 있었음을 다음 절에서 확인하게 될 것이다.

을 이해한다면 이 운동들의 법칙이 수립되고 그 지식을 건네받은 것이 큰 은혜를 위해서라고 선언하는 것임에 틀림없습니다.[34]

여기서 멜란히톤에게서 받은 현저한 영향을 확인할 수 있다. 1549년에 초판이 나온 멜란히톤의 교과서 『자연학 입문』에는 이렇게 기술되어 있다.

사물의 모든 자연 본성은 그것을 보기를 신이 원하시는 바의 인간정신에서는 극장과 같은 것이다. 그리고 그 이유로 신은 사물을 고찰하는 욕구와 그 지식에 동반되는 기쁨을 인간정신 속에 심었다.[35]

멜란히톤은 1553년의 『영혼에 관하여』에서도 "설령 인간정신이 사물의 자연 본성에 깊숙이 들어갈 수 없다 해도 신은 그 내부에 있는 신에 관한 증거를 깨닫도록, 인간이 사물의 자연 본성을 고찰하기를 원하고 계신다"라고 다시금 주장했다.[36] 이것은 그의 신념이었다. 앞의 오리온좌에 관한 강연을 인용한 뒤에 그는 "좋든 나쁘든 지식의 추구를 항상 싫어하는 패거리가 있고 그러한 유해한 견해에 방해받는 일이 없도록" 하라고 덧붙였다. 그는 "모든 사람은 태어나면서부터 알기를 원한다"라고 말한 아리스토텔레스에게 찬성하는 뜻을 표명하며 아우구스티누스 이래 '눈의 욕망'으로서 기독교 사회가 기피하고 억제해 온 지적 호기심을 긍정했을 뿐만 아니라 신학적으로 근거지음으로써 적극적으로 장려했다. 샬럿 머슈언이 말하듯이 "멜란히톤에게 신은 질서를 나타낸다. 실제로 근본적인 의미에서 신은 세계에 질서를 부여하는 원리이다. 그리고 이 질서를 감지하고 파악하는 능력은 신이 인간에게 부여한 최대의 선물인 것이다".[37]

가톨릭교회 관리하의 대학에서 스콜라 철학을 부정한 루터는 성서중심주의를 주장하며 대학 교육에서 아리스토텔레스를 추방하도록 호소했다. 그에 비해 멜란히톤은 훨씬 유연했고 현실주의적으로, 대학에서 자연철학이나 자유학예를 교육하는 것을 중시했다. 이런 의미에서 멜란히톤은 아리스토텔레스 자연학에 관용적이었다기보다도 오히려 자연학 분야에서는 아리스토텔레스주의자였다. 멜란히톤의 『자연학 입문』은 모두 세 권으로, 제1권은 프톨레마이오스의 『알마게스트』와 『네 권의 책(테트라비블로스)』에 의거한 것인데 제2권과 제3권은 각자 아리스토텔레스의 『자연학』과 『생성소멸론』에 의거한 자연학을 전개했다. 실제로 멜란히톤이 확립한 루터파 대학 커리큘럼은 아리스토텔레스주의 전통을 추진했고, 많은 루터파 대학에서는 루터 자신의 파괴적인 제안이 있었음에도 아리스토텔레스를 강의했다, 아니, 권위의 지위를 지키기까지 했던 것이다.[38]

4. 멜란히톤 개혁과 수학 교육

멜란히톤의 영향으로 "천문학은 [독일의] 종교개혁 교육전략의 필수적인 부분이 되었다". 그리고 이 천문학 교육의 중시는 동시에 수학 교육의 중시와 직결되었다. 바로 이 때문에 멜란히톤은 "대학 커리큘럼에서 수학의 위치를 특히 강조했다".[39]

멜란히톤은 1535년 포이어바흐의 『신이론』 서문에서 "신은 항상 기하학을 한다"라는 플라톤의 말을 인용했다. 멜란히톤에게 그것은 기하학을 학습함으로써 인간이 세계에 남겨진 신의 족적과 신의 질서ordo(명령)를 알아차리는 능력을 습득함을 의미했다.[40] 그는 다음 해인 1536년에 지인의 자식에게 보낸 편지를 요하네스 푀겔린Johannes Vögelin이 쓴 기하학서의 서문으로 이용했는데, 여기에서 "당신의 아버님과 우리의 격려를 받아 하늘의 운동과 그 효과에 관한 가장 아름다운 가르침을 알려고 하는 욕구로 당신의 마음이 타오르기를 나는 간절히 원하고 있습니다. 그것에 필요한 계단은 기하학에 의해 주어집니다"라고 썼다. 이 편지 첫머리에서 플라톤이 학원의 문에 걸었다고 하는 표어인 "기하학을 배우지 않은 자, 들어서지 말라"를 언급하며 개개의 학예에 기하학이 어떻게 실제적으로 유용한지를 열거한 뒤에 다시 이렇게 기술했다.

따라서 플라톤도 기하학이 다른 학예들보다 용이한, 보다 정확한 이해를 불러온다는 이유로 그 학습의 필요성을 말했습니다. 그러나 기하학의 가장 명백한 이익은 지구나 천체들의 크기나 그 거리를 측정하는 것에 있습니다. 그리고 기하학의 최대 성공은 ……하늘에 올라가 인간정신을 지상으로부터 하늘의 거처로 되돌려 세계의 경탄할 만한 경과와 그 정연한 규칙을 우리에게 보여준다는 데 있습니다.[41]

그 같은 해에 레티쿠스의 산술에 관한 강연 서문에서 멜란히톤은 "인간정신의 날개alae mentis humanae는 산술과 기하학입니다"라고 말하며 천문학에 수학이 중요함을 강조하고 이어서 말했다.

산술은 하늘에 관한 학예에 극히 중요하고 산술가라면 중용中庸[재능이 보통인]의 인물이라도 그 학예의 거의 모든 것에 접근할 수 있습니다. 즉 그다지 어려움 없이 그 학예의 많은 부분에 도달할 수 있습니다. ……

이 학예는 생활의 많은 다른 것들에도 필요합니다만, 이 학예 없이는 하늘의 것들을 다루는 철학의 가장 중요한 부분에 손을 댈 수 없습니다.

수학은 단적으로 천문학을 위한 필요조건이기도 했고 충분조건이기도 했다.[42]

물론 그것만이 아니라 수학 교육이 논리학적 사고능력을 기름으로써 철학 학습을 준비하도록 해주는 목적이 있다고 이야기되었다. 이 강연에서 멜란히톤은 "왜 고대 그리스인은 문법 다음에 산술을 가르쳤고 세 번째로 변증법을, 그리고 네 번째로 기하학을 가르쳤는가"라고 질문을 던진 다음 "그들은 변증법이 그 출발점을 산술에서 취하고 곱셈이나 나눗셈 연습이 삼단논법에 대한 사고를 준비한다고 보았기 때문입니다"라고 답했다.[43] 이리하여 수학 교육은 당시 대학 교육의 기초였던 일곱 자유학예의 중심에 놓이게 되었다.

당시 대학에서는 오늘날 말하는 교양과정으로서의 학예학부 위에 전문과정으로서의 신학부, 법학부, 의학부가 놓였는데, 멜란히톤은 학예학부를 재조직화했고 그에 동반하여 커리큘럼도 재편성했다. 그 요점은 천문학의 중시와 수학 교육의 강화에 있었다. 1545년 비텐베르크 학예학부를 개조하는 데 즈음하여 멜란히톤은 학생이 산술을 이수하도록 의무화했다. 그가 기안한 '비텐베르크대학 학칙Leges Academiae Wittenbergenis'에는 이렇게 기록되어 있다.

산술을 학습함으로써 하늘의 운동 이론으로 가는 문이 즉시 열릴 것이다. 그것[천문학]은 난해하게 보이기는 하지만 쉽게 이해할 수 있을 것이다. 따라서 모든 학문에서 문법과 변증법을 학습한 자들이 그에 더해 산술 학습에 몰두하도록 지시한다. 나아가 또한 젊은 이의 학습을 감독하는 입장에 있는 교원이 이 젊은이들에게 산술 교육과 연습을 시키도록 명한다.[44]

그리고 실제로 멜란히톤은 수학을 상급수학mathematicus superior과 초급수학mathematicus inferior 두 단계로 나누고 그 각각에 전임 교수를 임명했다. 그 결과 1545년 비텐베르크대학 학예학부 교수는 열 명으로, 그 내역은 라틴어 두 명, 수학 두 명에 그 외에는 그리스어, 헤브라이어, 수사학, 변증법, 자연학, 의학 각 한 명이었다.[45] 고전어와 수학의 비중이 높음을 알 수 있다. 학예학부에 수학교수 자리 두 개를 설치하는 이 방책은 라이프치히나 로스토크 등 독일의 다른 프로테스탄트대학에서도 시행되었다. 이것은 당시로서는 획기적인 것이었다. 플로리언 카조리Florian Cajori의 초등 수학사 책에서는 "19세기 이전에 산술과 그 외의 수학분과는 영국의 퍼블릭 스쿨public school에는 들어 있지 않았다", "대학에서도 17세기 중엽 이전에는 수학[교육]은 거의 하지 않았다"라고 한다. 원래 16세기 내내 영국 대학에는 수학교수 자리가 없었다. 옥스포드에서는 기하학과 천문학 교수 자리가 처음으로 생긴 것이 1619년, 케임브리지에서는 1664년에서 1669년까지 수학은 한 자리를 할당할 가치가 있는 과목이라고는 생각되지 않았던 것이다.[46] 그리고 또 "파리에서는 [수학] 교육을 최소한으로만 행했고 종종 무시되었다"라고 한다[47][Ch. 3. 1]. 프랑스 대학의 수학 교육 개혁을 호소한 페트루스 라무스는 1569년에 "비텐베르크는 신학과 수사법에 뛰어났고 그 점에서 특히 평가가 좋았으나 그것만이 아니라 수학 학습에서도 걸출했다"라고 선망하는 느낌으로 말했다.[48]

이리하여 비텐베르크대학 학예학부의 모든 학생은 초급에서 라틴어 문법, 변증법, 수사학 외에 산술, 자연학, 실용지리학, 플리니우스의 『박물지』의 천문학과 기상학을 다룬 제2권, 사크로보스코의 『천구론』, 그리고 아리스토텔레스의 『윤리학』이 필수가 되었다. 석사학위magister 취득을 희망하는 학생들에게는 다시 유클리드의 기하학과 포이어바흐의 행성 이론, 그리고 프톨레마이오스의 『알마게스트』를 교육했다.[49] 이것은 트레드웰Tredwell 논문에 실린 학칙에 쓰여 있는 것인데, 웨스트먼의 논문에 따르면 "석사학위 취득 지망자에게 코페르니쿠스의 행성[운동] 모델과 그의 책 속의 수치와 접하는 것뿐만 아니라 『회전론』 그 자체를 읽도

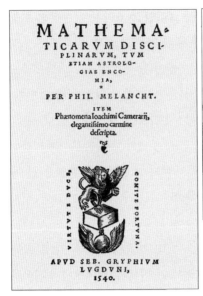

그림8.1 필리프 멜란히톤의 수학
서간집(왼쪽)과,
뒤러가 그린 29세 때의
멜란히톤 초상(오른쪽).

록 장려했다"라고 한다. 상급과정 학생만이긴 하지만 포이어바흐
나 프톨레마이오스 나아가서는 코페르니쿠스 책의 학습까지 부
과하는 것은 그때까지의 대학 교육을 큰 폭으로 수준을 끌어올렸
다. 그리고 이것이 그 뒤 독일 프로테스탄트계 대학의 자연학 교
육 모델이 되었다.[50]

멜란히톤에 대해 "그는 종교상의 심정이나 고백은 물론 여러 세
속의 과학이나 의사과학pseudo-science에도 강한 관심을 가졌다"라
고 하는데,[51] 그는 천문학서와 수학서의 집필이나 출판을 재촉했
고 자신도 옛 천문학자의 수학서나 천문학서를 몇 권 편집하여 이
것들에 서문을 써서 출판했다.[52] 1540년에는 수학에 관한 자신의

서간과 카메라리우스의 점성술 논고를『수학의 이론 그리고 점성술에 대한 찬사』로서 출판했고(그림8.1), 나아가 1531년에 출판된 사크로보스코의『천구론』에 쓴 서문, 비텐베르크의 동료 야코프 밀리히Jacob Milich가 편집한 1535년 포이어바흐의『신이론』에 쓴 서문, 그리고 역시 포이어바흐의 이 책에 대한 1542년 에라스무스 라인홀트의 주석서에 쓴 서문, 빈의 수학교수 요하네스 푀겔린의 1536년『기하학의 기초』에 쓴 서문, 1544년 미하엘 슈티펠의『산술백과Arithmetica Integra』의 서문과 그 외 여러 글을 정력적으로 집필했다. 1534년에는 포이어바흐의 산술 입문서에 자신이 쓴 서문을 덧붙여 출판했고, 1537년에도 마찬가지로 파르가니와 바타니의 천문학론집에 서문을 붙여 출판했는데, 여기에는 수학의 중요성을 역설한 레기오몬타누스의 파도바 강연이 포함되었다.

멜란히톤의 이 교육개혁은 15세기 중기에 빈에서 포이어바흐와 레기오몬타누스가 시작하여 셀티스가 추진했고 뉘른베르크가 계승한 독일 인문주의 운동에서 수학과 천문학을 중시하는 전통을 계승하는 것이었다. 특히 주목해야 할 것은 멜란히톤이 사유의 순수형식으로서의 순수수학과, 그 하위에 놓인 혼합과학(응용수학)으로서의 천문학이라는 서열을 역전시켜 신의 창조의 질서를 밝히는 학문으로서의 천문학을 상위에 두고 수학(산술과 기하학)을 천문학 연구를 위한 보조학으로 두었다는 것이다.[53][*4] 그뿐 아니

[*4]   비텐베르크대학 초대 상급수학 교수 에라스무스 라인홀트가 기하학과 산술을 '천문학을 위한 도구'라고 표현한 것에서 그 영향을 엿볼 수 있다. Duhem

라 위에서 언급한 인용에서 "생활의 많은 다른 것들에도 필요하다고 간주된다"라고 했듯이, 1536년 강연에서 실생활에서 수학의 실용성, 즉 '경제활동oeconomia에서 산술이 갖는 중요성'을 강조했다.

이 학예는 시장에서나 금속의 화폐주조를 위해서만이 아니라 그 외의 많은 공공 및 사적인 계산에 필요하다고 간주됩니다. 국가를 위해 일하려면 재정 계산을 모르면 안 됩니다. 재판 과정에서는 어려운 계산을 요하는 문제가 종종 등장합니다.[54]

구호만이 아니라 상업수학도 다룬 겜마 프리시우스의 『실용수학의 쉬운 방법』이 비텐베르크에서는 1542년부터 1614년까지 알려진 것만으로 22쇄가 인쇄되었다[55](그림8.2). 수학을 주로 실용수학으로 파악하는 이 입장은 그때까지의 대학수학 교육을 크게 전환시켰다.

그랜트Grant의 『중세과학의 역사Physical Science in the Middle Ages』(국역본은 『중세의 과학』으로 출간 _옮긴이)에서는 "아리스토텔레스가 모범을 보였고 보에티우스나 그 외의 사람들이 강화한 고대 전통은 …… 생계를 꾸리기 위해 혹은 실용적인 사항을 행하기 위해 배우는 사람을 경멸했다. 중세사회의 교사와 학생은 이 견해에 완전히 동의했고 이 견해에 따라 중세 대학을 형성했다"라고 한다.[56] 이 경향은 수학에서 특히 현저하게 볼 수 있었고 근대 초기

(1908), p. 73.

그림 8.2
겜마 프리시우스,
『실용수학의 쉬운 방법』.
1542년 비텐베르크에서
출판.

ARITHME,
TICAE PRACTI,
CAE METHODVS FACILIS,
per Gemmam. Frisium Medi,
cum ac Mathematicum.

VITEBERGAE. M. D. XLII.

까지 영향을 미쳤다. 『필레보스Philebos』에서 "건축이나 상거래에
사용되는…… 계산술이나 측량술"과 "지식추구를 목적으로 하는
학문상의 기하나 산술"을 구별한 플라톤이 상업수학을 경시했음
은 잘 알려져 있는데,[57] 그만이 상업과 상인을 멸시하지는 않았
다. 아리스토텔레스는 『정치학』에서 상업적 이득을 "비난받아 마
땅하다"라고 말했다.[58] 로마에서도 상업은 정직한 시민이 손을 대
서는 안 되는 천한 직업이라 간주되었다.[59] 13세기에는 토마스 아
퀴나스도 시민이 상업에 관심을 두면 "시민들의 마음에 탐욕이

전해져…… 공익이 무시되고 각 사람들은 사욕으로 치닫는다"라고 기술했다.[60] 이렇게 상업을 윤리적·종교적 관점에서 부정적으로 보았고 이 편견bias은 중세 내내, 근대 초기에 이르기까지 유지되었기 때문에 교회의 입김이 닿는 대학에서는 상업기술로서의 수학, 즉 계산기술을 적극적으로 가르치려는 자세는 없었다.

이탈리아는 당시 수학 선진국이었지만 대학에서는 플라톤 사상에 기반하여 수학을 철학 입문으로 간주했다. 그래서 아카데미즘의 지식인은 역시 실용적인 산술을 상인의 기술로서 경멸했다. 실제로 르네상스기 이탈리아에서는 "[엘리트를 위한] 라틴어 학교가 영락하여 상인을 위해 수학을 교수하는 일은 없었다. …… 사회는 엘리트가 젊은이의 교육에 필수적인 부분으로서 상업수학 abbaco를 배우기를 기대하지 않았다"라고 한다.[61] 실용수학을 경시한다는 점에서는 프랑스나 영국도 거의 마찬가지였다. 페트루스 라무스는 16세기 후반에 논리학이나 철학을 과하게 중시하여 실용수학이 홀대받고 있다고 파리대학을 비판했다. 영국의 경우 "근대 초기에 산술은 대개 학교 이외의 장소에서 가르쳤다. 산술은 작문 또는 부기 학교에서 대서인代書人, 토지검사관, 회계사, 기계제작자 등이 가르쳤다. …… 자신이 상인 등보다는 지위가 위라고 생각하는 자는 산술을 경멸하는 경향이 있었다"라고 한다.[62]

이렇게 이 시대 유럽의 많은 나라들에서는 실용적인 산술은 대학이 아니라 상인이나 직인의 제자를 위해 도시의 산술교실에서 가르쳤고 산술교사는 대학의 교관보다 사회적으로는 훨씬 아래라고 보았던 것이다.[63] 이것들을 감안하면 멜란히톤이 실용수학까지 포함한 수학 교육을 중시한 것은 획기적이었다.

그러나 '독일의 교사Praeceptor Germaniae'라 불린 멜란히톤의 영향은 그의 저서나 강의로 인한 직접적인 것만이 아니라 오히려 그의 제자들이 독일 전역의 루터파 대학에 부임하여 교육을 담당한 것에 크게 빚졌다. 실제로 그의 교육정책하에서 독일 복음주의 대학의 일반적 확대의 일환으로서, 1530년부터 1560년까지 수학직post이 대폭 증설되었고 그것들 대부분에 비텐베르크대학 출신인 그의 제자들이 배치되었다. 멜란히톤이 죽었을 때 "독일에서 그가 교육한 교사나 목사가 없는 도시는 거의 없었다"라는 말까지 나왔다.[64] 15세기 말부터 16세기 초의 4분의 1 사이에 생겨났으며, 비텐베르크대학을 중심으로 한 독일 루터파 대학에서 멜란히톤의 지도와 영향하에 배운 집단을 손다이크는 '멜란히톤 서클'이라 명명했는데,[65] 16세기 중기 이후, 즉 코페르니쿠스의 『회전론』이 출판된 이후 독일 대학은 이 서클의 멤버가 석권하게 되었다. 나아가 "거의 1540년부터 1580년 사이 학습에 열심인 독자의 사용에 이바지하기 위해 쓰인, 하늘에 관한 모든 범주category의 문헌 중 대부분을 생산한 지도적 멤버로 꼽힌 것은 비텐베르크에서 교육받은 저자들이었다"라고들 했다. 이리하여 멜란히톤의 영향은 대학의 조직 면과 교육 면 쌍방을 개혁함으로써 독일 전역, 그리고 차세대, 차차세대 제자에 이르기까지 확대되었다.[66]

16세기 수리천문학이 영국이나 프랑스, 혹은 이탈리아보다도 독일과 중부 유럽에서 높은 수준에 있었던 것은 의심의 여지 없이 멜란히톤의 이 개혁과 카리스마적 지도에 빚진 것이다.

5. 독일 점성술의 번성

앞에서도 언급했듯이 멜란히톤은 점성술의 신봉자였으며, 그가 천문학 교육을 권장했을 때 그 천문학에는 점성술도 포함되어 있었다. 이것은 앞에서 인용했고 그가 점성술 교육을 비롯해 공연히 말했던 1531년 사크로보스코 『천구론』의 서문 앞에서 인용한 부분 뒤에 이어서 "별들이 어떠한 의미signification도 효과effectus도 갖지 않는다 운운하는 것은 이치에 맞지 않는다"라는 표현에서도 알아차릴 수 있다.[67] 즉 천문학의 주제에는 행성의 운동만이 아니라 그 지상물체에 미치는 영향도 포함되었다. 그러나 그것은 당시로서는 보통이었다.

원래부터가 르네상스 시대에 이르기까지 오늘날 말하는 천문학(영어 astronomy, 라틴어 astronomia)과 점성술(영어 astrology, 라틴어 astrologia) 사이에 명확한 구별이 있었던 것은 아니다. 파도바의 자연철학자 피에트로 다바노는 14세기 초에 "astronomia 내지 astrologia는 일반적으로는 천체 운동을 그 자체로서 또 그 효과를 고찰하는 이법理法"이라 기술했다.[68] 오늘날의 용어로는 전자가 천문학, 후자가 점성술을 가리킨다. 1543년 코페르니쿠스의 『회전론』 제1권의 서장에는 "학예의 가치가 그 다루는 주제에 따라 판단된다면 어떤 사람이 Astronomia라 명명하고 다른 사람이 Astrologia라 명명한, 많은 고대인이 수학의 완성이라 부른 학예야말로 최고의 것일 것이다"[69]라 쓰여 있다. 예수회의 수학과 천문학 지도자 클라비우스가 16세기 후반에 쓴 책에는 "오늘날

astronomia와 astrologia란 말은 같은 과학에 대해 사용된다. 그리고 그 때문에 이 주석에서 우리는 이 말들을 구별 없이 사용할 것이다"라고 나온다.[70] 결국 서양점성술 역사서에 나오듯이 "중세 혹은 그 후의 세기 말 사이 우리가 천문학이라 부르는 것과 점성술이라 부르는 것을 진정하게 구별한 자는 아무도 없었다"라는 것이다.[71]

멜란히톤 자신은 '천문학astronomia'과 '점성술astrologia'을 구별하여 사용했던 듯하나 동시에 그에게 이 둘은 "동일한 학문의 다른 성분"으로서 "중요성과 가치가 동등"한 것이었다.[72] 그는 이 두 가지 학습을 동시에 중시했기 때문에 기독교의 이름 있는 사상가들 중에서도 가장 강력하고 가장 전면적으로 점성술 옹호론을 전개한 사람으로서 기록되어 있다. 그리고 이것은 독일의 루터파 대학이 천문학 연구를 추진하는 데 큰 원동력이 되었다. 그러면 멜란히톤의 점성술을 검토하기에 앞서 레기오몬타누스 이후 독일 점성술이 어떻게 전파, 침투했는지를 잠시 살펴보자.

레기오몬타누스부터 멜란히톤에 이르기까지의 —15세기 마지막 4분의 1부터 16세기 첫 3분의 1에 걸친— 독일 점성술의 번창은 당시 독일에서 천문학 관계 서적이 무수히 인쇄, 출판된 것으로 방증된다. 이 시대 서적의 역사를 그린 뤼시앵 페브르Lucien Febvre와 앙리 장 마르탱Henry-Jean martin의 『책의 탄생』에 따르면 "원래 그 기원부터 인쇄, 출판업자는 본질적으로 이윤을 목적으로 하는" 본질적으로 한 산업으로서 시작했으며 따라서 "출판업은 확실히 팔리는 작품을 계속 탐욕스럽게 찾았다". 그리고 특기해야 할 것은 "[16세기에] 어느 정도의 성공을 거둔 저작의 필두는 15세기와 마찬가지로 실제적인 점성술 서적이었다"라는 뚜렷한 사실이다.[73] 실제로 점성술 수요가 없었다면 이 정도 숫자의 천문학서나 천체표류가 인쇄되는 일은 없었을 것이다. 단적으로 말해 점성술이 정확한 에페메리데스나 캘린더를 요구했고 그 중요한 시장을 형성했던 것이다.[74]

그리고 이 시대에 점성술이 가장 번영한 곳이 다름 아닌 독일이었다. 독일에서는 15세기 중기 인쇄술의 발명에 4반세기 앞서 목판 그림책자가 많이 만들어졌다. 이것들은 하급 성직자를 위한 참고자료나 학생을 위한 라틴어 문법서 외에 "일반대중을 대상으로 한 점성술, 운명예언, 날씨예보의 바탕이 되는 역이나 행성책" 등이었다.[75] 그 동향은 인쇄술의 발명으로 가속되었다. 1495년에 출판된 브란트의 『바보 배』에서는 점성술에 관해 "점 등이 많은 것은 인쇄술 덕분이지만"이라고 했다.[76] 인쇄술이라는 최신 기술이 점성술이라는 최고最古 의사과학의 재흥을 뒷받침한 것이다. 미술사가 아비 바르부르크Aby Warburg도 전前 기독교 시대에 점성술이 신격화한 별들에 관해 "독일에서는 이미 1470년 이래 새로운 인쇄술 덕분에 아우구스부르크, 뉘른베르크, 라이프치히에서 도상과 말로 편력을 좋아하는 이 신들이 부활을 이루었다"라고 썼다.[77] 1470년이라 하면 레기오몬타누스가 인쇄에 나서기 직전이다. 그리고 윌리엄 와이트먼William P. D. Wightman의 『르네상스 사회의 과학』에는 이렇게 기록되어 있다.

이 [점성술의 과학에 대한] 관계는 르네상스기에는 그 이전보다도 또 이후보다도 중요했지만 그것은 물론 독일에 한정되지는 않았다. 그러나 예언에 대한 관심은 그 어디서보다도 독일에서 널리 확인되었고 집요하기도 했다고 믿을 이유가 있다. 만약 그렇다면 레기오몬타누스가 독일로 돌아간 또 하나의 동기를 설명할 수 있게 될 것이다.[78]

실제로 레기오몬타누스는 1464년의 파도바 강연에서 천문학 찬가를 읊은 뒤 "통상 철학자들이 astronomia라는 공통의 말로 [천체의] 운동 이론과 그 효과의 예측 쌍방을 말하듯이, 우리는 그 쌍방 부분의 탁월함을 칭송할 것이다"라고 선언했는데, 그것만이 아니었다. 그는 나아가 "점성술은 불멸의 신이 보낸 가장 충실한 사자使者이며 신의 비밀을 해독하는 규칙을 부여하는 것"이라 언명하고 "얼마나 많은 뛰어난 능력의 소유자들이 하늘의 영향에 관한 철학philosophia influentiarum coelestium을 발견하고 확대하여 확인해 왔는가"라고 이어서 말했다.[79] 실로 "레기오몬타누스의 이 강연은 점성술이 세계의 자연과 신 쌍방의 작용에 대해 특이한 통찰을 부여하는 것이라는 신념을 표명하는 과학적 점성술scientific astrology의 선언으로서 기능했다".[80] 실제로도 레기오몬타누스가 헝가리에서 작성한 『방향표』는 점성술을 위한 것이었다. 또 그가 뉘른베르크에서 인쇄공방을 개설하고 포이어바흐의 『신이론』과 함께 처음으로 인쇄한 책은 마닐리우스가 작성한 기원후 1세기의 점성술서 『아스트로노미카』였으며, 그가 최초로 인쇄한 자신의 책은 『에페메리데스』와 『캘린더』였다. 해양국가도 아닌 당시 독일에서 이 역層 종류들은 점성술을 위해 보다 많이 사용되었고, 주로 그것을 기대하고 인쇄되었다. 레기오몬타누스의 인쇄출판 자체가 점성술의 수요로 지탱되고 있었으며 동시에 점성술의 번영을 자극했던 것이다.

무릇 레기오몬타누스는 당시는 천문학자라기보다는 오히려 점성술 이론가로서 유럽 전역에 알려졌다. 무엇보다도 소년시절에 합스부르크가를 위해 점성술을 행하여 막시밀리안 I세의 홀로스코프를 썼다는 전설의 소유자였다. "전 유럽의 군주나 귀족, 그리고 도시의 참사회가 15세기 후기 가장 이름이 알려진 점성술사 레기오몬타누스를 앞다투어 고용하려고 했다"[81]라는 것도 과장은 아닐 것이다.

16세기 초 빈의 천문학자 스티보리우스, 스타비우스, 페를라흐, 탄슈테터 등은 홀로스코프를 작성할 때 하늘의 집(도무스 domus)의 분할을 레기오몬타누스의 방법에 준하여 행했다.[82] 1585년(레기오몬타누스의 죽음으로부터 1세기 이상 후)에 런던에서 출판된 존 블레그레이브의 『수학의 보석』에는 홀로스코프를 논한 제2권 44~48장의 집의 분할에 관한 기술적인 논의에서 "오늘날에는 모든 사람이 하고 있는 것처럼 우리가 따르는 요하네스 레기오몬타누스에 의하면"이라고 기술되어 있다.[83] 1593년에 베네치아에서 출판된 요하네스 가르시우스의 『하늘의 관측』에서도 레기오몬타누스의 규칙으로 집을 분할하는 것을 논했다. 1628년에는 베로나의 일라리오 알토벨리Ilario Altobelli가 점성술을 위한 집의 분할법에 관하여 레기오몬타누스의 것과 프톨레마이오스의 것을 비

교해 논했다.[84]

특히 영국에서는 1569년에 존 세큐리스John Securis가 레기오몬
타누스의 예언을 인쇄하며, 거기에 기록되어 있던 1588년이 '경이
의 해'가 된다는 예지가 나중에 그해에 스페인 무적함대에게 영국
이 승리한 것을 가리킨다고 해석했기 때문에 16세기 말에 레기오
몬타누스는 점성술사로서 높이 평가받았다.[85] 그리고 1674년(레
기오몬타누스의 죽음으로부터 실로 2세기 후)에 역시 런던에서 출판
된 조지프 목손의 천구의와 지구의의 사용을 주제로 하는 책에서
는 그 점성술의 응용을 논의한 제4권에서 다음 기술을 확인할 수
있다.

> 천구도의 규정법에 관하여 고대와 근년의 점성술사 사이에 불일치
> 가 있다. …… 합리적인 방법이라 불리는 것 중 하나는 레기오몬타
> 누스가 사용한 것으로, 이것은 오늘날에는 모든 점성술사가 채용하
> 고 있다.[86]

2세기에 걸쳐 레기오몬타누스는 수학적 천문학자임과 동시에
혹은 그 이상으로 점성술 이론가로서 인지되었던 것이다. 현대에
도 앞서 말한 와이트먼은 예지 이론을 현저하게 개혁한 인물로서
아랍의 알부마사르와 나란히 레기오몬타누스를 들었다.[87] 레기오
몬타누스에게 고대 천문학의 부활은 동시에 점성술 번성의 계기
였다.

이 실용적 점성술은 특히 빈에서 발전했다. 앞에서 말했듯이

합스부르크가는 무슨 일이 있을 때마다 점성술을 중시했는데, 그 경향은 막시밀리안 I세(재위 1493~1519)에서 절정에 달했다.[88] "황제 막시밀리안 1세의 세계의 가장 중요한 측면 중 하나는 그의 점설술에 대한 관심으로, 그것은 그가 궁정과 [빈Wien]대학의 모든 수준의 점성술사를 보호한 것에서 알 수 있다". 실제로 제국령 내를 순행했던 막시밀리안은 각 도시에 입성하는 날, 혹은 조약에 사인하는 날을 결정할 때도 점성술에 따랐다고 한다.[89]

잉골슈타트와 빈에서 수학과 천문학을 가르쳤고 나중에 궁정수학관으로서 막시밀리안 1세를 섬긴 요하네스 스타비우스는 1501년 이후 매년 프라크티카를 독일어로 출판했다.[90]*5 빈에서 매년 프라크티카를 작성하는 일은 스타비우스의 제자이자 막시밀리안 1세가 다시 일으킨 빈대학에 부임했던 천문학자 게오르크 탄슈테터가 계승했다. 이 탄슈테터의 교육, 그리고 셀티스가 창설한 빈 칼리지의 천문학자 안드레아스 스티보리우스의 교육은 극히 실제적이었다. 다린 헤이튼Darin Hayton의 학위논문에 따르면 "스티보리우스와 탄슈테터는 이 대학에서 여러 점성술상의 문제를 교육하는 데 온 생애를 바쳤다. ······ 그들의 교육은 실용적인

---

*5 　"프라크티카는 캘린더의 부록으로서, 이미 15세기 중기에 큰 수요가 있었다. 그것은 본문의 텍스트와 주로 자연점성술에서 유래하는, 도식적으로 그려진 상징에 의해 인간의 형태로 나타나는 행성의 목판화가 흥미롭게 결합된 것이다. 이 프라크티카들은 강우나 홍수나 질병이나 흉작 같은 장기적인 날씨 예측, 그리고 사혈에 가장 적합한 때를 나타내는 것이다. ······ 후기 라틴어의 practica는 정해진 법칙에 따른 응보, 그 예측에 대한 '과학적'인 확실함과 증명을 표방하는 동시대 점성술사의 '기예Kunst'를 가리킨다." Hammerstein(1986), p. 130.

pragmatic 응용 점성술에 대한 관심으로 특징지을 수 있다. 양자는 각자의 방식으로 실천적 점성술사의 실용본위의 관심을 이야기했고, 그들 동료의 이론중심적인 스타일에 비해 평이하고 직재直截적인 방식으로 능가한 것이다"라고 한다. 그리고 레티무스는 카를 V세의 남동생으로, 신성로마제국황제 페르디난드 I세에게 보낸 1559년의 서간에서 스티보리우스가 "[천체의] 운동에 관한 지식은 새로운 관측으로 뒷받침되어야 하며, 이전에 만들어진 천체표를 고집하는 것이 아니라 하늘 그 자체로부터 배워야 한다"라고 논했다고 한다. 하늘의 과학은 "새로운 관측, 개선된 계산법과 이론적인 교과서, 그리고 보다 뛰어난 관측 기기"로 행해야 한다는 것이 스티보리우스의 기본적 입장으로, 실제로 강의에서는 자신의 손으로 개량한 관측 기기의 구조나 원리, 그 사용법을 설명했다. 마찬가지로 "탄슈테터의 강의는 점성술의 실천에 대한 실용적인 요구로 특징지을 수 있다. 점성술사가 어떤 변수에 주목하고 관련되는 계산을 어떻게 실행할지, 이 관심들이 탄슈테터 강의의 내용과 형식을 규정한다"라고 하며 탄슈테터 자신도 캘린더나 에페메리데스나 프라크티카를 정력적으로 작성했다.[91] 레기오몬타누스가 구상한 정밀한 관측과 엄밀한 계산에 기반하는 천문학이 점성술에 대한 관심 속에서 계승되었던 것이다.

물론 점성술이 인기가 있었던 것은 가톨릭의 합스부르크가만이 아니었다. 16세기 중기 종교개혁 와중에 "카를 V세가 프랑스와 튀르크에 대한 대처를 끝마친 뒤 자신의 영토에서 이교[루터파]를 쫓아내는 데 주의를 돌렸을 때 프로테스탄트의 고위 정치가들도 점성술에 이끌렸고, 그 직면하고 있던 정치적·군사적 위기 정황을 극복할 지침을 점성술이 부여해 주지 않을까 하는 기대에 사로잡혔다"라는 것이다.[92] 아니, 영방군주들만이 아니었다. 점성술사로서 그들을 섬겼던 천문학자들도 그 격류 속에서 살고 있었다. 천문학사 연구자 존 노스John North는 "16세기 출판물의 종별을 쓱 눈으로 훑는 것만으로도 독일어를 말하는 도시에서는 이탈리아에서보다도 많은 점성술이 인쇄되었다는 인상을 얻을 수 있다. ······ 이 세기 초 10년간은 그 두 지역에서 거의 차이는 보이지 않았으나 그 세기 말에는 이탈리아에서의 출판은 거의 한도에 도달했지만 독일, 오스트리아, 스위스에서는 출판의 배율이 3배를 넘었다"라고 기술했다.[93] 현대 독일 과학사가가 말하듯이 "아카데믹한 프로테스탄트 독일은 실제로는 점성술의 열기에 사로잡혀 있었다. 16세기 내내 많은 독일학자들은 점성술에 매료되어 있었다"라는 것이다.[94]

원래부터 점성술은 사회적 위기의 국면에서만 이야기된 것은 아니었다. 그보다는 당시 거의 날씨에 좌우되던 농업이나 원격지와 활발하게 교역한 상업도 불확정한 요소에 크게 의존해서 파국적인 리스크와 표리관계로 운영되었고 그런 의미에서는 만성적인 위기 속에 있었다. 경제기반을 농업에 둔 사회에서 기후예측은 중요한 위치를 점했다. 15세기 말 브란트의 『바보 배』에서는 "그러나 소가 죽는다든가, 보리나 포도가 못쓰게 된다든가, 언제 눈이 온다든가 비가 온다든가, 날씨라든가 바람이라든가, 도박에 관련된 것이므로 백성은 역曆에 상담하여 값이 오를 때까지 남몰래 보리나 포도를 보관해 둔다"라고 했다.[95] 혹은 최초의 인쇄된 파우스트 전설로 1587년에 프랑크푸르트암마인에서 출판된 『실록 요한 파우스트 박사』에는 "점성술과 예언력Practicken을 만드는 데 뛰어난 파우스트 박사"가 만드는 매년의 역은 "안개, 바람, 눈, 습기, 혹서, 벼락, 우박 등"을 정확하게 예언하여 칭찬을 받았다는 일화가 있다.[96] 기후예측만이 아니었다. 파종, 이앙, 수확 등의 일정도 점성술로 결정되어야 하는 사항으로 예언력의 중요한 테마였다.

　농업과 나란히 의료에서도 점성술은 중요시되었다. 파라켈수스가 점성술 의학을 강하게 신봉하고 제창했음은 잘 알려져 있다. 그가 1530년에 쓴 의학서 『파라그라눔Paragranum』에서는 전편에 걸쳐 의학의 기초는 자연철학과 천문학과 연금술에 있다고 말하고 있다. 물론 그 '천문학'은 하늘이 인체에 미치는 영향을 고찰하는 것으로, '점성술'과 구별되지 않는다. 파라켈수스는 원래부터 신비적인 곳이 있었지만 의료와 점성술을 결부하는 것은 당시로서는 보통이었다. "15세기 말에는 대학 내외를 불문하고 점성술은 의료의 중요한 부분이 되었다".[97] 레기오몬타누스는 파도바 강연에서 "별의 경험이 의사에게 얼마나 필요한 것인지를 극히 확실한 근거로 보여줄 수 있다"라고 말했다.[98] 1489년에 피렌체의 마르실리오 피치노가 저술한 점성술 의학서 『생명에 관하여』에서는 "의학은 하늘의 도움이 없으면 전혀 도움이 되지 않고 종종 유해하다. 이것은 히포크라테스도 갈레노스도 인정했다"라고 기록했다.[99] 16세기에는 파라켈수스와 동시대 사람인 탄슈테터는 병상病狀이 전환하는 원인 중 가장 큰 것은 '하늘의 영향influential coelestis'이라 언명했다.[100] 1537년생 예수회 소속 독일인인 로마학원 교수 클라비우스는 천문학 교육에서 점성술을 추방한 것으로 알려져 있는데, 그래도 "병자는 점성술에 무지한 의사의 손에 자신을 맡겨서는 안 된다"라는 고대로마 의사 갈레노스의 경구를 인용하여 의료에서 점성술의 유용성을 말했다.[101] 물론 이것들은 단지 한 사례이다.

실천적 기술로서의 점성술이 침투한 것은 의료나 농업 분야만은 아니었다. 탄슈테터의 캘린더나 그의 제자인 빈대학의 안드레아스 페를라흐가 1518년에 쓴 얼머낵의 사용설명서에는 의료행위로서의 투약이나 입욕이나 사혈, 혹은 농작업의 각종 스케줄뿐 아니라 유아의 이유[離乳]부터 상품 구입이나 매각, 나아가서는 대출의 차입이나 변제에 적합한 기일의 결정까지 점성술에서 구했다.[102] 뉘른베르크의 인쇄업자 페트레이우스의 1540년 서간에 "천체의 운동을 연구하는 이 분야의 학문은 생활 전반에 극히 유용하다"라고 나와 있듯이 점성술은 글자 그대로 '생활 전반'에 걸쳐 있었다.[103] 페트레이우스 자신도 점성술에 진지한 관심이 있었고 상당한 지식을 가졌으며, 점성술서의 출판을 계획하여 실제로 1540년대에는 점성술서 몇 권을 인쇄했다.[104] 16세기 뉘른베르크는 상업도시였는데 이 도시에서 "수학자와 천문학자는 기상관측과 점성술 작업에 매일 종사했다".[105] 중세도시 역사서에 기재된, 국제적 상거래에 종사했던 뉘른베르크의 한 시민이 1543년과 1544년에 안트베르펜에서 보낸 보고에 따르면, 그는 점성술을 습득했고 그 도움으로 향신료 가격이 어떻게 변동하는지를 14일 전에 예고할 수 있다고 믿었다고 한다.[106] 같은 시대 뉘른베르크의 인문주의자 빌리발트 피르크하이머나 상사 출신의 로렌츠 베하임 등도 점성술 신봉자였다고 알려져 있다.[107] 아니, 레기오몬타누스의 파도바 강연에서는 점성술이 "시민법이나 교회법 교수 등에도 유용"하다고까지 말하고 있다.[108] 이 시대에 점성술은 사회의 온갖 계층과 생활의 온갖 국면에 침투했던 것이다.

요컨대 이 시대의 천문학은 점성술과 표리관계의 학예로, 천문학 연구 추진 동기motivation의 많은 비율은 점성술의 실천에 있었다. 멜란히톤은 독일의 점성술 번성을 배경으로 하여 점성술 교육을 그때까지 이탈리아의 대학에서 실시했던 의학 교육의 일환으로서가 아니라 신학 교육에도 관련된 것으로서 대학 교육의 중심으로 파악했으며, 이것이 독일 프로테스탄트대학의 천문학 교육과 연구를 강하게 활성화시켰고 크게 추진시켰다.

6. 멜란히톤과 점성술

1535년에 멜란히톤은 점성술의 존엄함에 관한 강연을 했다. 여기서 그는 '점성술의 정의'로서 "점성술이란 별의 빛astrorum lumen이 원소들이나 그 혼합물로서의 물체들에 미치는 효과effectus가 무엇이고, 어떠한 기질이나 변화나 성질을 만들어 내는가를 교시하는 자연학의 부분pars physics"이라 말하며, 이것은 "경험이 빈곤한 민중 내에서가 아니라 철학에 몸을 바친 학식 있는 사람들 사이에서 논의될 필요가 있다"라고 주장했다. 멜란히톤에게 점성술은 자연철학의 한 부분으로서 학문적으로 연구하고 학습해야 할 학예였다.[109]

그런데 점성술의 이 정의에서는 별로부터 영향을 받는 객체로서 '원소들이나 그 혼합물로서의 물체elementa et mixta corpora'라고 했는데 물론 이것은 지상의 물체를 가리킨다. 이것은 그의 『자연학 입문』에 있는 "하늘은 변화를 수용하지 않고 그 부분이 소멸하지도 않는다. 따라서 원소적 물질이 아니다"[110]라는 기술을 생각해 보면 명백할 것이다. 즉 점성술을 자연철학의 일부로 보는 멜란히톤의 논의는 아리스토텔레스 자연학의 이원적 세계상을 전제로 했다. 1531년 사크로보스코의 『천구론』에 덧붙인 멜란히톤의 서문에는 명확하게 기술되어 있다.

저는 아리스토텔레스가 이 하위 세계는 상위 세계에 지배되고 상위 사물이 하위 사물의 운동의 원인이라고 말한 것은 옳았다고 판단합니다. 그는 운동의 시작이 하늘로부터 오는 것이니만큼 하늘의 운동이 그 외의 모든 운동의 원인이기도 하다는 극히 현명하게 생각되는 근거를 덧붙였습니다.[111]

그리고 멜란히톤은 그 근거로서 "이 [대지를 중심으로 하는 사원소로 이루어진] 영역은 필연에 의해 천계의 이동에 잇따르고 있기 때문에 모든 운동능력은 여기에 통어統御되고 있다"라는 아리스토텔레스의 『기상론』의 한 구절을 이 뒤에 인용했다. 따라서 '바로 직전의 원인causae proximae'을 연구하는 지상의 자연학은 그것만으로 완결될 수는 없고 천계의 지상물체에 대한 작용을 고려함으로써, 즉 천문학과 점성술을 포함함으로써 비로소 완성된다.[112] 그다음 멜란히톤은 천체가 지상물체에 영향을 미치는 방식에 관해 앞의 인용에서 '별의 빛'이 미치는 '효과'라 말하며, 나아가 다음과 같은 물리적 이미지까지 말했다.

> 경험은 행성들이 이 지상의 물체들에 영향을 미치는 데에서 어떠한 힘을 갖고 있는가를 가르쳐 줍니다. 이 하위 물체들에 작용하는 힘은 그 행성이 그 주전원의 가장 높은 위치에 있어서 가장 멀 때 필연적으로 보다 약해져야 합니다. 그러나 그 주전원이 가장 낮은 위치에 있어서 몇천 지구 반경이나 우리에게 가까운 위치에 있을 때 그것들은 보다 효과적이고 강력합니다.[113]

행성이 지상의 물체에 미치는 점성술적 작용은 여기서는 빛이나 소리의 전파와 마찬가지로 거리에 따라 감쇠하는 물리적 효과로서 이해되고 있다. 즉 점성술은 자연학의 일부라 생각되었다. 점성술의 근거에 대한 멜란히톤의 이 확신은 1535년의 강연에서 "천체관측을 의료에 채용하는 것을 거부할 정도로 미신적인 인물이 있다고는 믿을 수 없습니다"라는, 현대인에게는 어딘가 기이하게 생각되는 발언에서 현저하고 명료하게 확인할 수 있을 것이다.[114]*6

멜란히톤의 이 확신은 그의 신학사상에 기반한 것이지만, 그는 동시에 경험으로 뒷받침된다고 생각했다. 이 점에 관하여 그는 1531년 강연에서 "경험은 열성熱性의 행성의 합이 실제로 가뭄을 일으키고 습성濕性의 행성이 만나면 습기를 증가시킴을 보여준다" 라고 말했는데, 나아가 이 1535년 강연에서는 보다 구체적으로 지적했다.

여름과 겨울의 교대가 태양의 접근이나 후퇴로 일어나고 태양의 빛이 뜨겁고 건조하며 다른 한편 달의 빛이 습하게 만든다는 것에는 필시 어떠한 의심도 없을 것입니다. 만약 빛나는 이 두 천체에 관해 이것들이 자명하지 않다면 다른 것[별들]이 목적도 없이 만들어져 있다는 것은 어떻게 믿을 수 있겠습니까. [행성의] 현저한 합이 현저한 효과를 야기하고 그것이 기후를 보면 명백하게 확인된다는 것은 끊이지 않는 경험으로 증명되어 있습니다. 지난 24년의 해[1524년]에 습성의 궁에서 행성의 합을 보았습니다만, 어디에서나 물이 솟구쳐 나왔고 꼬박 2년에 걸쳐 많은 비가 내렸습니다. 이번 여름

---

*6   당시의 '미신적superstitious'이란 '비과학적·비합리적'과 함께 '이교적·반기독교적'이라는 뉘앙스를 가지므로 주의할 것. 이것은 "[하늘의 현상 중에서] 신의 지배 체제ordinationes Dei를 보는 것은 경건하고 유용하며 미신적인 것이 아니다 non superstitiosum est"라는 멜란히톤의 지적을 보면 알 수 있다. Kusukawa(1993), p. 38f., p. 50n. 47. 이것은 또한 나중에 케플러가 '신이 금지한 미신적 호기심 aberglaubischer von Gott verbottender Furwitz'이라는 사용법으로도 뒷받침할 수 있을 것이다. *JKGW*, Bd. 4, p. 160. 실제로 챔버스 머레이Chambers Murray의 『라틴어-영어 사전Latin-English Dictionary』에는 superstitious가 사람에 대해 사용될 때 통상의 의미 외에 '잘못된 신앙false beliefs을 갖다'라는 의미도 있다고 쓰여 있다.

목성이 쌍어궁[물고기자리]에, 화성이 금우궁[황소자리]에 나타났고 모든 사람의 의견이 그러했는데 종종 비가 내리고 불쾌한 날씨가 계속되었습니다. 시간이 허락된다면 더 많은 예를 열거할 수 있습니다.[115][*7]

물론 멜란히톤은 점성술의 예언이 항상 적중한다고는 할 수 없다는 것도, 그리고 실제로 그 점에 비판이 가해지고 있다는 것도 충분히 알고 있었다. 그러나 그래도 그는 그 개연적인 올바름과 유용성을 신뢰했다.

본디 저는 [점성술의] 증거가 [장래에 일어날] 모든 사건에 대해 확실하다고는 믿지 않습니다. 그러나 저는 많은 확실한, 그리고 허위의 정도가 극히 적은 증거가 존재하고 있음도 또한 자신을 갖고 단언합니다. 그것에 주의를 기울인다면 자연을 지배하는 데에서, 그리고 장래 닥쳐올 많은 사항에 대처하는 데에서 든든한 후원을 얻게 될 것입니다.[116]

점성술이 불확실하다는 비판에 대한 그의 반론 중 한 논점은 의학이나 그 외 학예도 마찬가지로 정확하지는 않다는 것이었다.

[*7]   1524년에 습성의 궁에서 행성의 합이 일어난 것과 그해에 많은 비가 내린 것이 관련이 있음은 1556년 스타디우스의 『에페메리데스』에서도 지적하고 있다. Thorndike, *HMES*, V, p. 232.

원래 당시 의료 현장에서는 빈번하게 소변을 보고 진단하거나 사혈로 치료하거나 했으나 실제로는 아무 근거도 없었으며 그 진단들이 적중할지 치료가 성공할지는 거의 우연에 맡겨졌다. 17세기에 들어서고도 점성술의 개혁을 구상했던 케플러는 점성술의 불완전함을 강하게 비판한 의사 필리프 페젤에게 "나 역시도 의학이 아직 많은 점에서 불완전하기 때문에 페젤 박사의 치료에 과도하게 기대면 안 된다고 환자에게 경고했는데 그것은 정당한 일일 것입니다"라고 빈정거렸다.[117]

이것을 감안하면 다음 멜란히톤의 강경한 태도도 그 나름의 근거가 있다고 말할 수 있다.

> 이 학예[점성술]는 그것이 모든 것을 예견하지 않기 때문이라는 이유로 거절되어야 하지는 않습니다. 다른 최선의 학예에도 확실한 것은 얼마 되지 않습니다. 의학이나 정치만이 아닙니다. 기상학이 거의 증명 없이 대부분의 사항을 추측으로 행하고 있기 때문이라고 해서 완전히 믿지 않아야 하겠습니까? 농업 예측이 종종 틀린다고 해서 밭을 돌보지 않고 방치해도 되겠습니까? 오히려 이 학예들의 은혜를 이용하고 인간정신이 얼마나 진보할 수 있는지 생각해야 되지 않겠습니까?[118]

근대 서유럽 과학기술 신앙의 단초를 볼 수 있다.

이때 문제가 되는, 전능한 신이 세계를 지배하고 있다는 기독교의 교의에 점성술의 결정론이 저촉되는 것은 아닌가 하는 고래의 아포리아에 대해서, 멜란히톤은 사크로보스코의 『천구론』에 쓴 서문에서 한 해결책을 제시했다.

이 사실들이 기독교의 가르침에 배치되지는 않는다. 기독교 교의는 모든 것들은 신의 섭리에 지배되고 있다고 가르치고는 있지만 그렇다고 해서 자연이 작용과 사실의 중요성을 배제하는 것은 아니다. 그것은 예컨대 신체의 양육을 보면 알 수 있다. 신은 사람에게 생명과 운동을 부여했지만 생명을 유지하기 위한 식품이나 음료나 그 외의 것을 신체에게 주어 부양하도록 우리에게 명했다. 그리고 자연과 힘을 합친 신의 작용과 자연보다 상위인 신의 단독으로서의 행사를 구별하는 것이 기독교인에게 어울리는 신중함이다.[119]

신은 세부에 이르기까지 모든 것을 자신의 손으로 제어하는 것이 아니라 큰 틀로서의 자연의 작용을 정한 뒤는 자연 자신의 자율적인 작용에 맡긴 것이며 그 틀 내에서 자연 작용의 일환으로서 하늘의 지상에 대한 작용이 있다는 것이다. 이렇게 멜란히톤은 점성술의 확신적 신봉자로 이 점에서는 종교개혁의 지도자 중에서는 두드러진 존재였다. 루터는 신이 자연법칙을 초월하는 힘을 갖고 있다는 입장에서 "점성술을 전혀 인정하지 않는다"라고 말했는데,[120] 그에 비해 멜란히톤은 점성술의 기초에 있는 자연의 영위 그 자체에서 신의 힘을 인정한 것이다.

칼뱅은 종교개혁 지도자로서 점성술에 대해 꽤 명확한 견해를 표명했다. 그는 1549년에 『점성술에 대한 경고』를 저술했다.[121]

그는 여기에서 '오늘날 세상에서 매우 유행하고 있는, 판단적이라 불리는 점성술'에 대한 비판을 전면적으로 전개했다. 특히 칼뱅은 '출생점성술'을 중심으로 하는 '판단점성술'을 '악마의 미신'으로서 기독교 입장에서 강하게 거부했다.

그러나 칼뱅은 '자연점성술' 특히 '의료점성술'에 대해서는 그것을 '참된 점성술'로서 인정했다.

> 의사가 사혈이나 물약, 환약 또는 그 밖의 것을 적절한 때에 처방하
> 도록 판단할 수 있게 하는 것은 점성술이라는 진정한 과학la vraye
> science d'Astrologie이다. 따라서 항성 또는 행성과 인체의 상태 사이
> 에 어떠한 상응convenience이 존재함은 충분히 인정해야 한다. 이것
> 들은 모두 자연점성술로 이해된다.

하늘이 인간 신체에 미치는 영향은 토마스 아퀴나스 이래 기독교 사회에서 인정받았으므로 이것은 당연했다. 그러나 그것만은 아니었다. 지상이 하늘에 미치는 영향은 더 넓고 컸다.

> 나는 지상의 물체는 천공과 적합하고 사람은 별과 관련해 지상에서
> 일어나는 것이 무엇인지를 충분히 알아챌 수 있음을 고백한다. 왜
> 냐하면 하늘의 영향은 종종 폭풍, 회오리바람, 또 갖가지 기후, 장
> 마의 원인이 되기 때문이다. 따라서 그것은 불임이나 질병을 불러
> 일으키게 된다. 그러므로 나는 사람이 어떤 질서 또는 이른바 상계
> 와 하계의 관계를 보는 한 이 세상에서 나타나는 사건의 기원을 천

상의 피조물에게서 구하는 것에 반대하지 않는다. …… 우리가 이 땅에서 볼 페스트와 점성술과, 천상에서 확인되는 성좌 사이에 종종 상응이 존재함을 부정해서는 안 된다.

칼뱅은 자연점성술에는 별이 지상의 대기에 미치는 작용, 따라서 기상변동에 미치는 영향도 포함된다고 생각했다. 이런 한에서 칼뱅의 입장은 흔한 것으로 당시 개명(開明)적 지식인의 입장과 거의 일치했다. 그러나 신은 때때로 '별의 영향을 제거하여' 자연을 초월하는 힘으로 기적을 일으켜 인간을 벌한다. 따라서 예컨대 "전쟁에 관하여 그것이 왜 일어나는지 별에게 그 이유를 묻는 것은 올바르지 않다. 그것은 부정을 벌하는 신의 징벌이지 별과는 전혀 관계가 없다", 다른 한편으로 또 "풍부한 행복, 즉 건강과 평화도 별의 영향이 아니라 신의 축복으로 생긴다"라는 것이 칼뱅의 입장이었다.

이에 비해 멜란히톤은 점성술 전반을 인정했다. 실제로 멜란히톤은 위의 몇 가지 인용으로부터도 알 수 있듯이 자연점성술이나 의료점성술의 '과학성'을 확신했는데 그것만이 아니었다. 1536년 쇠너의 『천문표』에 쓴 멜란히톤의 서문에서는 다음과 같이 확실히 표명되어 있다.

별의 위치로부터 신체의 건강에 관해, 능력이나 기질에 관해, 인생에서 일어나는 불행에 관해, 기후에 관해, 국가의 변동에 관해 많은 것을 알 수 있다. 그러나 무엇보다도 이러한 것들에 대한 숙려와 주목은 진중한 행동으로 유도한다. 이러한 견해에 대해 기독교가 이의를 제기하는 일은 없으며 성서는 이러한 예언을 비난하지 않는다. 왜냐하면 이것들[의 예언]은 의사가 예고하는 것과 동일한 역할을 자연학에서 담당하고 있기 때문이며 실제로 이것들은 자연적 원인을 상정하고 있다. …… 신의 작품들을 이해하는 것과 그 작품들에 나누어주는 힘을 관찰하는 것은 모두 경건한 것이다.[122]

멜란히톤은 인간이나 국가의 운명에 하늘이 미치는 영향도 믿었다. 그는 태어날 때 부친의 의뢰로 점성술사가 했던 홀로스코프 점이 북방과 발트해 방면에 대한 경고를 포함했다는 이유로 덴마크로 여행하기를 단념했다고 스스로 썼다.[123] 이렇게 그는 판단점성술, 즉 출생점성술도 믿었다. 아니, 자연점성술의 적용범위를 거기까지 확대했다고 말해야 할지도 모른다. 멜란히톤은 인간의 운명은 하늘의 운동으로 정해진다고 말한 스승 슈테플러의 영향을 받은 것이다. 1545년에는 쇠너의 출생점성술책이 멜란히톤의 서문과 함께 출판되었다.[124]

그리고 칼뱅과의 결정적인 차이는 멜란히톤은 천상세계가 지상세계에 미치는 영향에서 확인할 수 있는 자연계의 질서였던 법칙성 그 자체에서 신의 섭리의 현현을 알아보았고, 점성술적 예언은 신의 법으로도 성서로도 금지되어 있지 않다고 주장했을 뿐만 아니라 점성술의 보급에 힘을 기울여 점성술 교육을 적극적으로 장려했다는 것이었다. 1535년의 강연 『점성술의 존엄』에서 멜란히톤은 표명했다.

저에 관해 말씀드리자면 저를 기쁘게 하는 사항은 이 학예들의 유용성뿐만 아니라 그 이상으로 하늘의 물체가 하위의 물체와 갖는 놀랄 만한 상동에 관해 생각을 할 때, 다름 아닌 그 질서와 조화 그 자체가 세계가 우연으로 야기된 것이 아니라 신의 섭리로 유도된다는 사실을 저에게 떠오르게 하는 데 있습니다.[125]

사람은 천문학을 통해 아직도 남아 있는 창조시의 신의 계획을 배울 수 있도록 점성술로 현재의 신의 의사를 알 수 있다는 것이다. 이리하여 천문학과 점성술 교육은 함께 '신의 자연지배의 흔적Dei vestigial in naturae'을 밝히는 것이라고 멜란히톤은 생각했던 것이다.

점성술에 대해 배척에서 묵인으로, 나아가서는 소극적 용인으로 태도를 변화시킨 기독교는 성서 해석에 점성술이 유효함을 공연히 주장하는 멜란히톤에 이르러 적극적 수용으로 전환한 것이며 그것은 그의 제자들에게도 계승되었다. "비텐베르크의 학자들에게 점성술은 다른 임의의 과학들과 같은 수준의 한 과학a science이 아니었다. 그것은 신의 섭리를 읽어낼 수 있게 하기 때문에 신학과 합쳐진 지고의 과학the science이었다. …… 그들의 눈에는 점성술은 자연의 책과 성서라는 계시의 책을 결부하는 열쇠였다".[126] 이것이 비텐베르크 천문학 연구발전의 배경이다.

7. 멜란히톤과 코페르니쿠스

멜란히톤은 코페르니쿠스 이론의 학습과 수용에도 크게 영향을 미쳤다.

레티쿠스가 막 출판한 『제1해설』을 멜란히톤에게 보냈을 때는 원리주의자 루터와 달리 그 나름대로 유연하고 자연과학에도 정통했던 멜란히톤이라면 지동설을 호의적으로 수용해 주지 않을까 하는 기대나 예상이 있었을지도 모른다. 그러나 멜란히톤의 당초 반응은 녹록하지 않았다. 1541년 10월에 레티쿠스가 프롬보르크에서 돌아왔을 때 멜란히톤은 부르크하르트 미토비우스에게 보낸 편지에서, 전해 들은 코페르니쿠스 이론에 관하여 "어떤 사람들은 지구를 움직이고 태양을 정지시킨 이 이 사르마티아인 천문학자ille Sarmaticus Astronomus같이 터무니없는 것absurdus을 퍼트리는 게 걸출한 것이라고 믿고 있다"라고 가차 없이 지적했다.[127][*8] 1549년에 출판된 멜란히톤의 『자연학 입문』 초판 서문에서도 매서운 말이 이어진다.

눈은 하늘이 24시간에 한 번 회전하는 증거를 보여준다. 그러나 어떤 사람들은 신기한 것을 좋아하기 때문에 혹은 자신을 똑똑하게 보

---

*8   '사르마티아'는 크라쿠프, 토룬을 지나 그단스크에서 발트해로 흘러 들어가는 비스와강과 볼가강 사이 지방의 고대명이다. 콘라트 뮐러Konrad Müller(1963), p. 19의 독역에서는 '프러시아'이며 사실상 '프러시아'로 봐도 좋다.

이고 싶기 때문에 지구가 움직인다고 논한다. 이 사람들은 제8천구 [항성천]와 태양은 움직이지 않는다고 단언하며 다른 천구들에 움직임을 부여하고 지구를 별[행성]의 일원으로 넣었다. 이러한 장난은 신기한 것은 아니다. 아르키메데스의 『모래알을 세는 자』라는 책이 있는데, 거기에는 태양이 정지하고 지구는 태양 주변을 주회한다는 이 부조리를 사모스의 아리스타르코스가 변호했다고 기술되어 있다.

영리한 척하고 싶어 하는 학자는 자신의 재능을 과시할 수 있는 많은 문제를 즐겨 논하고 싶어 한다. 그러나 이러한 어리석은 견해를 공표하는 것은 신중하지도 않고 성실하지도 않으며 좋은 것도 아니라는 것을 젊은 사람들은 알아야 한다. 자연학자가 신학에 의한 증명을 증거로 삼으면 웃을 사람이 있을지도 모르지만 철학을 신의 말씀에 비추어 보는 것, 그리고 어디에 있든 우리의 마음의 어둠 속에서 신의 의지를 확인하는 것이 옳다는 것은 아직도 확인할 수 있다. 「시편」은 "그[신 야훼]는 땅을 그 기초 위에 세우셨으니, 길이길이 또한 영원히 흔들리지 않으리라"라고 확실히 노래하고 있다.[128][고딕체로 된 곳은 나중에 나온 판에서 삭제된 부분]

뒤엠의 『현상을 구제하기』나 쿤의 『코페르니쿠스 혁명』을 비롯한 많은 책에는 이 문장, 혹은 그 일부가 인용되어 멜란히톤이 확신적 반코페르니쿠스주의자였다는 인상을 강하게 남겼다.[129] 이 점에서 영향이 컸던 것은 『코페르니쿠스 전기』의 기본문헌인 1883/1884년 레오폴트 프로베의 책에서 이 부분이 인용된 것이다. 이 책에서 프로베는 멜란히톤이 지동설을 "이미 먼 옛날의 농담으로 단순한 관념의 유비類比로서 인정되던 잘못된 견해Irrlehre이며 그러한 것을 영리한 체하며 말하는 것은 허영심에서 말미암은 행위로서 비난한다"라고 기술했다.[130]

그러나 1904년에 에밀 월윌Emil Wohlwill이 지적했듯이, 실은 이 『자연학 입문』은 다음 해인 1550년에 제2판이 출판되었고 이 판(그리고 그 이후의 모든 판)에서는 위에서 언급한 인용문에서 고딕체로 된 곳이 모두 삭제되어 지동설과 코페르니쿠스에 대한 비판이 명백하게 크게 톤 다운되어 있다. 「시편」 인용은 없어지고 지동설에 대해 '장난ludus'이라든가 '어리석은 견해absurdae sententiae'라는 완전부정에 가까운 평가나 코페르니쿠스 본인에 대해 빈정대는 야유는 모두 철회되었으며, 인용 네 번째 줄의 '단언하며 contendunt'라는 강한 어조는 '말하며dicunt'라는 평이한 단어로 바뀌었다.[131]

이 초판은 1549년에 출판되었지만 실제 집필은 1545년경인 듯하다.[132] 멜란히톤은 초판 집필 시점부터 제2판이 출판되기까지 제자 라인홀트가 코페르니쿠스의 『회전론』을 연구하는 것을 전면적으로 지원했고 그 사이에 코페르니쿠스와 그 이론에 대한 평가를 필시 바꾸었을 것이다.

미토비우스에게 보낸 서간이나 『자연학 입문』 초판의 서문에서 읽어낼 수 있듯이 당초 멜란히톤은 앞 장에서 본 루터의 담화나 토로사니 등의 비판과 마찬가지로 지동설의 제창을, 짐짓 신기한 견해를 퍼트림으로써 자신의 재능을 과시하는 것이라고 판단한 듯하며, 그의 비판은 어느 쪽이냐면 그러한 빈정거림으로, 현학적인 자세와 경박한 자기 현시욕에 강조점이 놓였다. 그러나 레티쿠스가 『제1해설』에서 그린 코페르니쿠스의 인물상은 크게 다르다.

학식 있는 우리 스승님[코페르니쿠스]에 관해 말씀드리자면 스승은 프톨레마이오스의 족적을 더듬어, 그리고 프톨레마이오스가 행했듯이 고대 사람들, 프톨레마이오스보다 더 옛날 사람들을 따르는 것 이상으로 바람직하고 중요한 것은 없다고 생각하고 믿고 계셨습니다. …… 스승님은 충분한 이유가 있고 사실 그 자체에 의해 강요되지 않는 한 신기한 것에 끌려 고대 철학자들의 건전한 견해로부터 결코 경망히 이반하지는 않았습니다.[133]

멜란히톤은 레티쿠스가 전하는 이 코페르니쿠스상을 읽고, 새로운 것을 좋아하고 경박하며 남의 눈에 띄고 싶어 하는 사람이라는 당초의 생각을 정정했음에 틀림없다. 게다가 멜란히톤은 『회전론』을 자세하게 읽음으로써 이 코페르니쿠스의 책이 오랜 세월에 걸친 사색의 결과로서 엄밀한 수학적 증명으로 지지되고 수많은 관측 데이터로 뒷받침된 당당한 논술임을 알고 견해를 바꾸었으리라고 생각된다. 무릇 고대 이래 최고의 수학적 천문학서라 간주되는 프톨레마이오스의 『알마게스트』에 비견할 수 있을 정도로 수학적으로 완비되고, 게다가 프톨레마이오스 이후의 관측도 가미한 포괄적인 천문학서는 그 외에는 발견할 수 없었던 것이다. 멜란히톤은 질적으로도 양적으로도 타의 추종을 불허하는 중후한 역작인 『회전론』에 압도되었을 것이다. 독일인 연구자 콘라트 뮐러가 말했듯이, 멜란히톤은 『자연학 입문』 초판과 제2판 사이에 코페르니쿠스 이론을 진지하게 연구했으며 "이 연구로 멜란히톤은 그 새로운 [코페르니쿠스] 이론이 '망상의 희언'이 아니라 정확한 천문학적 관측과 그 평가의 귀결이라는 것을 알았음에 틀림없다".[134]

실제로 1549년 강연에서 멜란히톤은 "이것이나 [분점 운동의] 마찬가지의 관측으로 마음이 움직여, 우리는 코페르니쿠스에게 더욱 존경하며 감복하고 그를 호의적으로 보게 되었다Copernicum magis admirari et amare coepimus"라고 명확히 말했다.[135] 그리고 1552년에 인쇄된 레기오몬타누스의 『방향표』 서문에 사용한 서간에서는 알폰소 왕 이후 천문학 이해의 지평을 확대한 자로서 쿠자누스나 포이어바흐나 레기오몬타누스와 나란히 코페르니쿠스를 들었다.[136]

멜란히톤은 코페르니쿠스 이론이 신뢰성이 높은 것임을 이해하고, 그 개개의 궤도이론이나 파라미터 몇 가지에 관해서는 프톨레마이오스에 대한 우위를 인정하기조차 했다. 그러나 코페르니쿠스 설의 우주론적 내용인 지동설을 수용하지는 않았다. 지구가 움직이고 있는지 아닌지는 판단할 수 없다고 한 오시안더와 달리 멜란히톤은 지구의 가동성을 부정했다.

멜란히톤이 끝까지 프톨레마이오스의 가설에 집착한 것은 단지 지구와 태양 어느 쪽이 움직이는가 하는 상대적인 문제만이 아니었다. 그는 『자연학 입문』 서문의 제2판에서도 삭제되지 않은 코페르니쿠스 비판 부분에서 "[코페르니쿠스는] 지구가 움직이고 있다고 논하고, ……지구를 별의 일원으로 넣었다"라고 한다. 이전에도 기술했듯이 코페르니쿠스의 태양중심이론은 지구를 중심으로 하고 상승함에 따라 고귀한 하늘에 접근해 간다는, 당시까지 기독교 사회에서 인정받았던, 세계의 계층적 질서의 해체로 연결되는 것이다. 이것은 세계의 균질화이며 요컨대 세계가 균질한 원자의 무질서한 운동의 우연적인 소산이라 생각하는 원자론과 근본적으로 통했기 때문에 멜란히톤은 인정할 수 없었다는 것이 존 딜렌버거John Dillenberger의 논의이다. 즉 "멜란히톤은 코페르니쿠스의 위치가 고대 데모크리토스와 에피쿠로스의 견해, 즉 기독교와는 양립할 수 없는 원자론의 부활이 아닌가 의심했다".[137] 지나친 의견이라고도 생각되지만 자연철학에서 도덕철학의 규범을 구한 것이 멜란히톤임을 고려하면 생각할 수 없는 것도 아니다. 어쨌든 지동설은 지구와 천체(행성)의 차이를 없애기 때문에 아리스토텔레스의 이원적 세계상을 파괴하는 것이었으며, 자연학의 기초를 아리스토텔레스에 놓았던 멜란히톤은 인정하기 어려웠을 것이다.

멜란히톤이 프톨레마이오스에 집착한 배경에는 학문을 처음 배우는 사람에 대한 교육적 배려도 있었던 듯하다. 『자연학 입문』에는 정직하게 표명되어 있다.

나는 프톨레마이오스 이래 전해져 왔고 대부분의 천문학자가 오늘

날에 이르기까지 따라온 통상의 방법을 답습할 생각이다. 코페르니
쿠스가 최근 고안한 달 궤도의 조합은 [관측에] 극히 잘 맞지만, 우
리는 통상 학교에서 수용되는 이설理說로 학생들을 유도하기 위해
프톨레마이오스를 고집한다.[138]

이것은 멜란히톤에게 충실했던 사위 포이처가 프톨레마이오스
를 우선적으로 말하는 이유로서, 장인의 조언에 따라 "초심자가
그[코페르니쿠스]의 신기한 가설에 불쾌감을 갖거나 당혹해하는
일이 없도록 하라"라고 말한 것에서부터도 짐작할 수 있다.[139]

따라서 멜란히톤은 충분한 이해력을 가진 학생에게는 코페르니
쿠스의 책을 학습하도록 촉구했다.[140] 그뿐만 아니라 제자 라인홀
트가 코페르니쿠스의 『회전론』에 의거하여 『프러시아 표』를 작성
하는 것을 적극적으로 지원했다. 프러시아의 알브레히트 공과 교
섭하여 이 표의 작성과 출판을 위한 재정적 지원을 얻어낸 것도
멜란히톤이었다.[141] 멜란히톤은 또한 레티쿠스가 1539년에 휴가를
얻어 코페르니쿠스에게 여행을 가는 것을 허가하고, 코페르니쿠
스 이론을 소개한 『제1해설』을 받아 든 뒤에도 그가 귀국했을 때
에 복직할 수 있도록 그 자리를 남겨두었다. 레티쿠스가 코페르니
쿠스의 원고를 지니고 돌아온 뒤에도 그 인쇄를 위해 뉘른베르크
로 가는 것을 인정했을 뿐 아니라 뉘른베르크의 지인에게 보내는,
호의적인 수통의 소개장을 레티쿠스에게 지참시켰다.[142]

결국 이 '독일의 교사'는 코페르니쿠스의 신이론에 대한 내재적
이론을 계속 갖고 있었지만 그가 코페르니쿠스의 이론을 거부하

고 경멸했다는, 지금까지의 문헌에서 보이는 주장은 비역사적이라 보아야 한다. 그러나 다른 한편으로 콘라트 밀러는 "코페르니쿠스 이론에 대한 멜란히톤의 견해가 변화했다는 것의 역사적 의의를 과도하게 강조해서도 안 된다"라고 주장했는데 이 평가가 타당한 듯하다.[143]

코페르니쿠스 이론에 대한 멜란히톤의 기본적 태도는, 그 우주론적 기초로서의 태양중심가설은 인정하지 않는다 해도 행성 운동 예측의 수학적 이론으로서는 그 유용성을 인정한다는 것이었다. 무릇 윌리엄 도노휴William Donahue가 말했듯이 멜란히톤에게 "천문학의 기술적 측면은 점성술에 도움이 되기 위한 단순한 계산체계일 뿐이었다".[144] 그렇다면 코페르니쿠스의 이론이든 다른 이론이든 그것이 행성 운동의 예측에 유용한 한 인정되는 것은 당연하다.

코페르니쿠스 이론에 대한 이 입장을 로버트 웨스트먼Robert Westman은 '비텐베르크 해석'이라 명명했다. 이것은 기본적으로는 코페르니쿠스 이론을 그 우주론적 함의에는 눈을 감고 개개의 천체 운동 이론으로서 이해하며 등화점을 추방한 코페르니쿠스의 소주전원 이론을 지구정지계로 바꿔 써 논하는 것이다. 이것은 "아버지 같은 멜란히톤의 지도하에서 비텐베르크대학의 일군의 젊은 천문학자들이 공유한, 새롭게 간행된 『회전론』을 어떻게 읽어야 할 것인가에 관한 함의, 즉 방법론상의 공통적 견해 내지 스타일"이었다.[145]

결국 멜란히톤은 코페르니쿠스의 『회전론』을 자연철학이나 우주론에 관한 책으로서가 아니라 천체의 운동을 계산하기 위한 기술서, 실용서로서 읽은 것이다.

무릇 『회전론』을 인쇄한 페트레이우스 자신이 『회전론』을 판매했을 때 천체 운동 예측을 위한 실용서라는 측면을 강조했던 것이다. 『회전론』의 속표지에 페트레이우스가 붙인 선전문구 catchphrase는 그 혁신성보다도 오히려 그 유용성을 강조했다.

> 학문을 좋아하는 독자 여러분, 막 간행된 이 책에서, 고대의 것은 물론이고 근년의 관측에 기반하여 새롭게 다시 만들어졌으며 나아가서는 새로운 경악할 만한 가설로서 준비된 항성과 행성의 운동을 손에 넣게 됩니다. 그에 더해서 극히 편리한 천체표도 얻을 수 있습니다. 그럼으로써 언제 어느 때에도 [행성 위치의] 계산이 가능하게 됩니다. 그러므로 사서 읽고 이용해 주시기 바랍니다.[146]*9

이 당시의 『회전론』은 우주론에 관한 혁명적 서적이라기보다는 수학적 천문학에 관한 기술적 실용서라 보였던 것이다. 이것은 당시의 점성술의 번성과 함께 코페르니쿠스의 『회전론』이 현

---

*9   마지막 '이용해 주시기 바랍니다'의 원어는 'fruere'(fruor의 명령법)로, 겐큐샤硏究社의 『라틴어-일어 사전羅和辭典』에서는 '이용하다, 향수하다, 즐기다'이다. Gingerich역으로는 use, Rosen역으로는 enjoy, 高橋(다카하시)역에서는 '즐겨주시길'인데, '극히 편리한 천체표'에 관해서도 언급하고 있는 여기에서는 'use'라 번역해야 할 것이다. 실제로 『회전론』여기저기에 실려 있는 각종 천문표를 '이용하는' 독자는 많았을지도 모르겠지만 난해하고 복잡한 수학적 기술을 '즐길' 정도로 여유 있는 독자는 한정적이었으리라 생각된다.

대에 상상하는 것 이상으로 널리 읽혔다는 징거리치가 발견한 사
실을 설명한다.

멜란히톤이 발탁한 수학자들이 담당한 비텐베르크, 나아가서
는 루터파 대학들의 교육을 특징짓는 것은 오히려 수학과 천문학
교육에 힘을 실었고, 그 당시로서는 꽤 높은 수준이었던 코페르
니쿠스 이론의 수학적 측면에 대한 학습을 의욕과 능력 있는 학
생에게 적극적으로 장려했다는 단순한 사실이다.

8. 에라스무스 라인홀트

비텐베르크대학의 상급수학 교수로 당시에 몇 손가락에 꼽히
던 천문학자 에라스무스 라인홀트는, 비텐베르크와 뉘른베르크
의 거의 중간에 위치하는 튀링겐의 잘펠트에서 1511년에 태어났
다. 레티쿠스보다 세 살 연상이었다. 1530년에 비텐베르크대학에
입학한 그는 학위취득 후 멜란히톤의 추천으로 1536년에 이 직에
앉았다. 그 뒤 1549년에 학부장, 1550년에 학장을 역임했고 슈말
칼덴 전쟁으로 1546년부터 1년간 벗어난 것을 제외하고는 1553
년에 병으로 비텐베르크를 떠나기까지 이 직에 머물렀으며 그해
에 고향에서 병사했다. 향년 42세였다. 수학적 천문학자였지만
멜란히톤의 제자로서 판단점성술을 포함한 점성술 전반을 믿었
고 때로는 실천했다고 알려져 있다.[147]

이 라인홀트가 코페르니쿠스의 이론을 안 것은 동료인 레티쿠

스의 『제1해설』을 읽고부터로, 1541년 전후로 『회전론』을 출판하기 직전이었다.

1542년에 비텐베르크에서 출판된 포이어바흐의 『신이론』에 단 주석의 서문에서 라인홀트는 프톨레마이오스 이론을 언급한 뒤 코페르니쿠스 이론에 대한 열렬한 기대를 표명했다.

> 나는 최근 어떤 인물에 대해 들었다. 그는 탁월한 학식을 지닌 인물로 천문학을 부활시킬 것이라고 모든 자들이 뜨거운 기대를 하고 있다. 그는 지금 실로 그 저작을 공표하려고 하고 있다.……
>
> 이 과학[천문학]은 스스로의 발로 서서 이 연구들을 다시금 올바른 길로 걷게 할 수 있는 우리 시대의 프톨레마이오스를 오랫동안 기다려왔다. 그 재능을 후인들이 정당하게 입을 모아 칭송할, 그 천문학자가 프러시아로부터 마침내 우리 곁으로 올 것이라고, 나는 기대하고 있다.[148]

레티쿠스의 『제1해설』에 대한 최초의 반응 중 하나이다. '프러시아'는 코페르니쿠스가 태어나 자랐고 이탈리아 유학에서 돌아온 뒤 생애를 보낸 땅 '왕령 프러시아'를 가리킨다. 따라서 이름은 명기되어 있지 않지만 '그 천문학자'가 코페르니쿠스를 가리킨다는 것은 말할 나위도 없다. 프로테스탄트의 성지 비텐베르크에서 공히 멜란히톤의 직제자였던 레티쿠스와 라인홀트가 함께 코페르니쿠스의 저작을 출판하기를 갈망했던 것이다. 라인홀트가 여기서 코페르니쿠스에 대해 사용한 '우리 시대의 프톨레마이오스'라

그림8.3
에라스무스 라인홀트
『프러시아 표』(1551, 튀빙겐)

는, 당시로서는 최대한의 존칭은 그 뒤에도 종종 사용되었다.

그리고 『회전론』이 출판된 후 라인홀트는 멜란히톤의 지원하에서 수년간 분골쇄신하여 『회전론』의 학습과 연구에 몰두했고 1551년에 『회전론』에 기반한 『프러시아 표』를 튀빙겐에서 출판했다(그림8.3). 20세기 후반에 오언 징거리치는 『프러시아 표』가 확실히 코페르니쿠스의 행성 운동 모델(소주전원 이론)에 의거한 것임을 계산기를 사용해 확인했다.[149] 이것은 프톨레마이오스 이론에 기반한, 13세기의 『알폰소 표』와 관계되는 새로운 천체표로서 1562년, 1571년, 1585년에 판을 거듭하여 널리 이용되었다. 나중에 티코 브라헤의 관측에 기반한 보다 정밀도가 높은 천체표인 『루돌프 표』를 작성한 요하네스 케플러는 1672년 그 서문에서 라인홀트와 『프러시아 표』에 관해 말했다.

이 [코페르니쿠스의] 저작(『회전론』]에는 증명이 설명되어 있을 뿐만 아니라 표도 첨부되어 있지만, 내가 아는 한 오늘날에는 이 표를 계산을 위해 사용하는 자는 없다. 코페르니쿠스는 거의 수년 후에, 난해한 사항에서 유능하고 놀랄 정도로 명석했기 때문에 온갖 종류의 학문, 특히 당연하게도 수학에 정통한 에라스무스 라인홀트에게 계승되었던 것이다. 라인홀트는 이미 작고하신 코페르니쿠스의 표를 완성시키는 작업에 몰두했다. 그는 이것을 프러시아인 코페르니쿠스 혹은 자신의 후원자patron인 프러시아 공[알브레히트]을 기념하여 『프러시아 표』라 명명했다. …… 라인홀트가 이 작업에 몰두한 이유는 이 작업 그 자체에서 발견할 수 있을 것이다. 그러나 확실히 그 두 번째 이유는 숨겨져 있는 듯 보인다. 왜냐하면 이 표는 [첫째로는] 쓰기 쉬워야 하기 때문이다. 『알폰소 표』나 그 외 표의 작성자들은 수치의 표를 하나로 정리하고 그 머리에 극히 간단한 표시를 달아서, 책이 만들어진 형태에 따라서도 사용하기 쉽게 하려고 했다. 그렇지만 코페르니쿠스의 책은 프톨레마이오스의 『알마게스트』와 마찬가지로 표가 본문의 설명 사이 여기저기에 흩어져 있으므로 표를 사용하려고 하는 독자는 본문 때문에 산만해져 버리게 되어 본래의 유용성을 스스로 손해보고 있다. 또 하나로는 독자를 분노케 하고 경악시키리라 라인홀트가 믿은 '황당무계한 가설'을 코페르니쿠스가 주장했다는 데 있다. 이런 까닭으로 라인홀트는 코페르니쿠스 체계의 기초에 놓이는 기본적 관측을 그 표들이 보다 정확하게 표현할 수 있도록, 그 표들을 보다 주의 깊게 다시 계산하여 정정한 뒤에 수많은 지루한 증명은 물론이고 그 보통과는 다른 가설[즉 지동설]에 관해서도 일체 언급하지 않고 표 그 자체를 핸드북 형태로 분리하여 출판하기로 결단한 것이다[150]['관측'의 의미는 각주 *12 참조].

코페르니쿠스의 『회전론』 속표지에 쓰여 있는 "극히 편리한 천체표"라는 표어는 이 『프러시아 표』에 의해 비로소 실현되었다고 말할 수 있다.

라인홀트는 『프러시아 표』 서문에서 "나는 코페르니쿠스의 『회전론』에 관해 쓴 주석에서 개별 계산의 진정한 근거나 절차를 설명했다"라고 기술했다.[151] 요절했기 때문에 그 '주석'은 출판되지 않았지만 남겨진 ─그리고 20세기가 되어 발견된─ 그의 자필 원고를 자세히 조사한 재니스 핸더슨Janice Henderson은 라인홀트가 코페르니쿠스의 수학적 모델을 사용해 달이나 태양이나 행성의 파라미터를 주의 깊고 정확하게 다시 계산하여 『회전론』의 오류를 정정했음을 확인했다. 수치가 다른 부분이 있지만 그것은 코페르니쿠스의 부주의한 계산 실수 때문으로 이에 비해 라인홀트는 주의 깊게, 또 삼각함수를 7자리 때로는 8자리까지 사용해 매회 그 모든 자리까지 계산했다고 한다.[152] 이 초고는 베를린의 도서관에 보존되어 있는데, 징거리치는 그 외에 에딘버러의 왕립천문대에서 라인홀트가 일찍이 소유했던 것이라 생각되며 여백에는 라인홀트가 광범위하고 빈틈없는 주석을 써놓은 『회전론』을 발견했다 .징거리치와 웨스트먼에 따르면 그 메모는 "상세하고 철저한" 것이며 "[코페르니쿠스의] 텍스트에서 라인홀트가 간과한

오류를 발견하기 어려웠다"라고 한다.[153]

라인홀트는 『프러시아 표』를 만들기 위해 7년에 걸쳐 코페르니쿠스의 『회전론』 계산을 모두 검산하고 개량하며 그 오류를 정정한 것이다. 그것은 케플러가 말했듯이 "코페르니쿠스의 표를 완성시킨 작업"이며 "터무니없이 힘든 작업"이었다.[154] 케플러의 스승 메스트린은 『프러시아 표』에 관하여 "코페르니쿠스가 표명한 관측이나 증명을 코페르니쿠스 자신 이상으로 정확하고 적확하게 분석한 것"이라고 썼다.[155] 요컨대 그것은 『회전론』을 면밀하게 교열한 다음 실무에 종사하는 천문학자(점성술사)가 사용하기 쉬운 표로 고쳐 쓴 것이다. 그리고 점성술사들은 실제로 『프러시아 표』를 많이 이용했다.[156]

이런 까닭으로 "『프러시아 표』와 여기서부터 유도된 에페메리데스는 코페르니쿠스의 수학적 천문학자로서의 명성을 넓히기 위한 중요한 채널이었다".[157] 영국의 존 필드가 1556년에 출판한 1557년의 에페메리데스는 기준점을 런던으로 옮겼지만 기본적으로는 『프러시아 표』에 기반한 것으로, 그 서문에는 "나는 이 1557년 에페메리데스를 코페르니쿠스와 라인홀트에 따라 출판했다. 그들의 저술은 정확하고 속임수가 없는 증명에 기반하여 만들어졌다"라고 기술했다.[158] 1558년에는 윌리엄 커닝엄이 자신이 편집한 얼머낵에서 코페르니쿠스와 라인홀트의 『프러시아 표』가 『알폰소 표』에 비해 우위에 있다고 언명했다.[159]

이 『프러시아 표』의 서문에서는 라인홀트의 열렬한 코페르니쿠스 찬가를 다시금 ―이번에는 코페르니쿠스의 이름을 명기하여―

읊고 있다.

후대 사람들이 입을 모아 코페르니쿠스의 이름을 감사를 담아 칭송할 것이다. 천체 운동의 과학은 거의 붕괴할 위기에 직면했지만 이 저재[코페르니쿠스]의 연구와 저작이 그것을 회복시켰다. 신의 뜻이 그의 마음에 큰 빛을 밝혔으므로 지금까지 모른 채로 있었던, 혹은 불명료하게만 알고 있었던 많은 사항을 그는 발견하고 해명한 것이다. …… 우리는 이 극히 걸출한 인물 니콜라우스 코페르니쿠스에게 크게 빚지고 있다. 왜냐하면 그는 자신의 관측을 자유롭게 나눠주었을 뿐만 아니라…… 회전론에 관한 저서를 공개적으로 간행함으로써 거의 붕괴의 구렁텅이에 있던 [천체] 운동의 학문을 소생시켰기 때문이다.[160] ['관측'의 의미는 각주 *12 참조].

그 뒤에도 라인홀트는 스스로 주석을 단 포이어바흐의 1553년 판 『신이론』의 서문에서, 다시금 "천문학에서 고대의 모든 달인들과 어깨를 나란히 할 수 있는 우리 시대의 극히 학식이 높은 인물 코페르니쿠스nostra aetate doctis, Vir Copernicus"라 치켜세웠다.[161]

그러나 라인홀트가 『프러시아 표』를 작성한 목적은 이론적 혹은 철학적 방면이 아니라 오로지 실용성, 즉 사용하기 쉽고 정확한 천체표를 만드는 데 있었다. 『프러시아 표』의 작업이 막바지에 이른 1549년 5월, 라인홀트는 후원자인 알브레히트 공에게 보낸 서간에서 "가까운 시일 내에 우리는 하늘의 운동에 관한 최선의 표를 손에 쥐게 될 것입니다. 그리고 장래 저는 별의 영향을 해석하는 점성술 부분을 들여다볼 생각입니다"라고 표명했다.[162] 라인홀트가 『프러시아 표』를 작성한 목적은 점성술에서 사용하기 위함이었다. 그리고 실제로 "그것이 최초로 인쇄된 1551년 이후 최선의 점성술사들이 자신의 에페메리데스나 개별 예언의 기초에 놓은 것이 『프러시아 표』였다"라고 이야기되었다.[163]

　따라서 라인홀트가 코페르니쿠스를 높이 평가하는 점은 지구를 행성의 하나로서 태양 주변을 주회시켰다는 것도 아니고 행성 궤도의 배열순위를 확정하고 궤도 반경과 공전주기의 상관을 밝힘으로써 태양계를 하나의 조화로운 시스템으로서 그려냈다는 것도 아니다. 실제로 라인홀트는 원리적인 면에서는 등화점(이퀀트Equant)을 추방하고 중심 주변의 등속회전을 부활시킨 것만으로 코페르니쿠스 이론을 높이 평가했고, 그 이상으로 지구가 실제로 운동하느냐 정지해 있느냐는 묻지 않았다. 그는 '지동설과 천동설의 문제'에 관해서는 완전히 중립을 유지했다. 아니, 정확히는 침묵을 지켰거나 단순히 무시했다. 그러한 문제에는 관심이 없었다고 말해야 할지도 모른다.[164] 그는 개별 행성 운동의 정확한 예측에만 관심을 두었지, 태양계 전체의 구조는 관심 밖이었다. 실제로 라인홀트가 일찍이 소유했던 『회전론』의 여백에 쓴 메모를 자세하게 조사한 징거리치에 따르면, 제2권 이하의 수학적 부분에 상세한 주석이 쓰여 있는 것과 반대로 태양 중심 우주론을 주제로 하는 제1권에는 거의 손을 대지 않았고 지동설에 관한 견해 표명은 발견할 수 없었다는 것이다.[165] 마찬가지로 『회전론』에 단 라인홀트의 주석 초고에도, 이것을 조사한 헨더슨에 따르면 제1

권에 관한 것은 포함되지 않았다.[166]

어쨌든 『프러시아 표』는 지구의 가동성과는 본질적으로 관계 없이 구성되어 있고, 따라서 태양계의 특정 모델과는 독립적이다. 코페르니쿠스는 행성 위치를 계산하는 좌표계를 지구를 원점으로 하는 것에서 태양을 원점으로 하는 것으로 변환했지만, 그 결과가 지구상의 관찰자에게 어떻게 나타나는가를 표현하기 위해서는 다시금 지구를 원점으로 하는 좌표계로 돌아가야 한다. 그러므로 실용적으로는 지구가 움직이는 것을 인정하지 않아도 이야기는 끝나는 것이다. 천문학이 점성술이나 항해술을 위한 실학인 한, 필요한 것은 천체 위치나 운동이 지상의 관측자에게 어떻게 관측되는가에 한정된다. 프란시스 존슨Francis Johnson의 1937년의 책 『르네상스 잉글랜드에서의 천문학 사상Astronomical Thought in Renaissance England』에 나오듯이 "천문학자는 태양에서가 아니라 지구에서 하늘을 보기 때문에 천문학의 도구는 오늘날에도, 16세기에도 지구 중심의 우주에 기반하여 설계되어 있다".[167] 그렇다면 라인홀트의 방식은 보수적이라든가 소극적이 아니라 오히려 실제적이라고 말해야 할 것이다. 이때 태양 중심 좌표계는 완전히 계산의 편의를 위한 것이 된다.

라인홀트에게 행성 운동에 대한 프톨레마이오스의 모델과 코페르니쿠스의 모델은, 어느 쪽 계산이 보다 용이하고 어느 쪽이 보다 정확한 예측을 하는지에 대해서는 우열이 갈린다고 해도 그 이상으로 어느 쪽이 옳은가는 문제가 되지 않았던 것이다.

이 점에서 그는 동료 레티쿠스와 결정적으로 달랐다. 그러나 비텐베르크대학에서 교육자로서 가졌던 영향력은 라인홀트가 훨씬 웃돌고 있었다. 그뿐만 아니라 "에라스무스 라인홀트는 그 세대에서 가장 영향력이 큰 천문학 교육자였다".[168] 따라서 "라인홀트를 통해 계산가로서의 코페르니쿠스, 그리고 등화점 없는 천문학을 창출한 개혁자로서의 코페르니쿠스라는 이미지가 대학 내외를 불문하고 천문학의 논의 속에 침투한 것은 피할 수 없었다"라는 것이다.[169]

이러한 방식은 단순한 실용성뿐만 아니라 보다 기본적으로는 라인홀트의 천문학 이해에 기반한다. 포이어바흐의 1542년판 『신이론』의 주석 서문에는 라인홀트의 기본적 입장이 표명되어 있다.

> 하늘의 운동이나 (그리스인이 파이노메나라 부르는) 그 현상의 다채로움은 압도적이다. 이 때문에 천문학자들은 실로 그 다양한 현상의 원인을 추구하기 위해 세심한 주의를 기울였고, 며칠씩이나 잠들지 못하는 밤을 겪으며 진절머리가 날 정도로 노력을 기울여 왔다. …… 일반적으로 말하자면 행성 운동에서 나타나는 이 다양한 현상의 원인을 밝히기 위해서 수련을 쌓은 천문학자는 이심적 유도원이나 혹은 몇 층이나 되는 구면을 가정하거나 혹은 구성해 왔다. 이리하여 얻은 수많은 하늘의 구면은 천문학자의 기예^{ars} 내지 오히려 우리 지성의 취약함$^{imbecillitati\ nostril\ intellectus}$이 낳은 것으로 귀결해야 한다. 필시 이 [태양과 달과 행성의] 빛나는 아름다운 일곱 별은 그 자신 속에 신에게 받은 어떤 내재적 힘$^{divina\ vis}$ ^{insita}을 갖고 있고, 그 힘에 의해 각자의 별은 이러한 구면의 도움을

빌리는 일 없이 그 고유한 법칙에 준하여 그 변화무쌍한 외견상의 부등성을 동반한 운동을 통해 영속적인 조화를 유지하고 있을 것이다. 그러나 우리에게는 이런 종류의 구면에 호소하지 않으면 무질서 속에서 이런 종류의 질서의 합리적인 발판을 확보하는 것이 극히 어려우며 그것을 이해하고 머릿속에서 추구하는 것이 불가능하게 될 것이다[170]['현상의 원인'의 의미는 제7장 각주 *2 참조].

수학적 개념에 대한 도구주의적 시각에 머물지 않고 수학적 개념의 실재성을 명백하게 부정하는 라인홀트의 이 주장에서는 수학적 개념에 대한 실용적인pragmatic 결단을 뛰어넘는 본질적인 불가지론을 행간에서 읽어낼 수 있다. 실제로 라인홀트는 "기하학적 고안물을 물리학적[자연학적]인 추측과 혼동하고 혼란시키는 것만큼 어리석은 일은 없다"라고도 말했는데,[171] 라인홀트가 이것과는 별개로 물리학적[자연학적] 고찰을 한 것은 아니다. 그는 물리학적[자연학적] 고찰을 방기 내지 단념했고, 이것은 오시안더의 사상과 근본적으로 통하는 것이다. *10

어쨌든 코페르니쿠스 이론의 보급에 라인홀트가 한 역할에 관해서는 지나치게 과소평가해서는 안 된다. 이 점에서 『프러시아표』를 면밀하게 조사한 징거리치의 평가는 인용할 가치가 있다.

---

*10   단 『신이론』의 1553년판에 단 주석에서는 라인홀트는 모든 행성이 스스로 움직이는 것이 아니라 아리스토텔레스가 말했듯이 천구가 움직인다고 표명한 듯하다. Aiton(1981), p. 100.

설령 『프러시아 표』가 그 우주론적 전제에 관해서는 입을 다물고 있다고 해도 라인홀트의 호의적 소견은 코페르니쿠스 평가의 고조에 기여하게 되었다. 라인홀트는 코페르니쿠스 사후 10년간의 열쇠가 되는 위치를 점했다. 그는 자기 세대의 지도적 천문학자는 아니었다. 그는 1549년 여름에는 비텐베르크대학[학예학부]의 학부장이 되었고 그해 겨울부터 1550년에는 학장이 되었다. 이리하여 태양중심이론에 관한 그의 개인적 견해는 잠재적으로 어떤 효과를 낳았고 지지를 공개적으로 표명하지 않았다는 것조차 교육적 효과를 야기했다.[172]

『프러시아 표』 작성 과정에서 라인홀트를 도운 학생 마티아스 라우텔바르트는 1545년에 레티쿠스에게 보낸 편지에서 "우리는 설령[코페르니쿠스의 책에] 변명의 여지가 없는 계산상의 오류가 포함되어 있었다 해도 그를 이러쿵저러쿵 말하는 자들의 공격에 대해서는 코페르니쿠스를 옹호할 것입니다"라고 기술했다.[173] 그리고 비텐베르크에서 라인홀트와 레티쿠스에게 배웠고 멜란히톤의 추천으로 뉘른베르크 김나지움에 쇠너의 후임으로 수학교사가 된 요아힘 헬러는 1549년 예언집의 서문에서 말했다.

이 예언집의 내 계산의 토대는 니콜라우스 코페르니쿠스가 천체 관측의 확실한 기초에 기반하여 밝혀내서 그 저작에서 증명한, 보다 잘 정초된 새로운 천문학에 따른 것이다.[174]

비텐베르크에서 코페르니쿠스를 얼마나 열심히 배웠는지를 알 수 있다. 강의에서는 사크로보스코나 포이어바흐의 저서에 의거해 프톨레마이오스 이론을 강의했다고 해도 라인홀트는 개인적으로는 코페르니쿠스 저작의 학습을 지도하고 권장했던 것이다.[*11]

9. 포이처와 그 제자들

라인홀트 후에 비텐베르크대학의 상급수학 직에 취임한 사람이 카스파어 포이처였다(그림8.4). 그는 멜란히톤의 자택에서 더부살이를 했고 1550년에는 멜란히톤의 막내딸과 결혼했다. 일찍부터 그 재능을 인정받았을 것이다. 1553년에 라인홀트가 병사하자 다음 해 그 뒤를 이었다. 그도 그 당시 자주 그랬듯이 의학을 배웠고 1560년에는 의학부 교수가 되었다. 1560년에는 장인 멜란히톤의 죽음과 함께 학장도 역임했다. 그 뒤 루터파 내부의 항쟁으로 포이처는 숨은 칼뱅파로서 고발당했고 루터주의자였던 작센 선제후 아우구스트에 의해 1574년부터 1586년까지 12년간에 걸쳐 투옥되었다. 멜란히톤의 죽음부터 1570년대 초기까지의 시기는 루터에게 충실한 정통 루터파Gnesio-Lutheran와 멜란히톤을 계

[*11] 또한 라인홀트가 『회전론』에 단 주석에서 지구 중심설이긴 하지만 외행성에 대해 코페르니쿠스 이론에서 태양과 지구를 바꾸었고, 그런 의미에서 나중에 티코 브라헤가 제창한 체계에 가까운 것을 생각했었음에 관해서는 뒤에서 논한다[Ch. 11. 5].

그림8.4
카스파어 포이처
(1525~1602)

승하는 비교적 온건하고 유화적인 필리프주의자Philippist의 대립이
격화되어, 성찬聖餐의 해석을 둘러싸고 필리프주의자가 정통 루터
파에게 숨은 칼뱅파로 지목되어 루터파 내부에서 멜란히톤의 영
향력을 잃어버리게 되는 시대였다.

　천문학에 관해 말하자면 포이처도 멜란히톤과 마찬가지로 점
성술 전반을 믿었다. 그뿐만이 아니라 신의 분노나 경고가 기형
동물의 탄생과 같은 전조를 통해 나타난다는 마르틴 루터와 마찬
가지의 견해도 말했다.[175] 그리고 포이처도 수학자(천문학자)로서
의 코페르니쿠스는 라인홀트와 마찬가지로 높이 평가했다. 사크
로보스코의 『천구론』에 관련해 포이처는 16세기의 새로운 『천구
론』이라 불리는 『천체의 기초이론』을 1551년에 출판했는데, 여기

에는 코페르니쿠스가 "천체의 이설理說에 관해 프톨레마이오스 이후 가장 중요한 저작을 썼다"라고 기록되어 있다.[176] 실제로 그는 코페르니쿠스 이론의 수학적·기술적 측면에 대해서는 그 이점을 인정하고 충분히 이용했다.

그 밑바탕에는 역시 천문학의 가설에 대한 도구주의적 견해가 있었다. 이 책에는 행성 운동의 제2의 부등성이 행성마다 다르다는 것에 관해 쓰여 있다.

> 관측은 제2의 부등성이 이 모든 [행성] 별들의 운동에서 다양하게 보인다는 것을 우리에게 확신시켜 주기도 하지만, 또한 그 각자의 운동이 결정된 불변의 법칙에 준해 반복된다는 것도 가르쳐 준다. ……하늘의 운동에서 어떤 것도 불규칙한 채로 방치되는 일이 없도록 어떤 천문학자는 어떤 가설에 따라, 다른 천문학자는 다른 가설에 따라 현상을 구제한다. 주전원과 이심원을 그들 중 매우 많이 이용하는 사람도, 적게 이용하는 사람도 있다. 이 가설들로부터 비로소 그들은 문제가 되는 다양성의 원인을 설명하는 증명을 만들어 낸다.[177]

결국 현상을 성공적으로 구제하는─행성 운동을 올바르게 계산할 수 있는─한 수학적 가설은 그 현실성이나 진리성을 묻지 않고 허용되며, 지구정지도 태양정지도 상관없어진다. 코페르니쿠스 자신이 행성의 지구정지계로 본 운동과 태양정지계로 본 운동의 상대성을 말했고, 태양정지계에서 계산한 것을 지구정지계로 고쳐 쓰는 것은 수학적 문제에 지나지 않았다. 그리고 이 입장에서 코페르니쿠스 이론은 교육되었다. "포이처는 강의에서는 물론 프톨레마이오스 이론을 계속 이야기했지만 그의 학생들은 프톨레마이오스와 함께 코페르니쿠스의 책도 학습하도록 요구받은 유럽 최초의 학생으로 꼽혔다".[178]

그러나 코페르니쿠스 이론의 우주론적 기초, 즉 지동설 그 자체에 대해서는 침묵한 라인홀트와 달리 포이처는 명백하게 부정했다. 표준적 교과서가 된 그의 『천구의 기초이론』은 기본적으로는 아리스토텔레스와 프톨레마이오스에 의거한 책으로, 여기에서 그는 지구의 중심성과 부동성을 수학적인 논의, 자연학적인 논의, 성서에 기반한 신학적 논의라는 세 방면으로 논증했다. 수학적 논의는 만약 지구가 우주의 중심이 아니라면 예컨대 지평면이 항성 천구를 이등분하지 않을 것이라는 논의로, 이것은 코페르니쿠스가 항성천을 당시까지 생각되던 것보다 훨씬 크게 취함으로써 해결하려고 한 문제이다. 자연학적 논의란 아리스토텔레스 자연학에 기반한 것으로, 단순한 물체로서의 지구는 직선운동만 가능하다는 논의이다. 그리고 성서에 기반하는 논의에서는 「시편」이나 루터의 『탁상담화』에서도 나오는 여호수아의 하강 등을 들었다.[179] 어떤 지적도 새로운 것은 아니었다.

그렇지만 포이처는 보다 명확하게 지동설을 비판했다. 생각해 보면 성서의 말을 철학으로 이해할 수는 없다고 한 루터는 원래 자연의 문제에 대한 관심은 그렇게 높지 않았고 이 방면에서는 어떤 종류의 이중 진리설을 지지하는 입장이었다. 그러나 자연학에 관심이 높은 멜란히톤은 "이중진리를 부정했다"라고 하며 그의 입장은 "성서를 객관적 정보를 주는 것으로 간주하는 경향에 기여했다"라고 평가된다.[180] 포이처는 장인의 이 입장에 보다 충실했다.

실제로 포이처는 1571년의 『천문학의 가설』에서는 코페르니쿠스의 태양중심이론을 "진리와는 무릇 양립할 수 없는 부조리"라는 극히 강한 표현으로 거부했다.[181] 『천문학의 가설』은 1568년에 출판된 그의 강의록 『천구의 가설』을 재판한 것인데,[182] 그 전체 제목은 『니콜라우스 코페르니쿠스의 관측 및 그것에 기반한 운동의 규칙에 적합하게 만들어진, 프톨레마이오스 및 다른 오랜 이설로부터 유도되는 천문학의 가설 내지 행성의 이론』이다. 그리고 여기에서는 "나는 나의 가설을 코페르니쿠스의 관측*[12] 및 계산절차와 일치하도록 설정했다. 코페르니쿠스의 가설 그 자체에 관해 말하자면 그것은 어떠한 상황에서도 학교에 도입되어야 하는 것은 아니라고 생각한다", "나는 많은 이유로 『알폰소 표』에 비해 코페르니쿠스의 관측과 계산절차를 우선한다. 그러나 나는 코페르니쿠스의 가설이 이렇게 해서 학교에 도입되어야 하는 것은 아니라고 생각한다"라고 한다.[183] 태양중심이론을 교육의 장에서 배척하는 경향은 이전보다 뚜렷해졌다.

코페르니쿠스의 계산수법이나 궤도 파라미터는 중시하지만 그

---

*12   '코페르니쿠스의 관측'이라 하지만 이 '관측'은 '관측에 기반하여 유도된 코페르니쿠스의 파라미터'와 같은 의미일 것이다. '관측'이라는 말의 이러한 사용법은 이 시대의 문헌에서 때때로 등장한다.

그림 8.5
요하네스 프레토리우스
(1537~1616)

우주론은 거부한다는 포이처의 입장은 레티쿠스 다음으로 비텐
베르크대학 초급수학 교수가 된 제바스티안 테오도리쿠스에게
계승되었고,[184] 나아가 그 자리를 이은 요하네스 프레토리우스의
강의록에서 보다 명료하게 표명된다. 그러나 그래도 수학적 코페
르니쿠스 이론의 학습 장려는 안드레아스 샤트나 카스파어 슈트
라우프, 프레토리우스 등 후계 교수들에게 계승되었다.[185]

　그러나 세대가 교체됨에 따라 코페르니쿠스의 체계에 관심을

갖는 방식에도 변화가 보였다. 1537년에 보헤미아의 요아힘스탈에서 태어난 프레토리우스는 1555년경에는 비텐베르크에서 수학했고, 필시 포이처 및 테오도리쿠스에게 천문학과 수학을 교수받았으리라고 생각된다(그림8.5). 그는 1562년에 뉘른베르크로 옮겼고 이 땅에서 7년간에 걸쳐 지구의나 아스트롤라베나 그 외 천체관측 기기의 제작에 종사했다. 웨스트먼의 책에는 "독일과 스위스의 걸출한 [관측] 장치제작 집단"의 한 사람으로 꼽혔다.[186] 이 방면에서 이름이 알려진 듯하며 그도 뉘른베르크의 제작 전통 속에 있었고 16세기 문화혁명을 지식인 측에서 보완하는 인물 중 한 사람이었다. 1569년에는 프라하와 빈으로 여행했다가 크라쿠프로 향했고 거기서 레티쿠스와 접촉했다. 이즈음에 그의 명성은 널리 퍼졌고 황제 막시밀리안 II세의 궁정수학관(점성술사)으로 발탁되었다. 그 뒤 포이처와 대학평의회의 탄원으로 비텐베르크로 돌아가 테오도리쿠스가 취임했던 수학교수 자리를 1571년에 잇게 되었다.

비텐베르크에서 교편을 잡은 뒤 1576년에 프레토리우스는 뉘른베르크 가까이에서 그 전년에 신설된 알트도르프 아카데미의 초대 수학교수가 된 이래 40년에 걸쳐 수학, 천문학, 도구제작을 가르쳤고 1616년에 사망했다.[187] 뉘른베르크가 재정적으로 지원한 알트도르프 아카데미는 일찍이 멜란히톤이 창설한 김나지움이 발전한 것으로 1575년 창설된 이래 1625년까지 반세기 동안 천문학 연구와 교육을 추진한 것으로 알려져 있다. 그리고 코페르니쿠스 이론은 당초부터 프레토리우스가 강의했다.[188] 알트도

르프 아카데미의 1582년 학칙에서는 행성 이론을 프톨레마이오스와 코페르니쿠스 중 어느 쪽 설을 취해 설명할지는 개별 교관의 판단에 맡겼다.[189] 이런 까닭으로 특히 프레토리우스의 강의로 말미암아 "남독일에서 코페르니쿠스가 수용되는 데 이 아카데미가 얼마나 중요했는지 보여주었다".[190]

프레토리우스의 천문학 강의는 기본적으로는 포이처의 『천문학의 가설』을 답습한 것으로, 이것은 그가 초기에 포이처 천문학의 틀을 수용했음을 보여준다. 1590년대에 편집이 시작된 프레토리우스의 강의록에서 다음 기술을 볼 수 있다.

> 프톨레마이오스를 잇는 모든 자들 중에서 니콜라우스 코페르니쿠스만이 그에 걸맞게 걸출하다. …… 그런데(에라스무스 라인홀트가 『프러시아 표』라는 제목으로 모든 자가 이용할 수 있게 한) 코페르니쿠스의 계산은 만인이 시인하고 있는 반면 지구의 다중[삼중] 운동[공전과 자전과 세차운동]에 관한 코페르니쿠스의 가설은 만인이 명백하게 기피한다. 이 책에서는 천문학자가 가설을 구성할 자유도에 관해서 장황하게 말하지는 않을 것이다. 이 문제는 다른 곳에서 보다 상세하게 논할 것이기 때문이다. 그럼에도 모든 모호함을 제거한다면 천문학의 가설에 올바르게 접근하는 한 그리고 여기서 논해야 할 바로 이 가설에서, 우리는 일부는 프톨레마이오스를, 일부는 코페르니쿠스를 따르기로 할 것이라는 것만을 말해두고 싶다. 즉 설령 프톨레마이오스의 가정을 계속 유지했다고 해도 코페르니쿠스가 그의 새로운 구성으로 도달한 것과 동일한 목표에 도달하기 때

문이다. 이렇게 하여 우리는 코페르니쿠스 이래 우리에게 전해졌고 『프러시아 표』에서 보다 정확하게 논하고 있는 새로운 계산의 기초와 기원을 증명할 것이다.[191]

실제로 그는 행성 운동을 지구 중심계로도 태양 중심계로도 완전히 마찬가지로 설명할 수 있음을 보여주었다. 이것은 당시 천문학에 종사한 사람들 사이에서는 널리 인정되었다.

프레토리우스가 코페르니쿠스에게 가장 감명을 받은 것도 역시 등화점의 추방, 그리고 이심원과 등화점에 관련된 주전원과 유도원 및 그 여러 조합만을 사용한 궤도이론이었다. 따라서 프레토리우스는 외행성에 대한 프톨레마이오스의 궤도를 삼중주전원이론으로 치환함으로써 코페르니쿠스의 소주전원 이론과 동일한 결과를 얻을 수 있음을 보여주었다. 이것은 태양중심이론과 지구중심이론의 수학적 동등성을 나타낸 것이다.

프레토리우스는 이렇게 코페르니쿠스 이론을 꼼꼼하게 조사했는데 그뿐만이 아니라 라인홀트나 스승 포이처와는 달리 코페르니쿠스의 우주론적 주장, 즉 태양 중심 체계에도 응분의 관심을 기울였다. 실제로 그는 라인홀트나 포이처가 주목하지 않았던, 코페르니쿠스가 말하는 태양계의 조화에 관한 주장에 불충분하긴 하지만 그 나름대로 주목했다. 그리고 1594년의 강의록에는 태양을 중심으로 하는 태양계 그림도 남겼고, 더 나아가 지구 중심계에서 태양이 화성 궤도의 내측에서 지구 주변을 주회하지만 내행성인 수성과 금성이 그 태양 주변을 주회하는 그림도 남겼다. 나중에 티코 브라헤가 제창하게 되는 모델에 한걸음 가까운 것이었다. 그러나 프레토리우스는 이것도 X 표를 하여 지웠으므로 최종적으로 그의 우주상이 어떠한 것이었는지는 분명치 않다. 그러나 행성 운동의 단순한 계산처방으로서의 수학적 천문학을 뛰어넘는 우주론적 관심을 여기에서 확인할 수 있다.[192]

코페르니쿠스의 체계에 대한 관심의 변화라는 점에서는 역시 비텐베르크에서 멜란히톤에게 신학을, 포이처에게 수학을 배운 힐데리히 폰퍼렐의 예를 들 수 있다. 폰퍼렐은 복음파 학교에서 비텐베르크대학에 진학한 뒤 예나나 프랑크푸르트나 하이델베르크에서 수학이나 신학이나 동양 언어를 가르쳤다고 알려져 있다. 그 폰퍼렐은 1576년 프랑크푸르트 강연에서 이렇게 말했다.

오늘날 당대의 프톨레마이오스인 니콜라우스 코페르니쿠스는 제9와 제10의 천구를 거부하고 우리의 눈이 우리에게 가르쳐 주는 것과 같은 수인 최초의 여덟 개 천구를 지켰습니다. 그리고 그는 달을 그 궤도구에 남기고 원소들의 구[지구]를 싸고 있는 달의 궤도구를 세계의 중심에서 태양의 궤도로 옮겨서 역으로 태양 그 자체를 그 궤도로부터 세계의 중심으로 옮긴 것을 빼고 세계의 그 부분[여덟 개의 천구]의 순서를 유지했습니다. 그리고 코페르니쿠스에 따른다면 이것이 세계의 부분들의 질서라고 간주됩니다. [즉] 태양이 세계의 중심에 위치하고 수성의 천구가 다음이며 이윽고 금성 천구가 옵니다. 네 번째는 그가 말하는 큰 구인데 지금은 이것은 달을 동반한 원소들의 구[지구]의 천구입니다. 이 네 개의 구에 다시금 위에는 화성, 목성, 토성의 천구가 이어지고 그 최후에 항성 천구가 옵니다만, 이것은 코페르니쿠스에게는 움직이지 않습니다. 이 질서는 놀랄 만한 것^{mirificus}입니다만, 이 [제가 지금 말하는] 명제에서는 세계의 부분들의 통상의 [지구 중심의] 질서에 따르기로 하고 이 점[코페르니쿠스의 가설]에 관해서는 이 이상 말하지는 않겠습니다.[193]

이것은 피터 바커$^{Peter Barker}$의 논문에 따른 것인데, 이에 따른다면 'mirificus'에는 부정적인 의미는 없는 듯하다. 폰퍼렐은 코페르니쿠스 이론에 대해 그것이 성서에 반한다든가 부조리하다든가 거부되어야 한다고는 주장하지 않았다. 단지 소개했을 뿐이며 평가는 유보했다.

10. '비텐베르크 해석'을 둘러싸고

이렇게 살펴보면 '비텐베르크 해석'이라 한마디로 일괄되지만 코페르니쿠스 이론, 특히 지구 운동과 태양 중심성을 주장한 우주론적 부분에 대한 평가는 ─ 전면 긍정한 레티쿠스를 예외로 해도 ─ 라인홀트와 같은 침묵 혹은 무시부터 폰퍼렐의 판단유보, 그리고 포이처의 배척까지 상당히 폭넓음을 알 수 있다. 그들은 단지 코페르니쿠스 이론의 행성 운동 계산과 예측이라는 수학적 측면의 유용성을 인정한다는 점에서만 일치했다. 비텐베르크의 학자들은 『회전론』의 수학적·기술적 부분만을 수용한 것이다. 그러나 이러한 방식은 특히 16세기 중기에는 비텐베르크의 학자들에 한정되지 않았다.

잉글랜드의 존 필드가 작성한 1557년『에페메리데스』가『프러시아 표』에 기반했고 그 서문에서 코페르니쿠스와 라인홀트를 칭송했음은 이미 기술했다. 그러나 그렇다고 해서 필드가 코페르니쿠스의 우주론을 수용했다고 결론지을 수는 없다. 윌리엄 휴얼William Whewell이 말했듯이 "이 구절은 필드가 에페메리데스 계산의 기초로서 코페르니쿠스의 틀을 채용한 것만을 나타내며 그것은…… 그것을 물리학적인 진리로서 수용하는 것과는 크게 다르다".[194]

이 점에서는 프로테스탄트도 가톨릭도 큰 차이는 없었다. 코페르니쿠스의 우주론을 부조리로서 거부한 예수회의 클라비우스도 코페르니쿠스의 수학이론에 관해서는 높이 평가했던 것이다.[195] 16세기 후반 스페인은 교조적인 가톨릭 국가였고 가톨릭의 수호신임을 자인했다. 그리고 17세기가 되자 교황청은 지동설을 금지, 억압했다. 그러나 1638년에 출판된 프란시스 고드윈의 소설『달세계 인간』에서는 "[지구의 운동에 관한] 코페르니쿠스의 최신 견해"에 관해 "젊은 시절 살라망카대학에서 배웠다"라고 주인공이 말하고 있다.[196] 실제로 스페인의 살라망카대학에서는 1561년에 학칙을 개정했을 때 수학에 관해 학생은 유클리드, 프톨레마이오스, 코페르니쿠스 중 하나를 선택하기로 정해졌다고 한다.[197] 수학적 이론으로서 코페르니쿠스 모델은 프톨레마이오스 모델과 동등하다기보다도 오히려 그 이상으로 평가받았던 것이다.

태양계 모델에서 그 수학 이론만을 행성 운동 예측의 기초로 놓는다는 것은 그때 사용되는 기하학적 개념을 실재라 간주하지 않는 것으로 이어진다. 멜란히톤 자신이 "기하학자가 천체나 주전원을 구성한다는 아이디어를 얻었다고 해도 그것은 그 운동의 법칙이나 주기가 눈에 보이도록 하기 위함이지 그러한 구조가 하늘에 실재하기 때문인 것은 결코 아니다", "기하학자들 자신은 그러한 모델이 하늘에 실재한다고는 결코 생각하지 않는다. 그들은 단지 그 운동의 정확한 양을 매기고 싶을 뿐인 것이다"라고 단적으로 표명했다.[198] 그리고 프레토리우스는 "원이나 주전원이나 혹은 그것과 마찬가지의 구조는 그것들이 자연 안에 존재하지 않아도 천문학자는 자유롭게 그것들을 고안하거나 상상하거나 할 수 있다"라고 확실히 말했다.[199]

그러나 천문학에서 사용되는 기하학적 개념에 대한 이러한 시각도 이 시대에서는 비텐베르크학파만의 것은 아니었다. 동시대 이탈리아 사람 알렉산드로 피콜로미니는 1558년에 말했다.

프톨레마이오스나 그 후계자들이 창궁에서 주전원이나 원을 형상화했을 때, 그들이 그것을 천구 궤도의 배치라고 실제로 믿고 행한 것이라고 생각하는 사람들이 있다. 나는 이 고안물들이 가능한가 불가능한가, 그것들은 자연에 어울리는 것인가 자연에 반하는 것인가를 멈춰서 논하고 싶다고는 생각하지 않는다. 이 고안물들이 가능한가 불가능한가 하는 문제는 천문학자가 의도하는 바와는 관계없다. 왜냐하면 천문학자의 의도는 오로지 행성의 현상을 구제하는, 즉 행성의 움직임을 계산하고 어떤 시각에서 다른 시각으로 행성이 움직이는 것을 예측할 수 있게 되는 방식을 발견하는 데 한정되어 있기 때문이다. 만약 프톨레마이오스나 그 후계자들이 사물이 자연에서 그렇게 존재한다고 굳게 믿고 이 고안물들이나 그 조합을 만들었다고 생각한다면 그것은 큰 잘못이라고 말하고 싶다. 그렇지 않다. 이 천문학자들에게는 그 구성이 현상을 구제하는, 즉 천체의 움직임이나 그 위치의 계산을 가능케 하는 것으로 충분한 것이다. 사물이 현상에 그들이 마음으로 그린 것처럼 되어 있는지 아닌지, 그러한 질문을 그들은 자연철학자에게 맡긴 것이고, 그들의 가정이 성공적으로 현상을 구제하는 한에서 그들 자신은 그러한 것에는 관계하지 않는다.[200]

이러한 입장은 당시에는 수학적 천문학과 자연학적 우주론의 분열, 나아가서는 학문적 서열로서 전자가 후자의 하위에 있다는 이해로 보증되었던 것이다.

『프러시아 표』를 뛰어넘는 정확한 천체표(『천문결정표』)의 작성을 시도한 리옹의 카르멜회 수도사이자 점성술사인 프란체스코 기운티니는 1578년 사크로보스코의 『천구론』에 단 주석에서 천문학의 분류에 관하여 기술했다.

천문학은 다섯 부분으로 분류된다.
첫 번째 분류는 하늘의 물체의 운동이나 위치나 형상을 일반적으로 고찰한다. 이것은 그 철학자[아리스토텔레스]가 『천체론』에서 논하는 부분이다. 그러나 이것은 '천문학'이라 부를 만한 것은 아니다. 왜냐하면 이것은 모든 사항을 수학적인 증명의 언어가 아니라 자연학적인 논의의 용어로 고찰하기 때문이다.

두 번째 부분은 하늘의 물체의 운동이나 위치나 형상을 수학적 논의로 일반적으로 고찰한다. 이것은 저자[사크로보스코]가 이 논고에서 설명하는 것이다. 다른 부분에 비교하여 이것은 일반적이다.

세 번째 부분은 특히 행성 운동과 천체의 회전으로 옮겨간다. 이것은 프톨레마이오스가 『알마게스트』에서 다룬 부분이다.

네 번째 부분은 특히 행성이 다른 행성과 갖는 관계에서 합이나 충이나 성상性狀으로 옮겨간다. 프톨레마이오스는 『알마게스트』에서 이것들에 관해서도 말했다. 이 부분은 『알폰소 표』나 『프러시아 표』나 우리 자신의 것인 『천체결정표』의 작성 등 어떤 특수한 연구가 포함된다.

다섯 번째 부분은 판단적 점성술이다.[201]

첫 번째는 자연학으로서의 우주론, 두 번째와 세 번째는 천문학의 이론적 부분, 네 번째의 일부는 천문학의 실용적 부분, 네 번째의 나머지와 다섯 번째는 점성술이다. 이 분류는 "이 시대의 천문학에 관한 기술의 주요한 장르를 정확하게 나타낼" 뿐만 아니라 "이 첫 번째 우주론적 부분의 논고와 나머지 수학적 부분은 크게 동떨어져 있다"라고 평가된다.[202] '크게 동떨어져' 있을 뿐만 아니라 실제로는 첫 번째 부분이 나머지 부분의 상위에 위치한다. 따라서 우주론적 부분에 영향을 미치지 않는 한 수학적 부분을 손보거나 혹은 수학적 이론을 다른 것으로 바꾸는 것은 가능했다.

이와 관련된 소식을 피에르 뒤엠Pierre Duhem의 책의 의거하여 스케치해 보자. 코페르니쿠스의 『회전론』은 출판되고 나서부터 20년 내지 30년 동안 정확한 천체표를 작성하는 데 극히 유용했기 때문에, 또 코페르니쿠스가 행한 운동 조합(등화점을 사용하지 않는 소주전원 이론)이 프톨레마이오스의 것보다 바람직한 듯 생각되었기 때문에, 곧 천문학자의 주목을 모으게 되었다. 그러나 이때 코페르니쿠스가 그 모델을 유도해 내는 근본이 된 가동지구와 태양정지 가설에 관해서는 그것이 참인지 개연적인지 아니면 완전히 허구인지 하는 문제에 결말을 짓는 것은, 천문학자들은 자연철학자의 작업으로서 자연학자에게 일임한 것이다. 천문학자들은 이러한 가설을 오시안더가 제안한 것처럼 다뤘지만, 그것은 오시안더에게 따랐다기보다는 그 방식이 오랫동안 그들의 습관적인 자세였기 때문이다.[203]

볼로냐대학의 천문학 교수 조바니 안토니오 마지니Giovanni Antonio Magin는 1589년의 책 『코페르니쿠스의 관측에 일치하는 천구의 신이론Novae coelestium orbium theoricae congruentes cum observationibus N. Copernici』에서 이를 대단히 솔직하게 표명했다.

박식하고 걸출한 전문가specialist인 니콜라우스 코페르니쿠스의 관측은 하늘과 놀랄 만큼 잘 일치하며, 나는 그의 관측에 따를 생각이다. 다른 한편으로 나는 지구의 다중 운동에 관한, 그리고 우주의 중심에 있는 태양의 부동성 및 항성 천구의 부동성에 관한 그의 가설은

무시한다.[204]

　일찍이 원리적 아리스토텔레스주의자인 아베로에스 등이 철학적·자연학적 비판을 했음에도 수학적으로 프톨레마이오스 이론이 지지를 받았고 학습되었듯이, 16세기 중기 아리스토텔레스 자연학 측의 비판이 있었음에도 수학적으로 코페르니쿠스의 이론이 지지받고 학습되었던 것이다.

*

　『회전론』제1권의 코페르니쿠스의 자연학적 우주론의 주장을 그냥 지나치고 제2권 이후의 수학적 이론에만 주목하는 코페르니쿠스 이해를, 과학사가 로버트 웨스트먼은 '비텐베르크 해석'이라 명명했다. 그러나 이러한 방식이 널리 행해진 것은 중세 이래 천문학자는 점성술이나 역산을 위한 기초로서 천체의 운동을 계산하고 예측하는 것이 그 주된 책무였고, 그 이상으로 태양계의 구조라는 우주론상의 문제나 혹은 지구가 움직이는가 움직이지 않는가 하는 자연학상의 문제를 논의하고 판단할 권능은 갖고 있지 않다고 생각되었기 때문이었다. 이것은 "아리스토텔레스에 따르면 천문학은 자연학에 종속되어 있고, 그 자체로 자립된 과학이 아니다"라는 아리스토텔레스의 말로 단적으로 표명되어 있다.[205]
　그런데 웨스트먼이 말했듯이 "독일에서는 인문주의자 멜란히톤의 영향하에 천문학은 종교개혁 교육전략에서 꼭 필요한 부분이 되었다".[206] 그 주요한 특징으로서 비텐베르크와 독일 루터파 대학에서 주목할 가치가 있는 것은 당시로서는 극히 난해했던 천문학의 수학적 이론에 대한 열성적인 몰두 그 자체였다. 코페르니쿠스의 우주론적 주장인 지동설에 대해서는 냉담 혹은 무관심, 때로는 비판적이고 부정적이기까지 했음에도 그 수학적 이론, 즉 정량적인 예측 측면의 학습이나 연구에는 극히 호의적이었고, 그 실용적pragmatic인 구분방식이 현저했다.

토머스 쿤은, 코페르니쿠스가 자신의 저서 『회전론』을 "당시의 박식한 천문학자만이 읽을 수 있도록 만들어 두었다"라고 평했다.[207] 그리고 손다이크는 16세기 후반의 천문학 교과서 집필자가 "코페르니쿠스 이론의 복잡함" 때문에 초심자를 위한 책에 기술한 것을 기록해 두며 "이 교육적 전통과 관성의 중하가 종교 측의 어떠한 반대 이상으로 코페르니쿠스 가설의 보급과 수용을 늦추었다"라고 기술했다.[208] 그러나 멜란히톤의 개혁은 특히 『회전론』 제2권 이후의 난해한 수학적 기술 부분을 음미하고 소화할 수 있을 정도의 천문학자를 수 명 길러내는 데 성공했다. 물론 그 절대수는 적었을 테지만 다른 유럽 나라들에 비교하여 독일의 비율이 현격하게 많았음은 인정할 수 있다. 이에 관하여 다시 한 번 웨스트먼을 인용해 두자.

독일 대학에서 코페르니쿠스의 이론을 채택하여 그 정도로 열심히 학습한 이유 중 하나는, 다름 아니라 그 기술적 내용을 이해할 능력을 지닌 일군의 유능한 수학적 천문학자 집단이 존재했기 때문이었다. 이것은 초기 인쇄의 역사가 『회전론』을 비텐베르크와 뉘른베르크에 결부시킨 것과 더불어 왜 1543년부터 1600년까지 신성로마제국에서 그 이론이 보다 널리 고찰되었는가를 설명할 것이다.[209]

어쨌든 코페르니쿠스 개혁의 참된 혁신성은 천문학의 입장에서 우주론적 문제를 판단한 것, 수학자가 철학자의 원리를 변경하도록 촉구했다는 것에 있었다. 즉 코페르니쿠스 이론은 수학적 · 기술적 천문학이 자연학적 · 철학적 우주론의 하위에 있어야 한다는, 당대까지의 학문 위계를 무너뜨릴ㅡ역전시킬ㅡ위험성을 품고 있었던 것이다. 이 점을 혜안으로 재빨리 알아차린 사람은, 이전에 살펴본 토로사니였다. 그러나 많은 대학 관계자와 교회 관계자는 그때까지도 그 점을 깨닫지 못했다. 이 점에서는 멜란히톤을 비롯해 비텐베르크의 교수들도 마찬가지였다. 그런 한에서 코페르니쿠스의 수학적 · 기술적 이론을 열심히 공부한 것이었다.

그러나 뉘른베르크의 프레토리우스나 볼로냐의 마지니가 코페르니쿠스의 자연학적 우주론의 주장을 무시하고 수학적 천문학 부분만을 높이 평가했던 1570년대나 1580년대에는, 실은 그러한 분리를 허용하지 않는 현상으로서 신성新星의 등장과 혜성이 천공의 사건이라는 발견을, 주요하게는 대학 밖에서 관측에 종사하는 실무가들practitioners이 잇달아 보고했다. 관측천문학은 새로운 국면에 접어든 것이다.

부록 B

코페르니쿠스 『회전론』의
행성 궤도

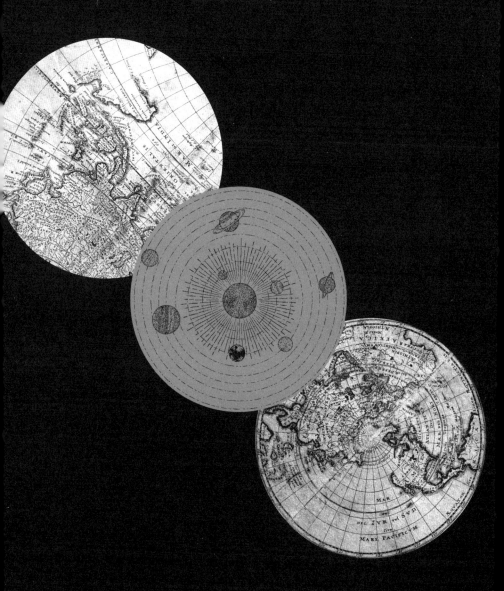

B-1. 소주전원 모델의 케플러 운동과의 비교

코페르니쿠스의 소주전원 모델에서는 그림5.5에서 FE의 중점 O를 원점, OA 방향으로 x 축, 그것에 직교하는 방향으로 y 축을 취하면 Q의 좌표 (x_Q, y_Q)는

$$x_Q = a \cos wt + \frac{1}{2}ea, \quad y_Q = a \sin wt,$$

또 P의 좌표 (x, y)는 $\angle PEA = \gamma$로 하면 이 경우 $\gamma = wt$이기 때문에

$$x = x_Q - \frac{1}{2}ea \cos 2wt = a \cos \gamma + ea \sin^2 \gamma, \quad \text{(B.1)}$$

$$y = y_Q - \frac{1}{2}ea \sin 2wt = a \sin \gamma - ea \sin \gamma \cos \gamma. \quad \text{(B.2)}$$

다른 한편 태양 중심계로 나타낸 프톨레마이오스의 등화점 모델(그림1.12(a))에서는(같은 P 점의 좌표를 (X, Y)로 나타내어), (A, 10)에서 $\gamma_P = \gamma$로 하고 e^2를 무시하는 근사에서 $\beta = \gamma - e \sin \gamma$ 이기 때문에[*1]

$$X = a \cos \beta = a \cos (\gamma - e \sin \gamma) + O(e^2)$$
$$= a \cos \gamma + ea \sin^2 \gamma + O(e^2),$$
$$Y = a \sin \beta = a \sin (\gamma - e \sin \gamma) + O(e^2)$$
$$= a \sin \gamma - ea \sin \gamma \cos \gamma + O(e^2)$$

[*1]   (A. 10) $\gamma_P = \gamma + e \sin \beta + \dfrac{e^2}{2} \sin 2\beta$에 의해
$$\beta = \gamma - e \sin (\gamma + O(e)) + O(e^2) = \gamma - e \sin \gamma + O(e^2)$$

따라서 이심률의 2차 (e^2) 이상을 무시하는 근사에서는 등화점 모델과 소주전원 모델은 동일한 결과를 준다.

이심률 e의 2차까지 취했을 때 어느 정도 차이가 나오는지를 보기 위해 케플러 운동과 비교해 보자. 코페르니쿠스 모델에서는 이심 아노말리를 $\angle POA = \beta$로 하여

$$x = \overline{OP} \cos\beta, \; y = \overline{OP} \sin\beta.$$

따라서 (B. 1), (B. 2)를 고려하면

$$\tan\beta = \frac{y}{x} = \frac{\sin\gamma - e\sin\gamma\cos\gamma}{\cos\gamma + e\sin^2\gamma}.$$

이에 따라 e^3을 무시할 수 있는 범위에서

$$\beta = \gamma - e\sin\gamma \quad \therefore wt = \gamma = \beta + e\sin\beta + \frac{e^2}{2}\sin 2\beta.$$

태양으로부터 행성까지의 거리는 같은 근사로

$$r = \overline{SP} = \sqrt{(x + ea)^2 + y^2} = a(1 + e\cos\beta = e^2\sin^2\beta).$$

이것을 부록 A-3의 등화점 모델의 경우에서, 마찬가지로 행한 계산과 비교하면, 코페르니쿠스의 소주전원 모델은 e의 2차까지의 범위에서 평균근점이각 平均近點離角 $\gamma = wt$에 관해서는 등화점 모델의 결과 (A. 10)과 완전히 같고 다른 한편 r에 관해서는 등화점 모델의 결과 (A. 7)과 비교하여 케플러 운동 (A. 13)에서 오히려 크게 벗어난다.[*2] 그렇다고 해도 그 차는 최대에서도 $e^2 a/2$로 극히 작고 원래 실제로 관측되는 것은 각도뿐이므로 프톨레마이오스의 것과 사실상 차이는 없다.

B-2. 외행성의 예로서의 토성 궤도 결정

코페르니쿠스의 『회전론』 제5권은 자신의 소주전원 모델에 기반하여 행성의 위도변화를 무시한 궤도 결정에 적용한다. 『회전론』의 가장 중요한 부분이다. 외행성에 대한 프톨레마이오스의 궤도는 이심원을 유도원으로 하는 주전원이고 주전원의 중심은 유도원상을 등화점 주변에서 등각속도로 회전한다. 행성이 충 oposition의 위치에 있을 때 태양 – 지구 – 행성 – 주전원의 중심이 일직선으로 늘어서므로 이때 행성을 관측하면 태양에서 본 주전원의 중심방향(일심황경)을 알 수 있다(그림 5.7(a)).

이 경우 주전원 운동은 지동설에서는 지구의 운동에 의한 착시이기 때문에 태양 중심에서 보면 유도원이 행성의 궤도이며 주전원의 중심이 행성의 위치를 나타낸다. 코페르니쿠스의 궤도는 이것을 소주전원으로 치환한 것이지만(그림 5.7(b)), 그 결정은 기본적으로는 충의 위치일 때의 행성 관측으로 주전원 중심의 운동을 구한 프톨레마이오스의 것과 다르지 않다. 『회전론』 제5권 5장에서 코페르니쿠스는 프톨레마이오스의 데이터에 기반하여 토성 궤도를 결정했고, 그것을 『알마게스트』의 결과와 비교하여 자기 모델의 유효성을 확인한 뒤 제6장에서 다시금 코페르니쿠스 시대의 관측 데이터에 기반하여 계산을 행했다. 여기서는 그 후자에

---

*2 (A. 7) $r_P = a(1 + e\cos\beta + \dfrac{e^2}{2}\sin^2\beta)$, (A. 13) $r_K = a(1 + e\cos\beta)$.

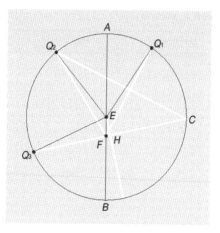

관해 조금 읽기 쉬운 형태로 나타냈다. 이하 그림 속 점의 알파벳 표기는 본문에 맞추기 위해 『회전론』의 것으로 바꾸었다. 코페르니쿠스의 수치는 전자계산기로 유효숫자의 행수를 많이 취해 사사오입한 것과는 4행째 정도에서 조금 다르지만, 여기서는 코페르니쿠스의 것을 기록했다. 또한 『회전론』에서는 여기저기서 "2 직각을 360로 한다"라는 익숙하지 않은 각도가 사용되고 있는데 여기서는 모두 통상의 각도로 고쳐서 표기했다.

　그림 B.1에서 프톨레마이오스 모델로 충opposition의 위치에서 관측할 때의 유도원 중심을 Q_1 Q_2 Q_3으로 한다. 코페르니쿠스는 제1근사에서 이 3점을 통하는 점을 행성 궤도로 하고 그 장단축을 AB(A가 원일점), 궤도중심을 E, AB상에서 중심에서 조금 벗어난 점 F에 지구 궤도의 중심(평균태양)이 있고 점 Q는 점 E의 주변을 일정각속도 w로 회전한다고 했다. 여기서 $w = 360 \div$ 공전주기. Q_3F의 연장선이 원주와 교차하는 점을 C라 한다. 사용한 관

표 B.1 토성이 충일 때의 경도(황경) 관측 데이터

토성의 방향	관측 일시 t	경도 λ
Q_1	1514년 05월 04일 22;48시	$205°24'$
Q_2	1520년 07월 13일 12;00시	$273°25'$
Q_3	1527년 10월 10일 06;24시	$0°07'$

변화량	시간차 Δt	경도차 $\Delta \lambda$	평균운동 $w\Delta t$
$Q_1 Q_2$	6년 70;33일	$\angle Q_1 FQ_2 = 68°01'$	$\angle Q_1 EQ_2 = 75°39'$
$Q_2 Q_3$	7년 89;46일	$\angle Q_2 FQ_3 = 86°42'$	$\angle Q_2 EQ_3 = 88°29'$

측 데이터는 표 B.1이다.

이에 따라 $\angle Q_2 FC$에 대해서,

$$\angle Q_2 FC = 180° - \angle Q_2 FQ_3 = 93°18',$$

$$\angle Q_2 CQ_3 = \frac{1}{2} \angle Q_2 EQ_3 = 44°14',$$

$$\therefore \angle FQ_2 C = 180° - 93°18' - 44°14' = 42°28'.$$

따라서 ($\sin\theta$의 값을 $20{,}000\sin\theta$로 나타내어)

$$\frac{\overline{Q_2 C}}{\overline{FC}} = \frac{\sin(\angle Q_2 FC)}{\sin(\angle FQ_2 C)} = \frac{19968}{13501} = 1.47900.$$

마찬가지로 $\angle Q_1 FC$에 대해서

$$\angle Q_1 FQ_3 = \angle Q_1 FQ_2 + \angle Q_2 FQ_3 = 154°43',$$

$$\angle Q_1 EQ_3 = \angle Q_1 EQ_2 + \angle Q_2 EQ_3 = 164°08',$$

$$\angle Q_1 FC = 180° - \angle Q_1 FQ_3 = 25°17',$$

$$\angle Q_1 CF = \angle Q_1 CQ_3 = \frac{1}{2} \angle Q_1 EQ_3 = 82°04'$$

$$\therefore \angle FQ_1C = 180° - 25°17' - 82°04' = 72°39'.$$

따라서

$$\frac{\overline{Q_1C}}{\overline{FC}} = \frac{\sin(\angle Q_1FC)}{\sin(\angle FQ_1C)} = \frac{8542}{19090} = 0.44745.$$

$\triangle Q_1CQ_2$에 대해서

$$\overline{Q_1C} = \frac{\overline{Q_1C}}{\overline{FC}} = \times \frac{\overline{FC}}{\overline{Q_2C}} \times \overline{Q_2C} = 0.30254\,\overline{Q_2C}.$$

또한 $\angle Q_1CQ_2 = \dfrac{1}{2}\angle Q_1EQ_2 = 37°49'.$

따라서

$$\overline{Q_1Q_2} = \sqrt{\overline{Q_1C}^2 + \overline{Q_2C}^2 - 2\overline{Q_1C} \cdot \overline{Q_2C}\cos(\angle Q_1CQ_2)}$$
$$= 0.78280\,\overline{Q_2C}.$$

다른 한편, $\triangle Q_1EQ_2$에 대해서 $Q_1\,Q_2\,Q_3$를 통하는 원(제1근사에서의 궤도원)의 반경을 a(코페르니쿠스에게는 10000)으로 하여

$$\overline{Q_1Q_2} = 2a\sin\left(\frac{1}{2}\angle Q_1EQ_2\right) = 1.2266a,$$

따라서 $\triangle Q_2EC,\ \triangle Q_3EC$에서

$$\overline{Q_2C} = \frac{\overline{Q_1Q_2}}{0.78280} = \frac{1.2266}{0.78280}a = 1.5664a,$$

$$\angle Q_2EC = 2\sin^{-1}(\overline{Q_2C}/2a) = 103°7',$$

$$\angle Q_3EC = 360° - \angle Q_2EQ_3 - \angle Q_2EC = 168°24',$$

$$\overline{Q_3C} = 2a\sin\left(\frac{1}{2}\angle Q_3EC\right) = 1.9898a,$$

다른 한편

$$\overline{FC} = \frac{\overline{Q_2 C}}{1.47789} = \frac{1.5664}{1.47789}a = 1.0599a.$$

따라서

$$\overline{Q_3 F} = \overline{Q_3 C} - \overline{FC} = 0.9299a.$$

여기서 $\overline{Q_3 F} \times \overline{FC} = \overline{AF} \times \overline{FB} = \overline{AE}^2 - \overline{EF}^2$를 사용하면 이심離心 거리

$$\overline{FE} = \sqrt{\overline{AE}^2 - \overline{Q_3 F} \times \overline{FC}} = 0.1200a \tag{B.3}$$

를 얻는다. 즉 이심률이 $e = 0.1200$.

또한 직선 $Q_3 C$로 점 E에서 내린 수직선의 교차점을 H라 하면

$$\overline{FH} = \frac{1}{2}\overline{Q_3 C} - \overline{Q_3 F} = \frac{1}{2} \times 1.9898a - 0.9299a = 0.0650a.$$

따라서 직각 삼각형 EFH에서

$$\angle EFH = \cos^{-1}\left(\frac{\overline{FH}}{\overline{EF}}\right) = 57°15' \quad \therefore \angle FEH = 32°45'.$$

이에 따라

$$\angle Q_3 EB = \frac{1}{2}\angle Q_3 EC - \angle FEH = 51°28',$$
$$\angle AEQ_3 = 180° - \angle Q_3 EB = 128°32'.$$

따라서 원일점 A에서 점 Q_1까지의 각도(경도차)는 동쪽 방향으로

$$\angle Q_1 EA = \angle Q_1 EQ_2 + \angle Q_2 EQ_3 - \angle AEQ_3$$
$$= 35°36'. \tag{B.4}$$

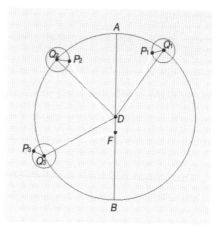

그림 B.2
코페르니쿠스의
외행성 궤도 결정(2)

이것은 토성의 원일점 경도가 제1근사에서

$$\lambda_a = 205°24' + 35°36' = 241°$$ (B.5)

임을 의미한다.

본문 (Ch. 5. 6)에서 설명했던 소주전원 이론에 기반하여 다시금 유도원의 중심을 FE 사이에서 평균태양 F에서 $\frac{3}{4}\overline{FE} = 0.0900a$ 거리의 점 D로 한다. 이때 행성은 구한 원 $Q_1 Q_2 Q_3$상의 중심을 가지고 변경 $r = \frac{1}{4}\overline{FE} = 0.0300a$의 소주전원 위를 주회한다. 점 Q_1, Q_2, Q_3에 대응하는 소주전원상의 행성 위치 P_1, P_2, P_3는

$$\angle DQ_iP_i = \angle ADQ_i,$$

$$i = 1, 2, 3$$ (B.6)

으로 주어진다(그림 B. 2).

이상이 코페르니쿠스 모델(태양중심이론)에서 토성 궤도의 제1

근사이다.

제2근사는 이렇게 하여 정해진 행성의 위치 P_1, P_2, P_3가 원래의 관측치를 올바르게 재현하도록 파라미터의 값을 수정함으로써 얻는다. 코페르니쿠스는 '독자에게 과대한 부담을 지우지 않도록 하기 위해'라는 이유로 그 상세한 바를 쓰지 않고 갑자기 결론을 기술했고, 그것이 관측치를 만족하고 있음을 사후적으로 나타냄으로써 그 올바름을 보여주었다.

그에 따르면, $\angle Q_1DA = 38°50'$, 따라서 원일점 경도가

$$\lambda_a = 205°24' + 38°50' = 244°14'. \tag{B.7}$$

또한 이심 거리와 소주전원 반경은 $\overline{DQ_i} = a(i = 1, 2, 3)$에 대해

$$\overline{FD} = 0.0854a, \quad \overline{P_iQ_i} = r = 0.0285a \quad (i = 1, 2, 3). \tag{B.8}$$

이때 $\triangle Q_1DF$에서 $\angle Q_1DF = 180° - 38°50' = 141°10'$이기 때문에

$$\overline{Q_1F} = \sqrt{\overline{DQ_1^2} + \overline{DF}^2 - 2\overline{DQ_1} \cdot \overline{DF}\cos(\angle Q_1DF)}$$
$$= 1.0679a,$$

따라서

$$\angle DQ_1F = \sin^{-1}\left(\frac{\overline{FD}}{\overline{FQ_1}}\sin\angle Q_1DF\right) = 2°52,$$
$$\angle DFQ_1 = 180° - 141°10' - 2°52' = 35°58'.$$

다른 한편, $\triangle Q_1FP_1$에서 $\angle DQ_1P_1 = \angle ADQ_1 = 38°50'$이기 때문에

$$\angle FQ_1P_1 = \angle FQ_1D + \angle DQ_1P_1 = 2°52' + 38°50'$$
$$= 41°42',$$

여기서 다시 $\overline{Q_1F}$, $\overline{Q_1P_1} = r$의 값을 사용하면

$$\overline{FP_1} = \sqrt{\overline{FQ_1}^2 + \overline{Q_1P_1}^2 - 2\,\overline{FQ_1} \cdot \overline{Q_1P_1}\cos(\angle P_1Q_1F)}$$
$$= 1.0468a,$$
$$\angle Q_1FP_1 = \sin^{-1}\left(\frac{\overline{P_1Q_1}}{\overline{P_1F}}\sin(\angle FQ_1P_1)\right) = 1°03',$$
$$\therefore \angle P_1FD = \angle P_1FD - \angle Q_1FP_1 = 35°58' - 1°03'$$
$$= 34°55'.$$

완전히 똑같이 하여 $\angle P_2FD = 33°05'$, 따라서

$$\angle P_1FP_2 = \angle P_1FD + \angle P_2FD = 68°0'. \tag{B.9}$$

이 결과는 관측치 $\angle P_1FP_2 = 68°1'$를 잘 재현한다.

마찬가지로 $\angle P_2FP_3$에 대해서 위에서 언급한 궤도에 기반하여 계산값 $86°42'$는 관측값을 정확하게 재현한다.

B-3. 코페르니쿠스의 지구 궤도 결정

『회전론』 제3권 16장에서 코페르니쿠스는 지구가 원궤도상을 중심 주변으로 등속회전한다는 가정에 기반하여 새로운 관점에서 지구 궤도(천동설에서는 태양 궤도)의 이심률과 원일점(천동설에서는 원지점) 경도를 아래와 같이 결정했다.

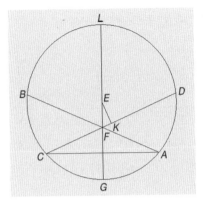

그림 B.3의 원은 지구 궤도로 E가 중심, F가 태양, L이 원일점, G가 근일점, A가 춘분점, B가 추분점, C가 천갈궁[전갈자리]의 중점(추분점과 동지의 중점으로 경도 225). 코페르니쿠스는 1515년의 관측값으로서 다음 세 값을 들었다.

$A \to B$: $(186 + 5.5/60)$일,

$B \to C$: $(45 + 16/60)$일,

$B \to A$: $(178 + 53.5/60)$일.

그러나 이것으로는 1년의 길이가 $(186 + 5.5/60)$일$+(178 + 53.5)$일$=(364 + 59/60)$일이 되고 올바른 값 $(365 + 1/4)$일에 맞지 않는다. 아래에서는 코페르니쿠스 자신이 했듯이 $B \to C$와 $B \to A$ 의 값만을 사용한다.

지구는 궤도의 중심 E 주변을 등속회전한다고 가정되기 때문에

$$\angle BEC = 360° \times \frac{45 + 16/60}{365 + 1/4} = 44°37',$$

$$\angle\,BEA = 360° \times \frac{178 + 53.5/60}{365 + 1/4} = 176°19',$$

$$\therefore \angle\,CEA = \angle\,BEA - \angle\,BEC = 131°42'.$$

다른 한편으로 물론 $\angle\,BFC = 45°$. 또 CF의 연장선과 원의 교점을 D로 하여

$$\angle\,AED = 2\angle\,ACD = 2\angle\,BFC - \angle\,BFC = 45°23',$$

$$\angle\,CED = \angle\,CEA + \angle\,AED = 177°5'.$$

이상에 의해 원의 반경을 a로 하여

$$\overline{CA} = 2a\sin(\angle\,CEA/2) = 1.82495a,$$

$$\overline{CD} = 2a\sin(\angle\,CED/2) = 1.99935a,$$

(『회전론』에서는 $a = 100000$로서, 각자 182494, 1999934).

여기서 $\angle\,FAC = \angle\,BAC = \angle\,BEC \div 2$임에 주의하고 $\triangle FAC$에 대한 정현정리(사인법칙)를 사용하면

$$\overline{CF} = \frac{\sin(\angle\,CAF)}{\sin(\angle\,CFA)}\overline{CA} = 0.97967a.$$

이에 따라 E에서 직선 CD로 내린 수직선의 교점을 K라 하여

$$\overline{FK} = \frac{1}{2}\overline{CD} - \overline{CF} = 0.02000a.$$

다른 한편 $\angle\,ECD = (180° - \angle\,CED) \div 2 = 1°27.5'$이기 때문에

$$\overline{EK} = a\sin(\angle\,ECD) = 0.02544a(『회전론』에서는 2534).$$

이상에 의해

$$\overline{EF} = \sqrt{\overline{EK^2} + \overline{FK^2}} = 0.03236a,$$
$$\angle EFK = \sin^{-1}(\frac{\overline{EK}}{\overline{EF}}) = 51°50'.$$

따라서 이심률 e와 원지점 경도 $\lambda = \angle AFL$은 각자

$$e = \frac{\overline{EK}}{\overline{EL}} = 0.03236 = \frac{1}{30.9},$$
$$\lambda = \angle AFC - \angle LFC = \angle AFC - (180 - \angle EFK)$$
$$= 96°50'.$$

『회전론』에서 코페르니쿠스가 얻은 값은 $e = 0.0323 = 1/31$, $\lambda = 96°40'$.

코페르니쿠스는 이 값이 프톨레마이오스가 구한 값(이 경우 이심 거리는 이심점에서 등화점까지의 거리): $e = 0.0213 = 1/24$, $\lambda = 65°30'$ 및 중세 이슬람 연구자가 구한 값, 즉 9세기 메소포타미아의 바타니: $e = 0.0346$, $= 82°17'$, 11세기의 코르도바의 자르칼리: $e = 0.0346$, $= 78°40'$을 모두 옳다고 보고 궤도가 변동하고 있다고 판단했다.

B-4. 코페르니쿠스의 지구 궤도 크기 결정

코페르니쿠스는 『회전론』 제4권 19장에서 프톨레마이오스가 월식 데이터로부터 지구 궤도 크기를 결정한 것과 같은 문제를 채택했다. 코페르니쿠스의 이 계산은 기본적으로 프톨레마이오

스의 것, 즉 (A. 25)식과 동일하고 사용하는 수치가 다를 뿐이다.[*3] 그러나 여기에서 코페르니쿠스가 관측 데이터를 자의적으로 조작했음을 확인할 수 있다.

이 테마를 둘러싸고 『회전론』의 초고, 그 수정, 그리고 1543년의 초판을 비교한 재니스 핸더슨에 따르면 프톨레마이오스가 사용한 값

$$r_{max} = 64 ; 10^r, \quad 2\alpha = 31'20'', \quad \alpha : \beta = 5 : 13$$

을 제1초고에서는,

$$r_{max} = 65 ; 30^r, \quad 2\alpha = 31'40'', \quad \alpha : \beta = 30 : 79$$

으로 치환(2α의 값은 원일점에서의 태양 시직경), 원일점 거리 $R = 1579^r$을 얻고, 나아가 이 값들을 난외에

$$r_{max} = 62^r, \quad 2\alpha = 31'40'', \quad \alpha : \beta = 150 : 403$$

으로 정정하여, 그 결과로서 원일점 거리 $R = 1179^r$을 얻는다(그림 B.4).[*4]

『회전론』이 인쇄된 판에서는 α의 값을 크게 한 것에 관해서는 "그것이 이전의 프톨레마이오스의 것보다 어느 정도 크게 되어

[*3] 코페르니쿠스 이론에서 각 행성 궤도의 중심은 프톨레마이오스의 평균태양 위치에 있기 때문에 코페르니쿠스의 지구 궤도는 프톨레마이오스의 태양 궤도에 일치한다.

[*4] Henderson(1973), p. 160. 이 파라미터들을 (A. 25)로 직접 대입하면 $\pi = 3.141$.로서 $R = 1179.8^r$. 코페르니쿠스는 조금 더 번거롭게 계산한 듯하며 도중의 수치를 사사오입하는 방식에 따라 값이 조금 변한다.

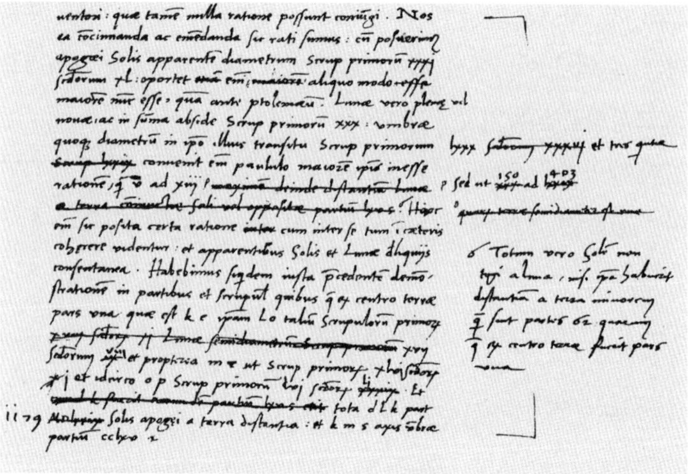

그림 B.4 코페르니쿠스 『회전론』 초고.
오른쪽 위 난외에 xxx(30)을 150으로, lxxix(79)를 403으로 고치고, 왼쪽 아래에서 MD lxxix(1579)를 1179로 수정했다.

있기 때문이다"라고 하며, 또한 $\alpha : \beta$의 프톨레마이오스의 것과 다른 두 종류의 값을 계산한 근거도 불명확하고 역시 간단히 "그 비들은 5:13보다 조금 큰, 즉 150:403으로 확인된다"라고만 했다.[5] 위에서 언급한 $\alpha : \beta$의 두 가지 값 30:79와 150:403에 관해서는 핸더슨은 '창작fictitious'이라 판정했다.[6] (A. 25)식의 분모는 극히 작고 사용하는 수치가 조금만 변동해도 결과가 크게 변화한

---

[5]   『회전론』 IV-19, folio 122r, Rosen역 p. 207, Wallis역 p. 712. 또한 코페르니쿠스는 이 원일점 거리 1179'과 앞에서 구한 지구 궤도의 이심률 $e = 0.0323$을 사용해 원일점 거리 1105', 평균 거리 1142'를 유도했다(『회전론』 IV-21).

[6]   Henderson(1973), p. 132.

다. 따라서 코페르니쿠스는 프톨레마이오스의 값 $R = 1210^r$ 에
가능한 한 가까운 값이 되도록 파라미터를 미묘하게 수정했다고
생각된다. 즉 이 경우 코페르니쿠스는 프톨레마이오스의 관측 데
이터를 무비판적으로 받아들였다기보다 프톨레마이오스의 계산
결과를 무비판적으로 수용했고 그에 맞도록 데이터를 조작했다
고 말할 수 있다.

주

상세한 참고문헌은 제3권의 「참고문헌」 목록을 확인하기 바란다. 복수의 인용 페이지를 나타내는 경우는 본문에서 인용한 순서대로 페이지를 배열했다.

잡지명, 전집명, 사전명, 저서명의 약칭

AHES   *Archive for History of Exact Sciences*

AIHS   *Archives Internationales d'Histoire des Sciences*

BJHS   *The British Journal for the History of Science*

DMA   *Dictionary of the Middle Ages*

DSB   *Dictionary of Scientific Biography*

GBWW   *Great Books of the Western World*

HMES   *History of Magic and Experimental Science* by Thorndike

JHA   *Journal for the History of Astronomy*

JHI   *Journal of the History of Ideas*

JKGW   *Johannes Kepler Gesammelte Werke*

JROC   *Johannis Regiomontani Opera Collectanea*

NC   *Nicolaus Coppernicus* by Prowe

SMBS   *A Source Book in Medieval Science*

SHPS   *Studies in History and Philosophy of Science*

TBOO   *Tycho Brahe Opera Omnia*

TCT   *Three Copernican Treatise* ed. by Rosen

TPW   *Theophrastus Paracelsus Werke*

제5장 니콜라우스 코페르니쿠스 ─ 태양계의 체계화와 세계의 일원화

1   Verger(1973), p. 157.

2   Adamczewski(1972), p. 35; Müller, G. M.(2001), p. 37.

3   Prowe, *NC*, I, p. 125; Adamczewski(1972), p. 76f.

4 Rashdall(1936), 中, p. 273. 다음도 보라. Knoll(1975), p. 22f.; McMenomy (1984), p. 97f.

5 Kren(1983), p. 23. 다음도 보라. Gascoigne(1990), p. 230.

6 Zeller(1944), p. 40 n,18; Zinner(1968), p. 183; Dreyer(1953), p. 306; Boas (1962), p. 70; Knoll(1975), p. 24f.; Pedersen(1978a), p. 330; Hall(1983), p. 57; Rosen(1984c), p. 59. 브루제프스키는 1945년까지 크라쿠프의 교수로 지냈고, 코페르니쿠스에게 천문학을 개인적으로 교수했다는 설도 있다: Dreyer (1906), p. 305f.; Sarton(1957), p. 57; Koyré(1961), p. 79 n. 18. 그러나 이것은 입증되지 않았다.

7 Zinner(1968), p. 183; Schmeider(1968), p. 317f.; Rose(1976), pp. 15, 120.

8 『第一解説(제1해설)』, *JKGW*, Bd. 1, p. 89, *TCT*, p. 111; Thorndike, *HMES*, V, p. 408 참조

9 Swerdlow(1973), p. 431; Rosen, *TCT*, p. 67 n. 21에서는 1502년 7월부터 1514년 5월 사이 Norlind(1953), p. 273에서는 1504년부터 1509년 사이.

10 『回転論(회전론)』 folio iijvf., 영역 p. 4f. [508], 高橋(다카하시)역 p. 15. 원저의 Nicetum(Nicetus)은 Hicetum(Hicetus)의 오식. 이하 영역 페이지는 Rosen 역[Wallis역]으로 표기한다.

11 졸저, 『一六世紀文化革命(16세기 문화혁명)』 참조

12 Rabelais, 『パンタグリュエル物語 第二之書(팡타그뤼엘 이야기 두 번째 책)』, p. 68.

13 Hayton(2004), p. 313f.

14 Eisenstein(1979), p. 591.

15 Sarton(1957), p. 57; Gingerich(1978), p. 407; idem(1975a), p. 91; idem (1975b), p. 203f.; Swerdlow & Neugebauer(1984), pp. 4, 49; Rosen(1976b), p. 73f.

16 Swerdlow(1973), p. 425f.; Swerdlow & Neugebauer(1984), p. 51; Hall(1983), p. 57; Shank(2002), p. 184; Dear(2001), pp. 23, 34, 일역 pp. 39f., 60; Westman (2011), p. 100.

17 Swerdlow(1973), p. 426; Hellman & Swerdlow, *DBS*, XV, 'Peurbach' 항목, p. 477.

18 『回転論(회전론)』 III-6, folio 69vf., 영역 p. 129[633].

19 Zeller(1944), p. 53; Prowe, *NC*, I-ii, p. 487 note.

20 Gingerich(1975b), p. 204.

21 Gingerich(1975b), p. 202; idem(1978), p. 401.

22 Gingerich(2004), p. 315f., p. 325. 다음도 보라. Gingerich(2002), p.XIV. 세계 각지의 도서관에 현존하는 『회전론』에 남겨진 메모 그 자체는 후자에 수록되어 있다.

23 『回転論(회전론)』 folio ijr, 영역 p. 4[507], 高橋(다카하시)역 p. 13f.

24 Goldstein(2002), p. 220.

25 『小論考(소논고)』 Prowe, NC, II, p. 187, Swerdlow역 p. 436, 高橋(다카하시)역 p. 84f., Rosen역 TCT, p. 59.

26 『回転論(회전론)』 I-4, folio 3r, 영역 p. 11[514], 高橋(다카하시)역 p. 22f.

27 Rosen(1987), p. 262.

28 Shank(2002), p. 184.

29 Swerdlow(1973), pp. 471~474. 다음도 보라. Byrne(2007), pp. 160~164.

30 『回転論(회전론)』 V-1, folio 133v-134r, 영역 p. 227f.[732f.].

31 『回転論(회전론)』 V-3, folio 141v, 영역 p. 241[742].

32 『回転論(회전론)』 I-5, folio 3r, 영역 p. 11[514], 高橋(다카하시)역 p. 23.

33 『回転論(회전론)』 III-15, folio 85r. 이 부분은 실은 초고에서는 난외에 쓰인 다음 선이 그어져 삭제되어 있다(초고 folio 95r). Rosen역 p. 155에는 그 취지를 기술한 뒤 괄호 안에 번역되어 있다. Wallis역의 해당 페이지(p. 654)에는 번역되어 있지 않다. Dreyer(1906), p. 319도 보라.

34 Stahl(1962), p. 94.

35 Kepler, 『擁護(옹호)』 라틴어 원문 p. 90, 영역 p. 141.

36 『分析論後書(분석론 후서)』 Bk. 1, Ch. 13, 78a22; 『形而上学(형이상학)』 Bk. 2, Ch. 1, 993b23.

37 『数学集成(알마게스트)』 IX-1, 영역 p. 419[270], 일역 p. 378. Price(1955), p. 95 참조.

38 『回転論(회전론)』 V-19, folio 160r, 영역 p. 270[777]. 이 부분 원문의 포토카피는 그림3.3b에 있다. Rosen역과 Wallis역에서는 원문의 'una, seru. XXXVIII, secunda LVII'이 평균에 맞도록 1p;39;57로 수정되어 있다.

39 『回転論(회전론)』 V-9, folio 149v, 영역 p. 254[757], V-14, folio 155r, 영역 p. 262[768].

40 『小論考(소논고)』의 다섯 행성 궤도 반경의 지구 궤도 반경을 단위로 한 값은 Prowe, NC, II, pp. 195(상위 3 행성), p. 198(금성), p. 200(수성), Swerdlow역, pp. 465, 490, 499, Rosen역 TCT, pp.74, 82, 86, 高橋(다카하시)역, pp. 90, 93,

95. Prowe의 것에서는 지구 반경을 25로 하고 화성 30, 토성 236 5/6이지만, Swerdlow, Rosen, 高橋(다카하시)의 역에 맞추었다. 웁살라 노트의 상세한 바 및 이 노트 해당 부분의 포토카피는 Swerdlow(1973), pp. 426~429; 高橋(다카하시)(1993), p. 180f.에 있다. 현재 알려져 있는 값은 『理科年表(이과연표)』의 수성 0.3871, 금성 0.7233, 화성 1.5237, 목성 5.2026, 토성 9.5549.

41 『ティマイオス(티마이오스)』38D; Kepler, 『擁護(옹호)』라틴어 원문 p. 129, 영역 p. 201.

42 『天体論(천체론)』II, 12, 29291.

43 Maimonides, *The Guide for the Perplexed*, II, 9, p. 163f.

44 포르피리오스에 관해서는 Gregory(1726), p. 191에도 있다. 표의 비트루지의 견해는 레기오몬타누스 『摘要(적요)』Bk. 9, Prop. 1에 따른 것이다. 코페르니 쿠스는 이것을 배웠으리라 생각된다: Rosen(1961b) 참조. 키케로에 관해서는 Dreyer(1906), p. 129 및 Stahl(1962), p. 80.

45 Bernardus Silvestris, 『中世思想原典集成 8(중세사상원전집성 8)』p. 505.

46 Campanus, *Theorica planetarum*, p. 334; Van Helden(1985), p. 42.

47 T_S의 값은 『回転論(회전론)』V-1.

48 『回転論(회전론)』I-10, folio 9rv, 영역 p. 21f[526], 高橋(다카하시)역 p. 38.

49 『天体論(천체론)』Bk. 2, Ch. 10, 291a34; Vitruvius, 『建築書(건축서)』Bk. 9, Ch. 1-14, p. 242.

50 Goldstein(2002) p. 220f.

51 『回転論(회전론)』I-10, folio 9v-10r, 영역 p. 22[528f.], 高橋(다카하시)역 p. 40.

52 『小論考(소논고)』Prowe, *NC*, II, pp. 196, 199, Rosen역 *TCT*, pp. 77, 83, 高橋(다카하시)역, pp. 91, 93. Rosen역에는 '시선을 변화시킨다aspectum variantis'는 없다.

53 『回転論(회전론)』folio iiijr, 영역 p. 5[508], 高橋(다카하시)역 p. 15f. '오랜 세월에 걸친 수많은 관측multa & longe observatione'은 Rosen역에서는 'long and intense study'.

54 『回転論(회전론)』folio iijv, 영역 p. 4[507], 高橋(다카하시)역 p. 14f.

55 Gingerich(1975a), p. 89f.

56 Price(1959a), p. 1994, 215f.; Hanson(1961), p. 175; Koyré(1961), pp. 101 n. 23, 106 n. 14, 108 n. 28; Wrightsman(1980), p. 55.

57 Westman(1980), p. 111. 다음도 보라. Price(1959a), p. 201.

58 『数学集成(알마게스트)』Bk. 3, Ch. 1, 영역 p. 131[77], 일역 p. 108. 두 영역에서 '365와 4분의 1일보다 약간 짧다exceeds 365 days by less than 1/4 day, be less than 365 1/4 days' 부분은 일역에서는 '완전히 365와 4분의 1일이 아니라'로 되어 있다.

59 『回転論(회전론)』III-1, folio 63v, 영역 p. 120[622f.].

60 『回転論(회전론)』III-3, folio 65v, 영역 p. 122[626], III-6, folio 69v, 영역 p. 129[632]. 상세한 바는 Goldstein(1994) 참조.

61 『数学集成(알마게스트)』Bk. 3, Ch. 1, 영역 p. 132[77f.], 일역 (Ch. 2) p. 109.

62 『小論考(소논고)』Prowe, NC, II, p. 191f., Rosen역 pp. 65, 67, 高橋(다카하시)역 p. 87f. 다음도 보라. 『回転論(회전론)』III-13, Rosen역 p. 144f.

63 Ravetz(1966). 이에 대한 비판은 Wilson(1975); Gingerich(1975a), p. 90 n. 19 등.

64 『小論考(소논고)』Prowe, NC, II, p. 185f., Rosen역, TCT, p. 57f., 高橋(다카하시)역 p. 83f.

65 『回転論(회전론)』V-2, folio 140v, 영역 p. 240[740]. Rosen역에서는 '다른 중심 주변에서 일정하게 될 수 있다는 것을' 부분이 '다른 중심 주변에서 일정하게 될 수 있는, 키케로가 생각하건대, 스키피오가 몽상조차 하지 않았던 관념을'로 되어 있다. "키케로가……"는 초고(folio 149r)에 한 번 쓰인 뒤에 가로선이 그어져 삭제된 문구이다.

66 Wilson(1975).

67 Kuhn(1957), p. 72, 일역 p. 103.

68 『第一解説(제1해설)』JKGW, Bd. 1, p. 116, Rosen역, TCT, p. 166.

69 TBOO, Tom. 1, p. 149; Moesgaard(1972), p. 32; TBOO, Tom. 4, p. 156, 영역 p. 258. 다음도 보라. TBOO, Tom. 7, p. 128; Lammens(2002), I, p. 197.

70 『回転論(회전론)』IV-2, folio 99v, 영역 p. 176[677].

71 Swerdlow(1973), p. 435. 마찬가지 견해는 Barker(1990), p. 319에 있다.

72 『新天文学(신천문학)』JKGW, Bd. 3, p. 75, 영역 p. 135.

73 Swerdlow(1976), p. 122.

74 Swerdlow(1976); Rosen(1975c); idem(1976a); idem(1984c), pp. 61~63.

75 N. Jardien(1982), p. 173 참조. Sarton(1957), p. 58에는 "그[코페르니쿠스]는 이 천구들의 실재를 믿을 수 없었다"라고 나와 있으나, 그 근거는 기록되어 있지 않다.

76 『新天文学(신천문학)』JKGW, Bd. 3, p. 73, 영역 p. 134; TBOO, Tom. 2, p.

398, Swerdlow(1976), p. 132.

77 Swerdlow(1973), pp. 425, 467; idem(1976), pp. 132f., 137; idem(1996), p. 234; Aiton(1981), p. 96; Hall(1983), p. 63; Swerdlow & Neugebauer(1984), pp. 57~60; Gingerich & MacLachlan(2003), p. 92f.; 高橋(다카하시)(1993), p. 185f. 이에 대한 비판은Goldstein(2002), p. 221f.

78 『第一解説(제1해설)』 JKGW, Bd. 1, p. 99, 영역, TCT, p. 135.

79 투시 등의 이론에 대한 알기 쉬운 설명은 Pedersen & Pihl(1974), pp. 271~277. 샤티르의 이론에 관한 상세한 바는 Roberts(1957); Kennedy & Robert (1959) 참조. 코페르니쿠스가 그 영향을 받았는지 아닌지에 관한 논의는 Neugebauer(1968), p. 89; Kennedy(1966), p. 377; Swerdlow(1996), p. 237; King(1996), p. 170f.; 高橋(다카하시)(1993), pp. 155~157 참조. 샤티르를 포함한 마가라학파의 수학적 기법이 포이어바흐를 통해 뉘른베르크의 베르너에게 전해졌다. 이윽고 코페르니쿠스에게 전해졌으리라는 추측에 관해서는 Dobrzycki & Kremer(1996) 참조.

80 Tredwell(2005), Appendix 5, p. 328f.; Duhem(1908), p. 72.

81 Neugebauer(1957), p. 197, 일역 p. 183.

82 『回転論(회전론)』 V-4, folio 142r, 영역 p. 242[742].

83 Price(1959a), p. 207, p. 217 note 8.

84 Neugebauer(1968), p. 92. 프톨레마이오스의 등화점 모델과 코페르니쿠스의 소주전원 모델의 준동등성에 관해서는 Swerdlow & Neugebauer(1984), p. 297; Pedersen & Pihl(1974), pp. 312~314 참조.

85 Small(1804), p. 111.

86 Swerdlow & Neugebauer(1984), p. 395.

87 Kozhamthadam(1994), p. 116.

88 『回転論(회전론)』 III-15, 20, folio 86r, 92r, 영역 pp. 156, 164[656, 666].

89 『新天文学(신천문학)』 Ch. 4, JKGW, Bd. 3, p. 75, 영역 p. 136.

90 Thorndike, HMES, V, p. 422.

91 『第一解説(제1해설)』 JKGW, Bd. 1, p. 126, Rosen역, TCT, p. 186f.

92 『神秘(신비)』 Ch. 19, JKGW, Bd. 1, p. 66, 영역 p. 191, 일역 p. 268.

93 『新天文学(신천문학)』 Ch. 19, JKGW, Bd. 3, p. 174, 영역 p. 281.

94 『回転論(회전론)』 V-6, 11, 16.

95 『回転論(회전론)』 V-30, folio 169v, 영역 p. 285[794].

96 『神秘(신비)』 Ch. 19, JKGW, Bd. 1, p. 68, 영역 p. 193, 일역 p. 272.

97 「ヴェルナー批判書簡(베르너 비판서간)」 Prowe, *NC*, II, pp. 175, 176f., Rosen역, *TCT*, pp. 97, 99.

98 Koestler(1959), p. 123, 有賀(아리가)역 p. 21.

99 *TBOO*, Tom. 7, p. 373; Blair(1990), p. 373.

100 『神秘(신비)』 Ch. 18, *JKGW*, Bd. 1, p. 64, 일역 p. 253, 영역 p. 185.

101 『神秘(신비)』 Ch. 18, *JKGW*, Bd. 1, p. 62, 일역 p. 247f., 영역 p. 181.

102 Tycho to Kepler, 29 Nov./9 Dec. 1599, *TBOO*, Tom, 7, p. 292~293; Blair (1990), p. 377.

103 Kremer(1981), p. 125.

104 Kremer(1981), p. 125f.; Gingerich(1975c), p. 101.

105 『神秘(신비)』 Ch. 18, *JKGW*, Bd. 1, p. 63f., 영역 p. 185, 일역 252f.

106 1596년 5월부 튀빙겐대학 학장대리에게 보내는 서간, *JKGW*, Bd. 13, p. 84.

107 Berry(1898), pp. 81f., 96; Armitage(1947), p. 100; Hall(1983), p. 136.

108 Zinner(1968), pp. 137f., 183.

109 『機械(기계)』 *TBOO*, Tom. 5, p. 45, 영역 p. 45, Dreyer(1890), p. 123f.; Christianson(2000), p. 87f.

110 『機械(기계)』 *TBOO*, Tom. 5, pp. 46, 47, 영역 pp. 46, 47.

111 Dobrzycki(1975), p. 28.

112 Gingerich(1975b), p. 201. 다음도 보라. Koyré(1961), p. 23.

113 *TBOO*, Tom. 7, p. 269; Blair(1990), p. 373. 다음도 보라. Gingerich(1975a), p. 3n. D.

114 Jarrell(1975), p. 16

115 『機械(기계)』 Ch. 18, *JKGW*, Bd. 1, p. 60, Bd. 8, p. 103f., 일역 pp. 244, 257; 『新天文学(신천문학)』 *JKGW*, Bd. 3, p. 20, 영역 p. 48.

116 『ルドルフ表(루돌프 표)』 *JKGW*, Bd. 10, p. 40f., 영역 p. 367.

117 Gingerich(1973a); Gingerich(1975c); Gingerich(1975a), p. 86; 高橋(다카하시)(1993), p. 191f. 참조.

118 Swerdlow & Neugebauer(1984), p. 293.

119 Gingerich(1975c), p. 104. 다음도 보라. Lammens(2002), I, p. 192.

120 『小論考(소논고)』 Prowe, *NC*, II, p. 184f., 202, Rosen역, *TCT*, pp. 57, 90, 高橋(다카하시)역 pp. 83, 97.

121 Fontenelle(1686), p. 47.

122 Armitage(1947), p. 146.

123 Kuhn(1970), p. 67f., 일역 p. 75f.; idem(1957), p. 73, 일역 p. 104.

124 Dingle(1951), p. 28f.; Armitage(1947), pp. 144, 146.

125 Bornowski & Mazlish(1960), p. 90.

126 Gingerich(1975a), p. 88; idem(1973b), p. 96, 일역 p. 97; idem(2004), p. 88.

127 Price(1955), p. 94.

128 Koestler(1959), pp. 192, 572f., 有賀(아리가)역 pp. 162, 224f.; Neugebauer (1957), p. 204, 일역 p. 189; Gingerich(1973b), p. 97, 일역 p. 97; idem(1975a), p. 87. 프톨레마이오스와 코페르니쿠스가 각자 실제로 사용하는 원의 수는 高橋(다카하시)(1993), p. 148 표 2.4, p. 191 표 5.1에 있다.

129 『回転論(회전론)』 I-10, folio 9v, 영역 p. 22[526~528], 高橋(다카하시)역 p. 38f.

130 Kearney(1971), pp. 106, 108; Kuhn(1957), p. 130, 일역 p. 186. 다음도 보라. Koyré(1961), p. 65; Yates(1964), p. 154, 일역 p. 241; French(1972), p. 118; Campion(2009), p. 197f. 단 Yates의 표현은 꽤 진중하다.

131 Rosen(1984c), p. 68.

132 『ヘルメス文書(헤르메스 문서)』 CH XVI-7, p. 404f., CH XI-7, p. 272.

133 Ptolemaios 『惑星仮説(행성가설)』 p. 7.

134 Guillaume de Conches, 『中世思想原典集成 8(중세사상원전집성 8)』 p. 327. 다음도 보라. Grant(1994), p. 452.

135 Bernardus Silvestris, 『中世思想原典集成 8(중세사상원전집성 8)』 pp. 520f., 506.

136 Fichino, *Three Books on Life*, Bk. 3, Ch. 21. 다음도 보라. Chastel(1954), pp. 143, 259; D. P. Walker(1958), p. 23; Westman(1977), p. 16f.

137 Ficino 「光について(빛에 관하여)」 p. 298f.

138 L. Digges, *A Prognostication*, folio 15v; Gregory, *The Elements*, p. 191.

139 Lattis(1994), pp. 75, 120, p. 234 n. 37, p. 243 n. 28. 다음도 보라. Westman (2011), p. 211.

140 Bernardus Silvestris, 『中世思想原典集成 8(중세사상원전집성 8)』 p. 532.

141 D. P. Walker(1972), p. 190.

142 Eliade(1968), p. 223.

143 Plinius, 『博物誌(박물지)』 제2권 4, I, p. 76.

144 『形而上学(형이상학)』 Bk. 12, Ch. 8, 1074a31; 『天体論(천체론)』 Bk. 2, Ch. 3, 286a12, Bk. 1, Ch. 3, 270b8.

145 『アリストテレス全集5(아리스토텔레스 전집 5)』 수록 『宇宙論(우주론)』 Ch. 6, 397b25.

146 Ovidius, 『変身物語(上)(변신이야기(상))』 p. 14.

147 『数学集成(알마게스트)』 Bk. 1, Ch. 1, 영역 p. 36[6].

148 Origenes, 『所原理について(원리들에 관하여)』 p. 133f.

149 Bernardus Silvestris, 『中世思想原典集成 8(중세사상원전집성 8)』 pp. 525, 536.

150 Thorndike, *The Sphere of Sacrobosco and its Commentators*, 라틴어 원문 p. 143, 영역 p. 199.

151 Buridan, *Quaestines*, Lib. II, Qu. 22, p. 233f., 『中世科学論集(중세과학논집)』 p. 258; Oresme, *Du ciel et du monde*, p. 534f., 『中世科学論集(중세과학논집)』 p. 340.

152 Pico della Mirandola, 『人間の尊厳について(인간의 존엄에 관하여)』 p. 15.

153 Bruno, 『無限・宇宙と緒世界について(무한, 우주와 세계들에 관하여)』 *Opere*, II, p. 97, 일역 p. 111.

154 Shakespeare, 『アントニーとクレオパトラ(안토니우스와 클레오파트라)』 제1막 제1장 p. 12, 제5막 제2장 p. 248.

155 Lattis(1994), pp. 120, 243 n. 28.

156 Willkins, *The Mathematical and Philosophical Works*, Vol. I, p. 190.

157 Lovejoy(1936), p. 107. 다음도 보라. Burke(1986), p. 287.

158 Cusanus, 『知ある無知(무지의 지)』 2권 11장 p. 136, 12장, p. 141. Koyré (1957), 일역 pp. 15~18 참조.

159 Galileo, 『星界の報告(별세계의 보고)』(Sidereus Nuncius _ 옮긴이) 영역 p. 45, 일역 p. 36.

160 Barker & Goldstein(1988), p. 306f.; Barker & Goldstein(1984), p. 150f.; Westman(1977), p. 26 참조.

161 Rheticus, 『コペルニクス体系擁護(코페르니쿠스 체계옹호.)』 in Hooykaas (1984), 원문 p. 51f., 영역 p. 79, 일역 p. 89.

162 Lindberg(2007), p. 276.

163 Kuhn(1957), p. 95, 일역 p. 135.

164 『自然学(자연학)』 Bk. 1, Ch. 1, 184a17; 『分析論後書(분석론 후서)』 Bk. 2, Ch. 19, 99b20, 100b5, 100a4.

165 『自然学(자연학)』 Bk. 7, Ch. 1, 242a50, b61.

166 Ovidius, 『変身物語 (上)(변신이야기(상))』 p. 12.

167 Lucretius, 『物の本質について(사물의 본질에 관하여)』 제5권 449, 534, pp. 228, 230.

168 Manilius, 『占星術または天の聖なる学(점성술 또는 하늘의 신성한 학)』 p. 40.

169 Boethius, 『哲学の慰め(철학의 위안)』 p. 417. p. 396도 보라.

170 Beda, 『中世思想原典集成 6(중세사상원전집성 6)』 p.88.

171 Guillaume de Conches, 『中世思想原典集成 8(중세사상원전집성 8)』 pp. 304, 366; Gilbertus Porretanus, 『같은 책』 p. 229; Bernardus Silvestris, 『같은 책』 pp. 493, 506.

172 Dante, *Convivio*, p. 162, 일역 p. 233f.

173 Buridan, *Quaestiones*, Lib. II, Qu. 22, p. 229f., 『中世科学論集(중세과학논집)』 pp. 253, 255.

174 Pedro de Medina, *Cosmographia*, 영역 p. 190.

175 Tolosani(1546/47), in Garin(1973), p. 37, 영역 Rosen(1975a), p. 538.

176 Tycho to Brucaeus, 16, Feb. 1584, *TBOO*, Tom. 7, p. 80, Blair(1990), p. 361; Tycho to Kepler, 1, Apr. 1598, *JKGW*, Bd. 13, p. 199, Voelkel(1994), p. 121.

177 Johnson(1937), p. 207f.

178 Lattice(1994), p. 124f.

179 Santillana(1955), p. 212. 다음도 보라. Fantoli(1993), p. 184.

180 Hooke(1674), p. 3.

181 Burtt(1932), p. 25, 일역 p. 36.

182 Johnson & Larkey(1934), p. 89.

183 『回転論(회전론)』 folio iiijv, 영역 p. 5[509], 高橋(다카하시)역 p. 16.

184 Koestler(1959), p. 152f., 有賀(아리가)역 p. 80f.; Rose(1976), p. 131; 高橋(다카하시)(1993), p. 169; Barker & Goldstein(2003), p. 348 등 참조.

185 『回転論(회전론)』 folio ijr, Rosen역 p.XXI, 高橋(다카하시)역 p. 11. Wallis역에는 포함되어 있지 않다.

186 『回転論(회전론)』 folio ijv-iijr, 영역 p. 3[506], 高橋(다카하시)역 p. 12f.

187 『回転論(회전론)』 folio 3r, 영역 p. 11[514], 高橋(다카하시)역 p. 23.

188 『数学集成(알마게스트)』 Bk. 1, Ch. 7, 영역 p. 45[12], 일역(Ch. 6) p. 13. '우스운'은 薮内(야부우치)역, Toomer에서는'ridiculous', Taliaferro역에서는 'absurd'.

189 『回転論(회전론)』 I-10, folio 9r, 영역 p. 20[529], 高橋(다카하시)역 p. 37.

190 Hooke(1674), p. 1.

191 이 경위에 관해서는 Moesgard(1972), p. 46f.; Schofield(1981), pp. 56f., 64~ 69; Gingerich & Westman(1988), p. 70f.; Blair(1990), pp. 364~367; Gingerich & Voelkel(1998), pp. 1~5 참조.

192 Chaucer, 「名声の館(명성의 집)」 p. 145f., line 730~746.

193 『回転論(회전론)』 I-9, folio 7r, 영역 p. 18[521], 高橋(다카하시)역 p. 33.

194 『回転論(회전론)』 I-4, 8, folio 2v, 6v, 영역 pp. 10, 17[513, 520], 高橋(다카하시)역 pp. 21, 32.

195 『回転論(회전론)』 I-8, folio 6r, 영역 p. 16[519], 高橋(다카하시)역 p. 30. Rosen역에서도 Wallis역에서도 'veritas'는 'reality'.

196 『回転論(회전론)』 I-4, 5, folio 3r, 3v, 영역 pp. 11, 12[514, 515], 高橋(다카하시)역 pp. 22, 24.

197 『回転論(회전론)』 I-10, folio 8v-9r, 영역 p. 20[525], 高橋(다카하시)역 p. 37.

198 『回転論(회전론)』 I-8, folio 6v, 영역, p. 17[520], 高橋(다카하시)역 p. 32.

199 『第一解説(제1해설)』 JKGW, Bd. 1, p. 100, TCT, p. 147f.

200 『天体論(천체론)』 Bk. 2, Ch. 3, 286a13.

201 『回転論(회전론)』 folio iiijv, 영역 p. 5[509], 高橋(다카하시)역 p. 16. 원문은 Mathemata mathematicis scribuntur. Rosen역에서는 Astronomy is written for astronomers.

202 원문 Garin(1973), p. 36, 영역 Rosen(1975a), p. 537, 일역 Westman(1986), p. 95f.

203 Bruno, 『聖灰日の晩餐(성회일의 만찬)』 Opere, I, p. 449, 영역 p. 57.

204 Gingerich(2002), p. 223; Westman(2011), p. 256.

205 Stevin, Principal Works, Vol. 3, p. 126f.

206 Kepler, 『擁護(옹호)』 라틴어 원문 p. 94, 영역 p. 146. 상세한 바는 졸저 『磁力と重力の発見(자력과 중력의 발견)』을 참조해 주셨으면 한다.

207 K. Müller(1963), p. 16.

208 Hanson(1961), p. 184.

209 『小論考(소논고)』 Prowe, NC, II, p. 186, Swerdlow역 p. 436, 高橋(다카하시)역 p. 84. dl 부분의 Rosen역('the sun is the center of the universe,' TCT, p. 58)의 부적절함에 관해서는 Swerdlow(1976), p. 112 참조. 다음도 보라. 『第一解説(제1해설)』 JKGW, Bd. 1, pp. 99, 103, Rosen역, TCT, pp. 136, 144. 이 Rosen역에 관해서는 Ch. 6. 3, 각주 *5 참조.

210 Dreyer(1906), p. 343.

211 Singham(2007), p. 32. 다음도 보라. Donahue(2006), p. 569.

212 Swerdlow(1976), p. 148; Westman(1975e), p. 421.

213 『神秘(신비)』Ch. 18, *JKGW*, Bd. 1, p. 60, 일역 p. 244, 영역 p. 179.

제6장 초기 코페르니쿠스주의자들 ─ 레티쿠스, 가서, 겜마

1   Melanchthon to Erasmus Ebner, 7 Jul. 1542, Danielson(2004), p. 458; idem (2006), p. 24, 일역 p. 34.

2   Barker & Goldstein(2003) §3, 특히 p. 350 참조.

3   앞의 인용도 포함 Rheticus to Heinrich Widnauer, 13 Aug. 1542. 원문은 Prowe, *NC*, II, p. 383f., Barker & Goldstein(2003), p. 363 n. 11, 영역 Wrightsman(1970), p. 352; Westman(1975e), p. 410; idem(1975a), p. 183; Danielson(2006), p. 98, 일역 p. 128.

4   Barker & Goldstein(2003) p. 356f. 참조. 기제가 알브레히트 공에게 보낸 서간은 Danielson(2004), 영역 p. 459, 원문 p. 469f; idem(2006), 영역 p. 211, 일역 p. 266f.

5   De Schepper to Dantiscus, 15 Jul. 1540, 영역 Lammens(2002), I, p. 62; Waterbolk(1974), p. 233f.

6   Dillenberger(1960), p. 42; Rosen, *TCT*, p. 10.

7   Rosen역, *TCT*, p. 109; Hooykaas(1984), p. 257 n. 4, p. 17.

8   Wrightsman(1970), p. 132 n. 70.

9   페트레이우스의 출판물에 관해서는 Shipmann(1967) 참조.

10   Barker & Goldstein(2003), p. 351.

11   Petreius to Rheticus, Aug. 1540, 영역 Swerdlow(1992), p. 273f.

12   Rosen, *TCT*, p. 10.

13   Thorndike, *HMES*, V, p. 412.

14   『神秘(신비)』 *JKGW*, Bd. 1, p. 9, 일역 p. 26f., 영역 p. 63.

15   Danielson(2006), pp. 204, 202, 일역 pp. 262f, 260. 다음도 보라. Kuhn(1957), p. 186. 일역 p. 263; Tredwell(2004), p. 306. 또한 『第一解説(제1해설)』은 그 뒤 1854년에 바르샤바에서 『回転論(회전론)』과 합본으로 출판되었고 1873년에도 토룬에서 출판되었다. 그리고 1884년에 Prowe의 『コペルニクス伝(코페르니쿠스 전기)』의 제2권에 수록되었는데 이것은 1967년에 복간되었다. 그리

고 다시 1938년 출판된 *JKGW*, Bd. 1에도 수록되었다.

16 절의 소제목들은 Prowe, *NC*에 수록된 것과 Rosen 영역에는 있지만 *JKGW*, Bd. 1에 수록된 것에는 난외의 주로서 기록되어 있을 뿐이다. 또한 절 번호는 원저에도 없고 편의를 위해 山本(야마모토)가 붙인 것이다. 이하 『第一解說 (제1해설)』에서 인용한 것은 이 절번호를 주기하여 원전에 대해서는 *JKGW*, Bd. 1의 페이지, Rosen의 영역에 대해서는 *TCT*의 페이지로 기록했다.

17 앞 절의 인용도 포함하여 『第一解說(제1해설)』 §8, *JKGW*, Bd. 1, p. 100. *TCT*, p. 137f.

18 『第一解說(제1해설)』 §8, *JKGW*, Bd. 1, p. 101, *TCT*, p. 140.

19 『第一解說(제1해설)』 §13, *JKGW*, Bd. 1, 115, *TCT*, p,165.

20 『第一解說(제1해설)』 §10, 6, *JKGW*, Bd. 1, pp. 105, 97, *TCT*, pp. 147, 132.

21 Shank(2002), p. 185.

22 *JKGW*, Bd. 1, p. 83, 영역 Lammens(2002), I, p. 99.

23 『第一解說(제1해설)』 §13, *TCT*, p. 168. 『パイドロス(파이드로스)』 266B.

24 『第一解說(제1해설)』 §10, *JKGW*, Bd. 1, p. 105, *TCT*, p. 146.

25 B. H. Bennett(1999), p. 28.

26 『第一解說(제1해설)』 §10, *JKGW*, Bd. 1, p. 105, *TCT*, p. 147.

27 Galileo 『天文対話(下)(천문대화(하))』 p. 89.

28 『小論考(소논고)』 Prowe, *NC*, II, p. 186, *TCT*, p. 58, 高橋(다카하시)역 p. 84; 『回転論(회전론)』 I-10, folio 10r, 영역 p. 22[529], 高橋(다카하시)역 p. 40. '거대한'의 원어는 tantus. Rosen역에서는 so vast, Wallis역에서는 exceedingly fine. 여기서는 '거대한'이 옳을 것이다.

29 『数学集成(알마게스트)』 Bk. 1, Ch. 6, 영역 p. 43[11f.].

30 『回転論(회전론)』 I-10, 11, folio 9r, 10v, 영역, pp. 20, 23[526, 530], 高橋(다카하시)역 pp. 38, 41.

31 『回転論(회전론)』 I-10, folio 10r, 영역 p. 22[529], 高橋(다카하시)역 p. 40.

32 『天体論(천체론)』 Bk. 1, Ch. 5, 271a33.

33 Capanus of Novara, *Theorica planetarum*, p. 342f.

34 『回転論(회전론)』 I-8, folio 6r, 영역 p. 16[519], 高橋(다카하시)역 p. 30.

35 초고 folio 13r, Rosen역, p. 26.

36 『天体論(천체론)』 Bk. 1, Ch. 5, 272a19-20.

37 Koyré(1957), p. 30, 일역 p. 24.

38 Plinius, 『博物誌(박물지)』 제2권 1, I, p,74.

39 『第一解説(제1해설)』§10, *JKGW*, Bd. 1, p. 104, 영역 *TCT*, p. 144f.

40 Huizinga(1920), p. 103.

41 『第一解説(제1해설)』§15, *JKGW*, Bd. 1, p. 126, *TCT*, p. 185.

42 Danielson(2004), p. 457.

43 이 단락의 기술은 주로 Thorndike, *HMES*, V, pp. 390~392, Vol. 6, p. 267;
Danielson(2004), p. 457f; Westman(2011), pp. 109, 116f.에 따랐다. 가서의 점
성술 예언에 관해서는 Grafton(1999), pp. 46f., 56f., 일역 pp. 67~69, 83f. 참조.

44 피겔리에 관하여 Danielson(2004)과 Westman(2011)에서는 Vögeli, Danielson
(2006)에서는 Vögelin. 전자를 채용했다.

45 원문은 Prowe, *NC*, II, p. 288f. footnote; Danielson(2004), 원문 p. 469f, 영역
pp. 460~462; idem(2006), 영역 p. 212f, 일역 p. 267~270.

46 Prowe, *NC*, I-ii, p. 427 footnote, 원문; Danielson(2004), 원문과 영역 pp.
462f; idem(2006), 영역 p. 80f, 일역 p. 105f. 『第一解説(제1해설)』 제2판 속표
지의 포토카피는 ibid, p. 81, 일역 p. 107에 있다.

47 Danielson(2004), 영역 p. 464f, 원문(독일어) p. 470f; idem(2006), 영역 p. 214,
일역 p. 271f.

48 Danielson(2004), 영역 pp. 465~467, 원문 p. 471f; iden(2006), 영역 p. 216, 일
역 p. 275f.

49 '겜마 프리시우스'는 라틴명으로 '프리시우스'는 프리슬란트 출신을 나타낸다.
George Kish의 전기(1967)에 따르면 Gemma는 성surname, Frisius는 별명
nickname, Christian name은 알려져 있지 않다고 하지만(p. 4), 『科学伝記辞典
(과학전기사전)』의 Kish가 작성한 'Gemma Frisius' 항목에서는 Gemma Reiner
Frisius라고 한다. 네덜란드인 수학사가 Anton Struik의 책 *Het Land van
Stevin en Huygens*(p. 37)에서는 Reinier Gemma, 그 영역 *The Land of
Stevin and Huygens*(p. 25)에는 Gemma Reyneri or Jemme Reiniersz, 그리고
네덜란드의 연구자 Lammens의 Ph. D. Thesis(I, p. 14)나 Van Nouhuys의 책
(1998, Index)에서는 라틴명 Gemma Regnerus Frisius.

50 베살리우스Vesalius의 책 *De humani corporis fabrica*의 원문에는 'celebri
Medico ac paucissimis conferendo Mathematico'라 하는데, 오말리O'Malley가
쓴 베살리우스의 전기의 인용과 그 일역에서는 "고명한 의사이자 수학자
celebrated physician and mathematician"라고 간단하게 되어 있고 수학자로서의 높
은 평가 부분이 빠져 있다: Vesalius(1543), p. 161; O'Malley(1964), p. 64, 일역
p. 142.

51 Lammens(2002), I, p. 18.

52 Westman(1980), pp. 117~119; Rutkin(2002), p. 143f.; Hayton(2004), p. 191 등 참조.

53 Lammens(2002), I, p. 30.

54 Kish(1967), p. 5.

55 Lammens(2002), I, p. 7.

56 Van der Krogt(1993), pp. 46, 40f.; Lammens(2002), I, p. 54f.

57 Van der Krogt(1993), p. 58; Karrow Jr.(1993), p. 377; Crane(2002), pp. 75~77; Lammens(2002), I, p. 56f.

58 Lammens(2002), I, pp. 58, 127; Herlihy(2007), p. 111.

59 Waterbolk(1974), p. 225.

60 적도천구의armillae aequatoriae에 관하여: Karrow Jr.(1993), p. 208f.; Dreyer (1890), p. 316f.; Thoren(1990), p. 174; Lammens(2002), I, p. 42 참조.

61 Lammens(2002), I, p. 44.

62 상세한 바는 Roche(1981), pp. 16~18; Goldstein(1987) 논문참조.

63 *TBOO*, Tom. 5, p. 107, 영역 p. 108. 다음도 보라. Thoren(1990), p. 18.

64 John Blagrave, *The Mathematicall Jewell*은 1971년에 Da Capo Press에서 복간판이 나왔다. North(1966/67), p. 64f. 참조.

65 Lammens(2002), I, p. 46f.

66 Starker(1981), p. 269f; Lammens(2002), I, p. 174; Crombee(1994), II, p. 1115.

67 Lammens(2002), I, p. 50f. 다음도 보라. Thorndike, *HMES*, VI, p. 13.

68 Melanchthon, *Orations*, p. 114. 이 강연이 레티쿠스의 것임은 Ch. 2, 주 197 참조.

69 Lammens(2002), I, p. 25.

70 Lammens(2002), I, p. 56.

71 Thevet 『南極フランス異聞(남극 프랑스의 특이한 것들)(원제 'Les singularitez de la France Antarctique' _ 옮긴이)』 p. 491.

72 Van der Krogt(1964), p. 77. 제22장의 '상승궁'도 '집'도 점성술을 위한 것이다.

73 이 부분의 원문 포토카피와 영역은 Pogo(1935) 논문 및 Andrewes ed., *The Quest for Longitude*, Appendix C, pp. 389~392에 있다. 일역은 Howse (1980), p. 11f.(단 무슨 까닭인지 「제19장」이라고 되어 있다). 또한 이 부분은 1555년에 영국인 Richard Eden이 영역하여 자신의 저서 *Decades of the New World*(신세계의 수십 년)에 수록했다. 그 영문은 Karrow Jr.(1993), p. 207 및

Kish (1967), p. 12f.에 실려 있다.

74 Lammens(2002), I, p. 175f.

75 Cipolla(1967), p. 37f, Ch. 1, §2, n. 11, p. 51, Ch. 1, §4, n, 4; Landes(2000), p. 90; A. Lloyd(1957), p. 554f.; Taylor(1934), p. 78; idem(1956), p. 245.

76 Karrow Jr.(1993), p. 207; Pogo(1935), p. 470.

77 Andrewes ed., *The Quest for Longitude*에 수록된 논문들 및 Sobel(1995) 참조. 다음도 보라. Carter & Muir ed.(1983), p. 125 no. 208.

78 전문의 포토카피는 Pogo(1935) 논문에 있다. 기본적 부분의 라틴어 인용은 Taylor(1935), pp. 144~148. 다음도 보라. Lindgren(2007), p. 483f.

79 Richeson(1966), p. 14.

80 Karrow Jr.(1993), p. 211; D. E. Smith(1908), pp. 200~208.

81 D. E. Smith(1908), p. 201; Struik(1936), p. 46. 다음도 보라. 山本(야마모토)(2009), pp. 393~396.

82 그림8.2. Struik(1936), p. 48; D. E. Smith(1908), p. 201; Moran(1981), p. 260.

83 Westman(2011), p. 179; Lammens(2002), I, pp. 25, 52f. 헤밍거의 점성술 비판은 Thorndike, *HMES*, VI, pp. 193~195; Westman(2011), p. 227, 고가바에 관해서는 Westman, ibid., p. 180 참조.

84 Taylor(1930), p. 256; Karrow Jr.(1993), p. 214. C.F.Smith(1909), p. 8; French (1972), 일역 pp. 34, 190 참조.

85 Crane(2002), p. 187f.

86 Lammens(2002), I, p. 200.

87 Lammens(2002), I, p. 30.

88 Lammens(2002), I, p. 46f.

89 Crane(2002), p. 63; Vocht(1961), pp. 73f, 222; Waterbolk(1974), pp. 227, 230; Lammens(2002), I, p. 33.

90 Vocht(1961), p. 343; Waterbolk(1974), p. 228 참조.

91 Armitage(1947), p. 119; Adamczewski(1972), p. 198f.; Koestler(1959), Pt. 3, 1-14.

92 Gemma to Dantiscus, 20 Jul. 1541, 영역 Lammens(2002), I, pp. 60, 101f. 라틴어 전문은 Vocht(1961), pp. 344~347; Lammens, ibid., p. 212f.

93 Lammens(2002), I, pp. 61~64; Danielson(2004), p. 459; idem(2006), 일역 pp. 104, 150f.는 『第一解説(제1해설)』, Prowe, *NC*, I-ii, p. 283f., Waterbolk(1974), p. 228f.는 『小論考(소논고)』의 비판.

94 Gemma to Dantiscus, 7 Apr. 1543. 라틴어 전문은 Lammens(2002), I, p. 214f.; Vocht(1961), pp. 356~358. 해당 부분은 Vocht, p. 358, 영역 Lammens (2002), I, p. 65; Waterbolk(1974), p. 230.

95 Dantiscus to Gemma, 29 Jan. 1543, 영역 Lammens, ibid., p. 64f. 라틴어 전문은 Waterbolk, ibid., Appendix III, p. 241.

96 Lammens(2002), I, pp. 108f., 155f.; Duhem(1908), p. 69; Westman(2011), p. 180.

97 Duhem(1908), p. 91; Thorndike, *HMES*, V, p. 411.

98 이 장의 전문 영역은 Goldstein(1987), pp. 171~173에 있다.

99 Lammens(2002), I, p. 169f.; Goldstein(1987), p. 172f.

100 Lammens(2002), I, p. 172f.

101 Lammens(2002), I, p. 66; Gingerich(2002), p. 147.

102 Lammens(2002), I, p. 10f.

103 North(1975), p. 181.

104 Johnson(1937), p. 134; Taylor(1954), p. 317; Boas(1962), p. 93; French (1972), p. 108; Thorndike, *HMES*, VI, p. 18.

105 서간의 전문은 Lammens(2002), I, pp. 216~218. 스타디우스의 『エフェメリデス(에페메리데스)』의 서문 후반부분의 포토카피는 McColley(1937), p. 324에, 해당 부분의 영역은 Lammens(2002), I, pp. 110, 195; Gingerich & Westman (1988), p. 42f.; Westman(2011), p. 182에 있다. 다음도 보라. Hallyn(2004), pp. 75ff.

106 Thorndike, *HMES*, VI, p. 14. 스타디우스의 『エフェメリデス(에페메리데스)』에 관해서는 ibid., pp. 13~15 참조. 다음도 보라. Wightman(1962), I, p. 116.

107 Stevin, *Principal Works*, Vol. 3, p. 116. 다음도 보라. Devreese & Van den Berghe(2001), pp. 298, 301.

108 Heath(1932), p. 124f.; Duhem(1908), p. 11.

109 Duhem(1908), p. 28.

110 Grant(1962), p. 215.

111 Lammens(2002), I, p. 147.

112 Tolosani(1546/47) in Garin(1973), p. 35f., 영역, Westman(1986), p. 95f.; Westman(2011), p. 196. 다음도 보라. Westman(1980), §2.

113 Tolosani(1546/47) in Garin(1973), p. 42, 영역, Westman(1986), p. 96.

114 Rosen(1975a), p. 542.

1 『回転論(회전론)』 영역 p.XXI(505), 高橋(다카하시)역 p.9.「読者へ(독자에게)」의 독역은 Prowe, *NC*, I-ii, pp. 526~528에 있다.

2 N. Jardine(1984), 라틴어 원문 p. 97, 영역 p. 152; Prowe, *NC*, I-ii, 라틴어 원문 p. 522; Duhem(1908), p. 68; Wrightsman(1970), 영역 p. 193, 라틴어 원문 p. 231; 高橋(다카하시)(1993), p. 172.

3 N. Jardine(1984), 라틴어 원문 p. 98, 영역 p. 153; Prowe, *NC*, I-ii, 라틴어 원문 p. 523; Duhem(1908), p. 69; Wrightsman(1970), 영역 p. 194, 라틴어 원문 p. 231f.; 高橋(다카하시)(1993), p. 172.

4 Giese to Rheticus, 26 Jul. 1543. 라틴어 전문은 Prowe, *NC*, II, pp. 419~421, 영문 전체 번역은 『回転論(회전론)』 Rosen 영역 p. 339f. 에 있다. 주요부분의 영역은 Wrightsman(1970), p. 196.

5 Bruno, *Opere italiane*, 1, p. 491f. , 영역 p. 95.

6 Johnson & Larkey(1934), p. 79.

7 『擁護(옹호)』 in N. Jardine(1984), 라틴어 원문 p. 97, 영역 p. 152, 앞의 1541년 오시안더가 코페르니쿠스와 레티쿠스에게 보낸 서간도 케플러의 이 책에 게재되었다.

8 Gingerich(2002), pp. XVII, 220f. , 308; Christianson(1973), p. 6 n. 16.

9 Kepler to Fabricius, 1 Aug. 1607, *JKGW*, Bd. 16, p. 16.

10 『新天文学(신천문학)』 *JKGW*, Bd. 3, p. 6, 영역 p. 28.

11 Westman(1975d), p. 304; Gingerich(2002), pp.XVIII, 308.

12 Praetrius to Herwart von Hohenburg, Koestler(1959), p. 169f. , 有賀(아리가)역 pp. 115, 117. 다음도 보라. Wrightsman(1970), p. 195.

13 Duhem(1908), p. 66.

14 Duhem(1914), p. 51.

15 Dijksterhuis(1950), pp. 296~298.

16 Prowe, *NC*, I-ii, p. 534.

17 Wrightsman(1975), p. 235; N. Jardine(1979), pp. 148~150 참조.

18 Thomas 『神学大全(신학대전)』 Pt. 1, Qu. 32, Art.1, 일역 3, p. 107.

19 Byrne(2007), p. 67; Rosen(1984c), p. 52; Grant(1994), p. 281 참조.

20 Richard of Wallingford, North ed.(1976), p. 278. 다음도 보라. McMenomy (1984), p. 296; Rosen(1984c), p. 58, Byrne(2007), p. 83. 월링포드의 리처드에

관해서는 Gimpell(1975), pp. 173~177; Thorndike, *HMES*, III, pp. 119ff.이 상세하다.

21 McMenomy(1984), p. 223.

22 『回転論(회전론)』 folio iiijr, 영역 p. 5[508], 高橋(다카하시)역 p. 15. '허구로 만들다'의 원어는 'fingere'로 라틴어 사전에는 '만들다, 마음으로 그리다, 날조하다, 모조하다' 등.

23 『回転論(회전론)』 III-15, folio 86r, 영역 p. 156[656].

24 F. Bacon 『ベーコン随想集(베이컨 수상록)』 p. 83.

25 Lammens(2002), I, p. 156.

26 Rosen 『回転論(회전론)』 영역 p. 333.

27 Danielson(2006), p. 110, 일역 p. 143에 사진이 있다.

28 Duhem(1908), p. 65.

29 Hooykaas(1984), 원문 pp. 48, 53, 영역 pp. 72, 81, 일역 pp. 72, 94.

30 Rosen(1957), p. 287; Hooykaas(1984), 일역 p. 289 n. 20; Wrightsman(1970), p. 214.

31 『擁護(옹호)』 in N. Jardine(1984), p. 97.

32 Voisé(1975), p. 309.

33 Rosen(1957), p. 291; Strauss(1966), p. 252; Mendelssohn(1976), p. 78.

34 오시안더에 관한 다음 절의 기술은 기본적으로 Wrightsman의 두 논문에 의거했다.

35 D. E. Smith(1908), p. 100f.; Wrightsman(1970), pp. 19, 76, 118.

36 Wrightsman(1970), p. 137.

37 Scribner & Dixon(2003), p. 34; Elton(1963), p. 40.

38 Flake(1929), p. 186; Strauss(1966), pp. 160~162; Skinner(1978), p. 309; Lytle (1983), p. 19.

39 Strauss(1966), p. 164.

40 Wrightsman(1975), p. 218.

41 Warburg(1920) 『ヴァールブルク著作集 6(바르부르크 저작집 6)』 pp. 58~60.; 藤代(후지시로)(2006), p. 213.

42 Dargan(1905), p. 118f.

43 Ravetz(1966), p. 88.

44 Cardano(1545), p. 2. 카르다노 서문의 전문영역은 Wrightsman(1970), p. 112f.; Wrightsman(1975), p. 231f.에 있다.

45 Wrightsman(1970), p. 435 n. 29; Wrightsman(1975), p. 231 n. 40.

46 Wrightsman(1970), pp. 35, 49.

47 Westman(2011), p. 198.

48 Ore, 'Foreword' to *The Great Art of Cardano*, p. xiii.

49 Waterbolk(1974), p. 227.

50 Tolosani(1546/47) in Garin(1973), p. 38; Rosen(1975a), p. 538.

51 Wrightsman(1970), p. 190f.; Gingerich(2002), pp. XVII, 220; Gingerich(2004), p. 207f.; Danielson(2002), p. 113, 일역 p. 146f.; Westman(2011), p. 265.

52 Koyré(1961), p. 37; Duhem(1908), p. 117.

53 『回転論(회전론)』영역 p. XX[506], 高橋(다카하시)역 p. 10.

54 Maimonides, *The Guide for the Perplexed*, Pt. II, 24, p. 198. 다음도 보라. Duhem(1908), p. 33; Kellner(1991), p. 458.

55 Wrightsman(1970), Ch. 4, section 3, 4; idem(1975), pp. 226~228.

56 Cusanus, 『知ある無知(무지의 지)』, pp. 85, 137, 139f.; 졸저, 『磁力と重力の発見 2(자력과 중력의 발견 2)』 p. 312f. 참조.

57 Cusanus, 『知ある無知(무지의 지)』 pp. 135, 13, 75, 153.

58 Grant(1996), p. 142, 일역 p. 224.

59 Buridan, *Quaestiones*, Lib. II, Qu. 22, p. 229, 『中世科学論集(중세과학논집)』 p. 253. 다음도 보라. Clagett(1959), p. 595.

60 Oresme, *Du ciel et du monde*, pp. 520~538, 『中世科学論集(중세과학논집)』 pp. 332~343. 인용부분은 각자 pp. 520f., 522f., 530f., 536f., 및 pp. 332f., 338, 342f. 다음도 보라. Clagett(1959), p. 606; Grant(1962), p. 210f.

61 Riesenhuber(2002), p. 376. Verger(1973), p. 125f.; 西藤(사이토)(2012), 부록 1.

62 Wrightsman(1970), p. 106.

63 Wrightsman(1970), pp. 123, 314.

64 Scribner & Dixon(2003), pp. 30f., 19.

65 『ザクセンシュピーゲル・ラント法(작센슈피겔 란트법)』 p. 36.

66 Walther von der Vogelweide, 『ミンネザング(ドイツ中世抒情詩集)(민네장(독일중세서정시집))』 p. 309.

67 『岩波キリスト教辞典(이와나미 기독교 사전)』「終末論(종말론)」항목.

68 Paracersus, *Astronomia Magna*, p. 203f.

69 Dante, *Convivio*, II-xiv, p. 134, 일역, 제2편 제15장 p. 180(이탈리아어판과 일역에서 제2편 제3장 이후의 장번호가 어긋나 있다).

70 Smoller(1991), pp. 5, 258; idem(1994), pp. 4, 106.

71 青木(아오키)편,『完訳 コロンブス航海誌(완역 콜럼버스 항해지) p. 456f.

72 Scribner & Dixon(2003), p. 63f.; Kaufmann(2006), pp. 28, 33f.

73 Zambelli(1986b), p. 239 n. 1; Hayton(2004), p. 393 n. 56; Grafton(1999), pp. 32f., 53, 일역 p. 46., 77; Thorndike, *HMES*, V, p. 181; 森田(모리타)(2008), p. 36; idem(2013), p. 100.

74 森田(모리타)(2008), p. 47f.; idem(2013), p. 76.

75 Thorndike, *HMES*, V, p. 202; 森田(모리타)(2008), p. 48f.

76 Thorndike, *HMES*, V, p. 223; Hayton(2004), p. 396.

77 Strauss(1959), p. 4. 다음도 보라. Westman(2011), p. 119.

78 Melanchthon, 'Oration on Oriton,' in Hammer(1951), p. 316.

79 Warburg(1920),『ヴァールブルク著作集 6(바르부르크 저작집 6)』pp. 90, 45, 98.

80 Wrightsman(1970), pp. 102, 122; Wrightsman(1975), p. 229.

81 Scribner & Dixon(2003), p. 19.

82 Hayton(2004), p. 418.

83 White Jr.(1978), p. 299.

84 Cassiodorus,『中世思想原典集成 5(중세사상원전집성 5)』p. 396f.

85 Calvin,「占星術への警告(점성술에 대한 경고)」p. 155.

86 Wrightsman(1970), p. 81f. 페스트에 관한 오시안더 논고의 상세한 바는 佐々木(사사키)(2011), pp. 69~71 참조.

87 Zambelli(1986a), p. 2.

88 Augustinus,『神の国5(신국 5)』Bk. 21, Ch. 8, p. 292.

89 Plotinus,『エネアデス(에네아데스)』II, 3, p. 396.

90 Tester(1987), pp. 153, 158.

91 Wrightsman(1970), p. 101f; Wrightsman(1975), p. 229.

92 Warburg,『ヴァールブルク著作集 6(바르부르크 저작집 6)』p. 45.

93 Genuth(1997), p. 5.

94 Luther,「リヒテンベルガーの予言(1527)への序文(리히텐베르거의 예언(1527) 서문)」,『ヴァールブルク著作集 6(바르부르크 저작집 6)』p. 103; Warburg 『ヴァールブルク著作集 6(바르부르크 저작집 6)』p. 59, Park & Daston(1981), pp. 25~28 참조.

95 Hayton(2004), p. 55f.

96 Thierry de Chartres, 『中世思想原典集成 8(중세사상원전집성 8)』 p. 452.

97 Bornkamm(1947), p. 185.

98 Luther, 『ヴァールブルク著作集 6(바르부르크 저작집 6)』 p. 105.

99 Warburg, 『ヴァールブルク著作集 6(바르부르크 저작집 6)』 pp. 45, 59, 62. 다음도 보라. Rossi(1991), p. 147f.

100 Wrightsman(1970), pp. 89~93.

101 Wrightsman(1975), p. 229f. 다음도 보라. idem(1970), p. 123.

102 Prowe, *NC*, I-ii, p. 388; Troeltsch(1913), p. 49.

103 Koyré(1961), p. 74; Boas(1962), p. 125; Sarton(1957), p. 62. 마찬가지의 주장은 Armitage(1947), p. 117; Pannekoek(1951), p. 222; Mendelssohn(1976), p. 77 등에 있다.

104 『卓上語録(탁상담화)(*Tischreden*)』는 教文館(교분칸) 『卓上語録』 相田兼義(슈지 가네요시)역, 三交社(산코샤) 『ルターのテーブルトーク(루터의 테이블 토크)』 藤代幸一(후지시로 고이치)역, 中央公論社(주오코론샤) 『世界の名著 23 ルター(세계의 명저 23 루터)』에 수록된 『卓上語録』 塩谷饒(시오야 유타카)역을 사용했다. 이것들은 모두 초역으로 그 항목도 역자가 선택한 것이다. 전역은 없다. 이하의 인용에서는 『語録(담화)』라 표기하고 역자명과 페이지로 지정했는데, 인용문 그 자체는 원문에 기반하여 약간 수정을 가했다.

105 植田(우에다), 『卓上語録(탁상담화)』 해설 p. 397.

106 Aurifaber 원문: Prowe, *NC*, I-ii, p. 231 footnote. Aurifaber와 Lauterbach 원문: Norlind(1953), p. 275f.와 Koyré(1961), p. 74f. Aurifaber 영역: Boas (1962), p. 126. Lauterbach ÄR: Gerrish(1968), p. 243; idem(1982), p. 168; Wrightsman(1970), p. 336. Aurifaber와 Lauterbach 영역: Kobe(1998), p. 191f.; Tredwell(2005), p. 109. Koestler(1959), p. 564f. n. 40에는 Aurifaber의 영역, 아리가(有賀)의 그 역서 p. 223f.에는 Lauterbach의 원문이 있다. 이 뒤의 아리가의 역주 4는 상세하지만 Aurifaber와 Lauterbach의 두 텍스트가 있음을 모르고 Aurifaber에 의거한 Koestler의 영역을 Lauterbach의 것과 비교해 부정확하다고 지적했다.

107 Kobe(1998), p. 192.

108 合田(1988), p. 80.

109 Tolosani(1546/47) in Garin(1973), p. 35; Rosen(1975a), p. 536.

110 Whewell(1857), I, p. 292.

111 Koestler(1959), p. 153.

112 Barker(2000), p. 64; Kobe(1998), p. 192; Tredwell(2005), p. 112.

113 Müller(1963), p. 17.

114 Westman(1986), p. 89.

115 Dillenberger(1960), p. 39 n. 33; Rosen(1960); R. White(1980); Gerrish(1968), p. 245f; idem(1982), p. 169f; Kaiser(1986) 참조.

116 Christianson(1973), p. 7.

117 Gingerich(2002), 원문 p. 223, 영역 p. 225.

118 『語錄(담화)』植田(우에다)역 p. 145, 藤代(후지시로)역 p. 52. 인용은 植田역.

119 Luther, 『ドイツ国民のキリスト教貴族に与う(독일 국민이 기독교 귀족에게 보내는 글)』 p. 167.

120 『語錄(담화)』植田(우에다)역 p. 197, 塩谷(시오야)역 p. 523. Gerrish(1962), 제1부「理性と哲学(이성과 철학)」참조.

121 Luther, 『奴隷的意思(노예의지론)』 pp. 191, 254. Skinner(1978), p. 283f. 참조.

122 Methuen(2008), p. 11.

123 Methuen(1998), p. 64f; Gerrish(1962), p. 14.

124 Dillenberger(1960), p. 32.

125 그 위의 인용과 아울러 Kobe(1998), p. 192.

126 Gerrish(1962), pp. 54ff; idem(1968), pp. 233, 250, 254; idem(1982), p. 171f; Methuen(1998), p. 64f; Barker(2000), p. 70f.

127 Meuthen(1998), p. 67.

128 『創世記(창세기)』月本(쓰키모토)역 p. 4.

129 Kobe(1998), p. 193, p. 195 n. 45. 다음도 보라. Gerrish(1982), p. 171.

130 Brooke(1991), p. 109.

131 Hooykaas(1984), 원문 pp. 56, 55, 56, 영역 pp. 87, 86, 89, 일역 pp. 107, 105, 111.

132 Calvin 『旧約聖書注解 詩篇 IV(구약성서주해 시편 IV)』 136: 7 p. 308; McGrath(1999), p. 21; Oberman(1975), p. 141.

133 『新天文学(신천문학)』 JKGW, Bd. 3, p. 29, 영역 p. 60.

134 Gerrish(1962), p. 34.

135 Gerrish(1982), p. 170f.

136 Kaiser(1986), p. 8.

137 『新天文学(신천문학)』 JKGW, Bd. 3, p. 33, 영역 p. 66.

138 Milton 『楽園の喪失(실낙원)』 제8권, 66~72, 新井(아라이)역 p. 206.

139 Hall(1954), p. 53. 다음도 보라. Kristeller(1961), p. 45.

140 Barker(2000), p. 67.

141 Wrightsman(1975), p. 239.

제8장 종교개혁과 수학적 천문학의 발전 ― 멜란히톤 서클

1   Westman(1975d), p. 286.

2   Overfield(1984), pp. 298–301; Grossmann(1975), p. 78f. 다음도 보라. Garin (1957), pp. 193~195; Kaufmann(2006), p. 54f.

3   Scribner & Dixon(2004), p. 27; Troeltsch(1913), p. 17f.

4   Luther, 『ドイツ国民のキリスト教貴族に与う(독일 국민이 기독교 귀족에게 보내는 글)』 pp. 164, 162.

5   Luther, 『神学討論集(신학토론집)』 p. 58.

6   Luther to Spalatin, 13 Mar. 1519. Kusukawa(1995), p. 40.

7   『動物発生論(동물발생론)』 Bk. 4, Ch. 4.

8   Kusukawa(1995), pp. 33, 42, 44, 201.

9   Hammer(1951), p. 309; Moran(1973), p. 8; Thorndike, *HMES*, V, pp. 360, 393f.

10 Methuen(1998), p. 99.

11 Troeltsch(1911), p. 123.

12 『語録(담화)』 植田(우에다)역 pp. 258f., 261f., 塩谷(시오야)역 p. 540.

13 Melanchthon, *Orations*, p. 24. Methuen(1996a), p. 392f.; idem (2008), p. 20f.

14 Melanchthon, *Orations*, pp. 129f., 128; Kusukawa(1995), p. 82.

15 Kusukawa(1995), p. 70.

16 Melanchthon, *Orations*, pp. 135f., 129. 다음도 보라. Methuen(1998), p. 71; idem(2008), p. 13.

17 Kusukawa(1995), pp. 88f., 92.

18 Melanchthon, *Orations*, p. 24.

19 Kusukawa(1995), p. 94.

20 Melanchthon, *Orations*, p. 136.

21 Dillenberger(1960), p. 39. 이 절은 Kusukawa(1995)에 크게 빚지고 있다.

22 Kusukawa(1995), p. 181f.

23 Melanchthon, *Orations*, p. 136. 다음도 보라. Methuen(1998), p. 78; idem (2008), p. 13f.

24 Methuen(1996), p. 398; idem(1998), p. 74f.; idem(2008), p. 25.

25 Melanchthon, *Orations*, p. 111f. 전반부 영역과 원문은 Kusukawa(1995), p. 130, 후반부 원문은 Caroti(1986), p. 120.

26 『旧約聖書 XI 詩編(구약성서 XI 시편)』 19, 松田(마쓰다)역 p. 43.

27 Melanchthon, *Orations*, p. 107. 원문은 Kusukawa(1995), p. 129 n. 37.

28 *JROC*, p. 52, Rutkin(2002), p. 111.

29 Methuen(1966a), p. 401; idem(1998), p. 76; Melanchthon, *Orations*, p. 93f.

30 Frank(2001), p. 9.

31 Melanchthon, 'Oration on Orion' in Hammer(1951), p. 317f.

32 Melanchthon, *Orations*, pp. 172, 94, 176. Methuen(1996a), p. 394f.; idem (1998), p. 75.

33 『回転論(회전론)』 folio ijv, 영역 p. 3 [506], 高橋(다카하시)역 p. 12.

34 Melanchthon, *Orations*, pp. 113f., 115.

35 Kusukawa(1995), p. 150.

36 N. Jardien(1979), p. 148.

37 Methuen(2006), p. 30.

38 Kusukawa(1993), pp. 39~41; idem(1995), pp. 154~161; Copenhaver & Schmitt (1992), p. 30; Overfield(1984), pp. 298ff.; Giard(1991), p. 43f. 등 참조.

39 Westman(1980), p. 121; Westman(1975a), p. 170.

40 Methuen(1996a), p. 401; idem(1998), p. 82f.; idem(2008), p. 21.

41 Melanchthon, *Orations*, pp. 104, 99.

42 Melanchthon, *Orations*, pp. 93, 96f. Kusukawa(1995), p. 138; Methuen (1996a), p. 393f.; idem(1998), p. 75.

43 Melanchthon, *Orations*, p. 96. Methuen(1996a), p. 390; idem(1998), p. 73.

44 Moran(1973), 영역 p. 7, 원문 p. 20 n. 28. 다음도 보라. Rosen(1961a), p. 386; Westman(1975a), p. 179f.; idem(1975e), p. 407.

45 Garin(1957), p. 199.

46 Cajori(1917), pp,292, 290; Hill(1965), pp. 61, 526f.; Wightman(1962), Vol. 1, p. 146f.

47 Gascoigne(1990), p. 223.

48 Westman(1975a), p. 172.

49 학칙의 이 부분의 원문과 영역은 Tredwell(2005), p. 46에 있다.

50 Westman(1975d), p. 286.

51 Thorndike, *HMES*, V, p. 378.

52 D. E. Smith(1908), pp. 53, 210, 236; D. E. Smith(1923), Vol. 1, pp. 259, 332; Thorndike, *HMES*, V, p. 360; Kusukawa(1995), p. 126.

53 Methuen(1996a), p. 394; (1998).

54 Melanchthon, *Orations*, p. 92. 다음도 보라. Methuen(1998), p. 71 n. 46.

55 Karrow Jr.(1993), p. 211f.

56 Grant(1996), p. 50, 일역 p. 78.

57 『ピレボス(필레보스)』 56DE, 57D. 『国家(국가)』 526A, 525C.

58 『政治学(정치학)』 1258a38.

59 Lopez(1976), p. 9.

60 Thomas Aquinas 『君主の統治について(군주의 통치에 관하여)』 p. 95.

61 Grendler(1989), p. 311.

62 K. Thomas(2001), p. 88f. 다음도 보라. Cajori(1917), p. 292; Taylor(1954), p. 18.

63 졸저, 『一六世紀文化革命 1(16세기 문화혁명 1)』 제5장 참조.

64 Wrightsman(1970), p. 343. 다음도 보라. Westman(1980), p. 121; idem (1975a), pp. 170~172.

65 Thorndike, *HMES*, V, Ch. 17. 다음도 보라. Westman(1975a), p. 167.

66 Westman(2011), p. 144; idem(1975a), p. 172; idem(1975e), p. 399.

67 Melanchthon, *Orations*, p. 112, 원문 Caroti(1986), p. 120.

68 Rutkin(2002), p. 116.

69 초고 folio 1r, Rosen, 영역 p. 7. 이 '제1권의 서문'은 초고에만 남아 있어 Rosen의 영역에는 포함되어 있지만 1543년에 인쇄된 『回転論(회전론)』 초판 에는 실려 있지 않다. 따라서 『回転論(회전론)』 제1권만을 번역한 다카하시 (高橋)역에도 포함되어 있지 않다.

70 Rutkin(2002), p. 405f.

71 Tester(1987), p. 166f.

72 Methuen(1996a), p. 395 n. 51; Caroti(1986), p. 111.

73 Febvre & Martin(1971), 下, p. 162, 上, p. 297, 下, p. 223.

74 Donahue(2006), p. 581; Campion(2009), p. 156f. 참조.

75 Rosenfeld & Rosenfeld(1978), p. 225.

76 Brant, 『阿呆船(바보 배)』 65, 下, p. 28.

77 Warburg(1920), 進藤(신도)역 p. 119, 伊藤(이토)·富松(도미마쓰)역 p. 11. 인용은 두 번역문 다 조금 손질을 가했다.

78 Wightman(1972), p. 33. 다음도 보라. Thorndike, *HMES*, V, p. 377.

79 *JROC*, pp. 51~55; Swerdlow(1993), p. 151; Rutkin(2002), p. 111f.

80 Rutkin(2002), p. 117.

81 Capp(1979), p. 18.

82 Hayton(2004), pp. 70, 814, 202, 234.

83 Blagrave, *The Mathematicall Jewell*, p. 43.

84 Thorndike, *HMES*, VI, p. 159f., VII, p. 111.

85 Capp(1979), pp. 35f, 166; Thomas(1971, 80), 下, p. 586.

86 Moxon, *A Tutor to Astronomy and Geography*, p. 123.

87 Wightman(1972), p. 33.

88 Byrne(2007), p. 219.

89 Hayton(2004), pp. 2,79.

90 Thorndike, *HMES*, V, p. 347f. 다음도 보라. Hayton(2004), pp. 332~337.

91 Hayton(2004), pp. 95, 115, 147.

92 Grafton(1999), p. 110f, 일역 p. 169.

93 North(1975), p. 171.

94 Brosseder(2005), p. 558.

95 Brant, 『阿呆船(바보 배)』 65, 下, p. 29.

96 작자미상, 『ヨーハン·ファウスト博士(요한 파우스트 박사)』 p. 65.

97 Hayton(2004), p. 198.

98 *JROC*, p. 53; Rutkin(2002), p. 112.

99 Fichino(1949), p. 397.

100 Hayton(2004), p. 210f.

101 Rutkin(2002), pp. 413, 415.

102 Hayton(2004), pp. 238, 242, 302, 321.

103 Swerdlow(1992), p. 274.

104 Grafton(1999), pp.77~79, 일역 pp. 118~120; Brosseder(2005), p. 562.

105 Strauss(1966), p. 250.

106 Rorig(1964), p. 127f.

107 Thorndike, *HMES*, V, p. 171; Zambelli(1986a), 'Introduction,' p. 8f.; Grafton (1999), p. 119, 일역 p. 182; Direr, 『自伝と書簡(자서전과 서간)』 p. 76 n. 3.

108 *JROC*, p. 53; Rutkin(2002), p. 112.

109 Melanchthon, *Orations*, pp. 122, 120; Moran(1973), 영역 p. 9, 원문 p. 20 n. 36. 영역과 원문은 Methuen(1996a), p. 396; idem(1998), p. 77도 참조.

110 Methuen(1998), p. 80 n. 73.

111 Melanchthon, *Orations*, p. 109; Moran(1973), 영역 p. 10, 원문 p. 21 n. 40. 다음도 보라. Kusukawa(1995), pp. 146, 149; Caroti(1986), pp. 111, 117. 이 뒤의 아리스토텔레스 『気象論(기상론)』에서 인용한 부분은 339a22.

112 Methuen(1996a), p. 398; idem(1998), p. 82.

113 Westman(2011), p. 181.

114 Melanchthon, *Orations*, p. 124.

115 Melanchthon, *Orations*, pp. 108, 122f.

116 Melanchthon, *Orations*, p. 121.

117 *JKGW*, Bd. 4, p. 182, XXXVIII, Rabin(1987), p. 160.

118 Melanchthon, *Orations*, p. 122.

119 Melanchthon, *Orations*, p. 109.

120 Luther 『語録(담화)』藤代(후지시로)역 p. 174, 植田(우에다)역 p. 18.

121 완전한 제목은 『今日世に流行っている予言やその他の好奇心を招く占星術にたいする論考ないし警告(오늘날 세상에 유행하고 있는 예언이나 그 외 호기심을 불러일으키는 점성술에 대한 논고 내지 경고)』. 이하 인용은 岩波文庫(이와나미분코), pp. 142, 152f. 단 번역문은 Waterbolk(1974), p. 227에서 인용한 원문에 기반하여 일부 수정했다.

122 Westman(2011), p. 112; Caroti(1986), 원문 p. 114 n,18. 다음도 보라. Thorndike, *HMES*, V, p. 398.

123 Warburg, 『ワールブルク著作集 6(바르부르크 저작집 6)』 p. 17; Moran(1973), p. 8.

124 Thorndike, *HMES*, V, p. 393f.

125 Melanchthon, *Orations*, p. 122; Moran(1973), 영역 p. 8, 원문 p. 20 n. 35.

126 Brosseder(2005), p. 574f.

127 Melanchthon to Mythobius, 16 Oct. 1541. 원문 Prowe, *NC*, I-ii, p. 233 footnote; Wrightsman(1970), 영역 p. 345, 원문 p. 376 n. 33; Kusukawa (1995), p. 172 n. 208.

128 Prowe, *NC*, I-ii, p. 232 footnote; Wrightsman(1970), p. 347f. 『詩編(시편)』의
　　인용은 『旧約聖書 XI 詩編(구약성서 XI 시편)』 松田(마쓰다)역 p. 289

129 Duhem(1908), p. 88; Kuhn(1957), p. 191, 일역 p. 271; Boas(1962), p. 126;
　　Kearney(1971), p. 107. 다음도 보라. Dreyer(1906), p 353; Pannekoek(1951),
　　pp. 222, 224; Koyré(1961), p. 74f.

130 Prowe, *NC*, I-ii, p. 232.

131 Müller, K(1963), p. 24; Moran(1973), p. 14; Christianson(1973), p. 3;
　　Westman(1975a), p. 173 n. 31; idem(2011), p. 161; Blumenberg(1975), II,
　　pp. 84~90; Methuen(1996b), p. 237 n. 26; Barker(2000), p. 64; Tredwell
　　(2005), p. 114; Thorndike, *HMES*, V, p. 385. 『自然学入門(자연학 입문)』 서문
　　의 1549년 초판과 1550년 제2판의 원문은 Wrightsman(1970), p. 347f.; Methuen
　　(1998), pp. 91 n. 127, 92 n. 129에서 대비되고 있다.

132 Müller, K(1963), p. 19. 다음도 보라. Blumenberg(1975), II, p. 87.

133 『第一解説(제1해설)』 *JKGW*, Bd. 1, p. 126, *TCT*, p. 186f.

134 K. Müller(1963), p. 24.

135 Wrightsman(1970), p. 346; Moran(1973), p. 16, p. 23 n. 62; Brumenberg
　　(1975), II, p. 355 n. 98; Tredwell(2005), 이 뒤도 포함하여 영역과 원문 p.
　　113f.

136 Moran(1973), p. 16.

137 Dillenberger(1960), p. 40f.

138 Wrightsman(1970), p. 348; Duhem(1908), p. 88.

139 Rosen(1958), p. 324.

140 Methuen(1996), p. 237.

141 그 경위는 Westman(2011), pp. 152~155에 상세하다. 다음도 보라. Wrightsman
　　(1970), p. 350, p. 380 n. 48; Moran(1978), p. 240; idem(1973), p. 15f.

142 Wrightsman(1970), pp. 208, 351; K. Müller(1963), p. 18; Brumenberg(1975),
　　II, p. 88; Danielson(2006), p. 99, 일역 p. 129.

143 K. Müller(1963), p. 25.

144 Donahue(2006), p. 580.

145 Westman(1975a), p. 166; idem(1975e), p. 395.

146 원문은 Gingerich(1973a), p. 43.

147 Grafton(1999), p. 111, 일역 p. 169f.; Brosseder(2005), p. 566f.

148 Prowe, *NC*, 라틴어 원문과 독역 I-ii, p. 278f.; Tredwell(2005), 라틴어 원문과

영역 pp. 328~330. 다음도 보라. Duhem(1908), p. 72; Wrightsman(1970), p. 354f.

149 Gingerich(1973a), pp. 48~50.

150 Kepler(1627), *JKGW*, Bd. 10, p. 39f., 영역 p. 365f.

151 Gingerich(1973a), p. 58.

152 Henderson(1975a), pp. 109~111, 특히 p. 110 n. 8; (1991), p. 3f.

153 Gingerich & Westman(1988), p. 28. 메모 전체는 Gingerich(2002), pp. 268~278에, 그 발견의 경위는 Gingerich(1973a), pp. 56~58; idem(2004), pp. 47~50에 있다.

154 Kepler(1627), *JKGW*, Bd. 10, p. 39f., 영역 p. 366.

155 Maestlin, *JKGW*, Bk. 1, p. 132, 영역 Grafton(1973), p. 532.

156 Westman(1975a), p. 179.; North(1975), pp. 173, 181.

157 Gingerich(1973a), p. 53. 다음도 보라. Westman(1975e), p. 404; Tredwell (2005), p. 123.

158 Whewell(1857), I, p. 384; Armitage(1947), p. 166; French(1972), p. 108f.

159 Capp(1978), p. 180.

160 Wrightsman(1970), p. 356f.; Duhem(1908), p. 72f. Gingerich(1973a), p. 43; idem(1973c), p. 515 n. 7에 따르면 이 인용의 초반 몇 행은 1566년에 바젤에서 출판된 『回転論(회전론)』 제2판에서 선언문구로서 사용되었다고 한다.

161 Tredwell(2005), 라틴어 원문과 영역 p. 125.

162 Westman(2011), p. 155.

163 North(1975), p. 182.

164 Westman(1975a), p. 177; idem(1975e), p. 404; Henderson(1975), p. 109 n. 4.

165 Gingerich(1973a), p. 58; idem(1973b) p. 98; idem(2004) p. 16; Westman (1975a), p. 177; Gingerich & Westman(1988), p. 28. 다음도 보라. Lammens (2002), I, p. 90f.

166 Henderson(1975), p. 111; idem(1991), p. 3f. 다음도 보라. Wrightsman(1970), p. 357f.

167 Johnson(1937), p. 117. 다음도 보라. Hanson(1961), p. 179.

168 Gingerich & Westman(1988), p. 27.

169 Westman(1975a), p. 177f.

170 Duhem(1908), p. 71; Barker & Goldstein(1998), p. 236, 원문 footnote 6.

171 Kepler(1627), *JKGW*, Bd. 10, p. 45, 영역 p. 371.

172 Gingerich(1973a), p. 55.

173 Wrightsman(1970), p. 356.

174 Westman(2011), p. 160. 헬러에 관해서는 Thorndike, *HMES*, V, p. 394f.; Westman(1975a), p. 171 참조.

175 Grafton(1999), p. 170,일역 p. 260. 포이처의 점성술에 관하여 상세한 바는 Brosseder (2005), pp. 568~570 참조.

176 Tredwell(2005), p. 135. 다음도 보라. Thorndike, *HMES*, VI, p. 11.

177 Duhem(1908), p. 75.

178 Christianson(1973), p. 7.

179 Tredwell(2005), p. 133f.

180 Dillenberger(1960), p. 58f.

181 Prowe, *NC*, I-ii, p. 281 footnote; Dreyer(1906), p. 357; Gingerich(1973a), p. 60; idem(1973c), p. 517.

182 Gingerich & Westman(1988), p. 27f. 및 Lammens(2002), I, p. 85에 따르면 이것은 라인홀트의 강의에 기반한 것이다.

183 Duhem(1908), p. 91; Wrightsman(1970), p. 358; Gingerich(1973a), p. 61.

184 테오도리쿠스의 1564년 『天球についての新しい問い(천구에 관한 새로운 질문)』에는 지구가 우주의 중심에 정지하고 있다고 명기되어 있다. 이 부분의 영역 전문은 Westman(2011), p. 161f.에 있다. 다음도 보라. Thorndike, *HMES*, VI, p. 34.

185 Westman(2011), p. 164.

186 Westman(2011), p. 238.

187 이 부분은 Thorndike, *HMES*, VI, p. 59, Westman(1975d), pp. 290~292을 따랐다.

188 Wardeska(1977), p. 160f.

189 Moran(1973), p. 1.

190 Wardeska(1977), p. 162.

191 Westman(1975d) p. 292f.

192 Westman(1975d), pp. 296~300, Fig. 2, Fig. 3; idem(2011), p. 313f., Thorndike, *HMES*, VI, p. 59f.

193 Barker(2000), p. 69f.

194 Whewell(1857), I, p. 384.

195 Pannekoek(1951), p. 224.

196 Godwin, 『月の男(달세계 인간)』, 『ユートピア旅行記叢書 2(유토피아 총서 2)』 p. 27.

197 Boas(1962), p. 93. 다음도 보라. Gascoigne(1990), p. 230.

198 Duhem(1908), p. 89; Wrightsman(1970), p. 349f.

199 Westman(1975a), p. 303; idem(2011), p. 341.

200 Duhem(1908), p. 81f. Thorndike, *HMES*, VI, p. 27f을 보라.

201 Duhem(1908), p. 86. 기운티니에 관해서는 Thorndike, *HMES*, VI, pp. 129~133 참조.

202 N. Jardine(1984), p. 226.

203 Duhem(1908), p. 87.

204 Rosen(1986), p. 98f. 다음도 보라. Voelkel(1994), p. 9f.. 마지니와 그의 책에 관해서는 Thorndike, *HMES*, VI, p. 56f. 참조.

205 Praetrius to Herwart von Hohenburg, 23 Apr. 1598, *JKGW*, Bd. 13, p. 206.

206 Westman(1980), p. 121.

207 Kuhn(1957), p. 185, 일역 p. 261.

208 Thorndike, *HMES*, VI, p. 6f.

209 Westman(1980), p. 121.

과학혁명과 세계관의 전환 II

초판 1쇄 찍은날 2022년 11월 25일
초판 1쇄 펴낸날 2022년 12월 7일

지은이   야마모토 요시타카
옮긴이   박철은
펴낸이   한성봉
편집   최창문·이종석·강지유·조연주·오시경·이동현
디자인   정명희
마케팅   박신용·오주형·강은혜·박민지·이예지
경영지원   국지연·강지선
펴낸곳   도서출판 동아시아
등록   1998년 3월 5일 제1998-000243호
주소   서울시 중구 퇴계로 30길 15-8 [필동1가 26]
페이스북   www.facebook.com/dongasiabooks
전자우편   dongasiabook@naver.com
블로그   blog.naver.com/dongasiabook
인스타그램 www.instargram.com/dongasiabook
전화   02) 757-9724, 5
팩스   02) 757-9726
ISBN   978-89-6262-473-1 93400

만든 사람들
편집   김경아
표지 디자인   정명희